高等数学基础教程

GAODENG SHUXUE
JICHU JIAOCHENG

主　编　吕秀英
副主编　工　杰　庄玉霞
编　者　丛建乡　闫春霞　闫星华

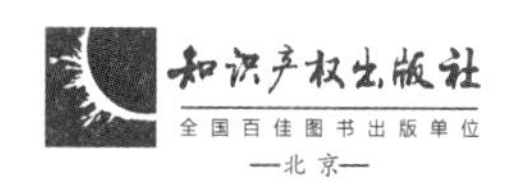

图书在版编目（CIP）数据

高等数学基础教程 / 吕秀英主编. —北京：知识产权出版社，2021.1
ISBN 978-7-5130-7326-4

Ⅰ.①高… Ⅱ.①吕… Ⅲ.①高等数学—高等职业教育—教材 Ⅳ.①O13

中国版本图书馆 CIP 数据核字（2020）第 242390 号

责任编辑：杨晓红　　**责任校对：**潘凤越
封面设计：李志伟　　**责任印制：**刘译文

高等数学基础教程
吕秀英　主编

出版发行：知识产权出版社有限责任公司　　**网　　址：**http://www.ipph.cn
社　　址：北京市海淀区气象路 50 号院　　**邮　　编：**100081
责编电话：010-82000860 转 8114　　**责编邮箱：**1152436274@qq.com
发行电话：010-82000860 转 8101/8102　　**发行传真：**010-82000893/82005070/82000270
印　　刷：三河市国英印务有限公司　　**经　　销：**各大网上书店、新华书店及相关专业书店
开　　本：787mm×1092mm　1/16　　**印　　张：**14.5
版　　次：2021 年 1 月第 1 版　　**印　　次：**2021 年 1 月第 1 次印刷
字　　数：330 千字　　**定　　价：**49.00 元
ISBN 978-7-5130-7326-4

Preface 前言

高职高专教育是我国一种新的教育类型，它培养的是高素质高技能应用型人才.近几年，专升本考试受到越来越多的学生和家长的关注，高等数学是一门公共基础课，在专升本考试中作为必修课程，对学生的要求越来越高，成绩所占比重越来越大.本书就是按照新形势下高职高专的改革精神，针对高职高专学生的学习、考核特点，结合山东省专升本《高等数学》考试大纲编写的.

本书在内容的深度和广度上遵循"必须，够用"的原则进行教学内容设计，叙述通俗易懂.力求突出实用性，坚持理论够用为度的原则，在尽可能保持数学学科特点的基础上，注意到高职高专教育的特殊性，淡化了理论性，对一些定理只给出了简单的说明，强化了针对性和实用性，深入浅出，体现了高职教育特色.本书最大的特色在于实现课程内容在知识、技能、能力、思想方法和实际应用方面的综合性功能，从而提高学生的数学素养和实践能力.

本书由济南护理职业学院的吕秀英担任主编，王杰、庄玉霞担任副主编，参加编写的还有丛建乡、闫春霞、闫星华.本书的编写还参考了许多专家、学者的文献，编者在此一并深表感谢.

鉴于编者能力有限，教材难免出现瑕疵，希望各位读者不吝赐教，多提宝贵意见，以便我们加以完善.

编　者

2020年12月

Contents 目录

第一章 函数、极限与连续

微积分是高等数学的核心.函数是微积分的研究对象,极限方法是研究变量的一种基本方法,它既是一个重要概念,也是研究微积分学的重要思想和工具.连续性是许多常见函数的一种共同属性,连续函数是微积分研究的主要对象,本章主要讨论函数的极限和连续性等问题.

【学习目标】

1.理解函数的概念,掌握函数的表示方法,并会建立简单应用问题中的函数关系式.

2.了解函数的奇偶性、单调性、周期性和有界性.

3.理解复合函数及分段函数的概念,了解反函数的概念.

4.掌握基本初等函数的性质及其图形.

5.理解极限的概念,理解函数左极限与右极限的概念,以及极限存在与左、右极限之间的关系.

6.掌握极限的性质及四则运算法则.

7.了解极限存在的两个准则,并会利用它们求极限,掌握利用两个重要极限求极限的方法.

8.理解无穷小、无穷大的概念,掌握无穷小的比较方法,会用等价无穷小求极限.

9.理解函数连续性的概念(含左连续与右连续),会判别函数间断点的类型.

10.了解连续函数的性质和初等函数的连续性,了解闭区间上连续函数的性质(有界性、最大值和最小值定理、介值定理),并会应用这些性质.

1.1 初等函数回顾

1.1.1 函数的概念

1.函数的概念

定义1 设 x 和 y 是两个变量,D 是一个给定的数集,如果对于每个数 $x\in D$,变量 y 按

照确定的法则总有唯一的数值与其对应，则称 y 是 x 的函数，记作 $y=f(x)$.

函数有两个要素：定义域和对应法则. 在函数的定义中，数集 D 称为函数 $f(x)$ 的定义域，x 称为**自变量**，y 称为**因变量**. 当 x 取数值 $x_0\in D$ 时，按照对应法则 f 总有唯一确定的值 y 与之对应，这个值称为函数 $f(x)$ 在 x_0 处的函数值，记作 $f(x_0)$. 当 x 取遍 D 内的各个数值时，对应的函数值全体组成的数集 $A=\{y|y=f(x),x\in D\}$ 称为函数 $f(x)$ 的值域.

函数的定义域通常由两种情形来确定，第一种是有实际背景的函数，此时函数的定义域是根据问题的实际意义确定的. 第二种是单纯地用解析式表达的函数，此时函数的定义域是使得解析式有意义的一切实数组成的数集. 常见的函数的定义域有如下原则：

(1)偶次根号下的变量不能小于零，如 $y=\sqrt{2x+2}$ 的定义域为 $\{x|x\geqslant -1\}$；

(2)对于分式函数，分母不能为零，如 $y=\dfrac{2x+1}{3x+1}$ 的定义域为 $\{x|x\neq -\dfrac{1}{3}\}$；

(3)对于对数函数 $y=\log_a x$，规定：底数 $a>0,a\neq 1$，定义域为 $\{x|x>0\}$；

(4)对于正切函数 $y=\tan x$，定义域为 $\{x|x\neq k\pi+\dfrac{\pi}{2},k\in\mathbf{Z}\}$；

(5)对于余切函数 $y=\cot x$，定义域为 $\{x|x\neq k\pi,k\in\mathbf{Z}\}$；

(6)对于反正弦函数 $y=\arcsin x$ 和反余弦函数 $y=\arccos x$，定义域都是 $\{x|-1\leqslant x\leqslant 1\}$.

例 1 求下列函数的定义域.

(1) $y=\ln[\ln(\ln x)]$　　　(2) $y=\dfrac{1}{x}-\sqrt{x^2-4}$

解 (1)要使函数 $y=\ln[\ln(\ln x)]$ 有意义，应满足 $\begin{cases}x>0,\\ \ln x>0,\\ \ln(\ln x)>0,\end{cases}$

解得定义域为 $(\mathrm{e},+\infty)$.

所以函数的定义域为 $(\mathrm{e},+\infty)$.

(2)要使函数有意义，必须 $x\neq 0$ 且 $x^2-4\geqslant 0$，

解不等式得 $\{x|x\geqslant 2$ 或 $x\leqslant -2\}$.

所以函数的定义域为 $\{x|x\geqslant 2$ 或 $x\leqslant -2\}$ 或 $(-\infty,-2]\cup[2,+\infty)$.

例 2 设函数 $f(x)=x^2-2x-1$，求 $f(-1)$ 和 $f(x^2)$.

解 $f(-1)=1+2-1=2,f(x^2)=(x^2)^2-2x^2-1=x^4-2x^2-1$.

例 3 判断函数 $f(x)=x+1$ 和函数 $y(x)=\dfrac{x^2-1}{x-1}$ 是否为同一函数？

解 函数 $f(x)=x+1$ 的定义域为 $\mathbf{R}$，而 $y(x)=\dfrac{x^2-1}{x-1}$ 的定义域为 $(-\infty,1)\cup(1,+\infty)$，两者定义域不同，故它们不是同一函数.

2. 分段函数

若函数 $y=f(x)$ 在它的定义域内的不同区间(或不同点)上有不相同的表达式，则称它为**分段函数**.

例如符号函数 $y=\text{sgn}x=\begin{cases}-1, x<0,\\ 0, x=0,\\ 1, x>0,\end{cases}$ 就是一个分段函数，它的定义域为 $(-\infty,+\infty)$，值域为 $\{-1,0,1\}$，它的图像如图 1-1 所示. 对于任何实数 x，下列关系都成立：

$$x=\text{sgn}x\cdot|x|$$

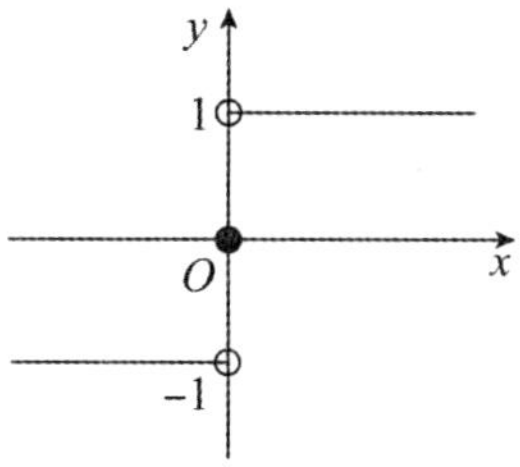

注意：分段函数的定义域是各部分定义域的并集.

例 4　设 $y=\begin{cases}2^x, -1<x\leqslant 0\\ 1-x, 0<x\leqslant 1\\ 1, 1<x<3\end{cases}$，求 $f(0)$，$f\left(\frac{1}{2}\right)$，$f(2)$ 及函数的定义域.

图 1-1

解　$f(0)=2^0=1$，$f\left(\frac{1}{2}\right)=1-\frac{1}{2}=\frac{1}{2}$，$f(2)=1$，函数的定义域为 $(-1,3)$.

3. 反函数

在实际问题中，自变量 x 和因变量 y 是可以相互转化的. 例如，设物体下落的时间为 t，位移为 s，假定开始下落的时刻为 $t=0$，那么 s 与 t 之间的关系：$s=\frac{1}{2}gt^2$. 这时，t 为自变量，s 为因变量；反过来，如果已知位移 s 求下落时间 t，那么式子将变为 $t=\sqrt{\frac{2s}{g}}$，这时，s 为自变量，t 为因变量.

从函数 $s=\frac{1}{2}gt^2$ 得到的 $t=\sqrt{\frac{2s}{g}}$，称为 $s=\frac{1}{2}gt^2$ 的反函数. 反函数的定义如下.

定义 2　设 $y=f(x)$ 为定义在 D 上的函数，其值域为 A，若对于数集 A 上的每个数，数集 D 中都有唯一确定的一个数 x，使 $f(x)=y$，即 x 变为 y 的函数，这个函数称为函数 $y=f(x)$ 的反函数，记为 $x=f^{-1}(y)$，其定义域为 A，值域为 D.

由于习惯上总是将 x 作为自变量，y 作为函数，故 $y=f(x)$ 的反函数记为 $y=f^{-1}(x)$. 函数 $y=f(x)$ 与 $y=f^{-1}(x)$ 的图形关于直线 $y=x$ 对称.

例 5　求函数 $y=5x+1$ 的反函数.

解　由 $y=5x+1$，可解得 $x=\frac{y-1}{5}$，交换 x 与 y 的位置，得 $y=\frac{1}{5}(x-1)$，即 $y=\frac{1}{5}(x-1)$ 为 $y=5x+1$ 的反函数.

1.1.2 函数的几种特性

1. 函数的有界性

定义 3 若存在正数 M,使函数 $f(x)$ 在区间 D 上恒有 $|f(x)|\leqslant M$,则称 $f(x)$ 在区间 D 上是有界函数;否则,$f(x)$ 在区间 D 上是无界函数.

几何意义 有界函数的图形夹在两条平行线之间.

例如 (1)$f(x)=\sin x$ 在$(-\infty,+\infty)$上是有界的:$|\sin x|\leqslant 1$;

(2)函数 $f(x)=\dfrac{1}{x}$ 在开区间(0,1)内是无上界的. 或者说它在(0,1)内有下界,无上界.

函数 $f(x)=\dfrac{1}{x}$ 在(1,2)内是有界的.

2. 函数的单调性

定义 4 设函数 $y=f(x)$ 的定义域为 D,区间 $I\subset D$. 如果对于区间 I 上任意两点 x_1 及 x_2,当 $x_1<x_2$ 时,恒有 $f(x_1)<f(x_2)$,则称函数 $y=f(x)$ 在区间 I 上是单调增加的. 区间 I 称为单调递增区间. 如果对于区间 I 上任意两点 x_1 及 x_2,当 $x_1<x_2$ 时,恒有 $f(x_1)>f(x_2)$,则称函数 $y=f(x)$ 在区间 I 上是单调减少的. 区间 I 称为单调递减区间. 单调递增区间与单调递减区间统称为单调区间. 单调增加和单调减少的函数统称为单调函数.

几何意义 单调递增函数图形沿 x 轴正向上升,如图 1-2(a)所示;单调递减函数图形沿 x 轴正向下降,如图 1-2(b)所示.

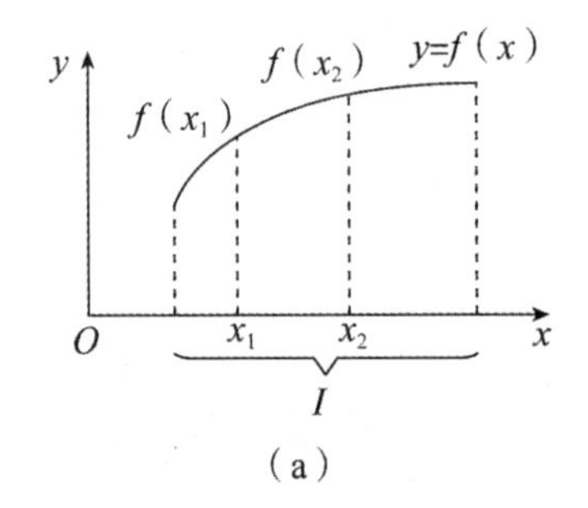

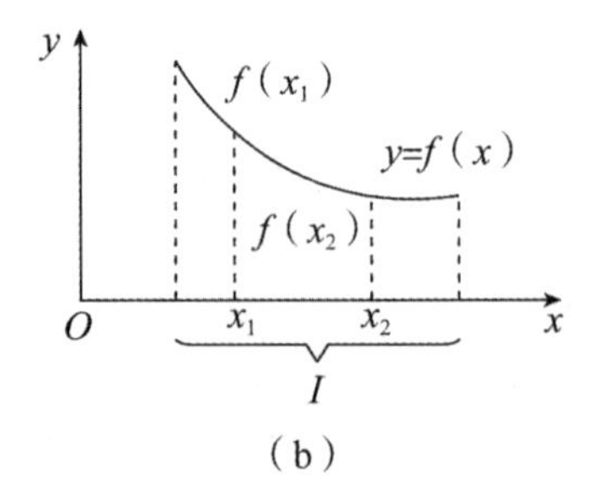

图 1-2

举例 函数 $y=-x^2$ 在区间$(-\infty,0]$上是单调增加的,在区间$[0,+\infty)$上是单调减少的,在$(-\infty,+\infty)$上不是单调的.

3. 函数的奇偶性

定义 5 设函数 $f(x)$ 的定义域 D 关于原点对称(即若 $x\in D$,则 $-x\in D$). 如果对于任意 $x\in D$,有 $f(-x)=f(x)$,则称 $f(x)$ 为偶函数. 如果对于任意 $x\in D$,有 $f(-x)=-f(x)$,则称 $f(x)$ 为奇函数.

几何意义 偶函数的图像关于 y 轴对称,如图 1-3(a)所示;奇函数的图像关于原点对称，如图 1-3(b)所示.

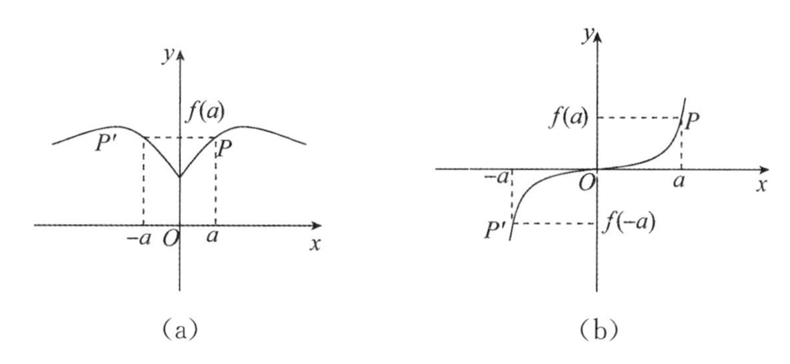

图 1-3

举例　$y=x^2$，$y=\cos x$ 都是偶函数. $y=x^3$，$y=\sin x$ 都是奇函数. $y=\sin x+\cos x$ 是非奇非偶函数.

4. 函数的周期性

定义 6　设函数 $f(x)$ 的定义域为 D. 如果存在一个正数 T，使得对于任意 $x\in D$ 有 $x+T\in D$，且 $f(x+T)=f(x)$，则称 $f(x)$ 为周期函数，T 称为 $f(x)$ 的周期. 通常所说的周期函数的周期是指它的最小正周期.

如图 1-4 所示，正弦函数 $y=\sin x$ 的周期为 2π.

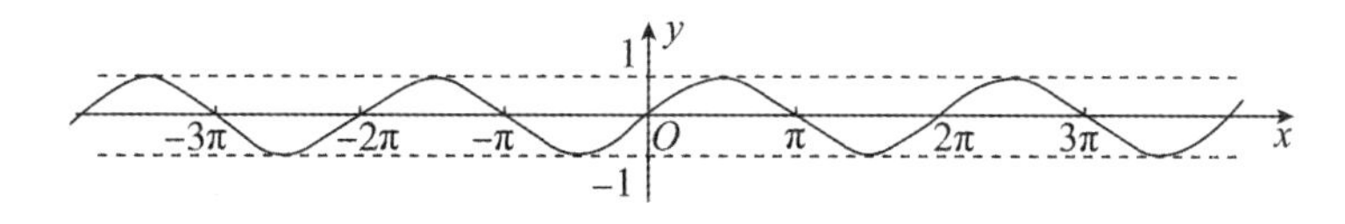

图 1-4

几何意义　周期函数的图形在函数定义域内的每个周期有相同的形状.

1.1.3　初等函数

1. 基本初等函数

幂函数 $y=x^a(a\in\mathbf{R})$、指数函数 $y=a^x(a>0,a\neq1)$、对数函数 $y=\log_a x(a>0,a\neq1)$、三角函数 $y=\sin x$，$y=\cos x$，$y=\tan x$，$y=\cot x$ 和反三角函数 $y=\arcsin x$，$y=\arccos x$，$y=\arctan x$，$y=\operatorname{arccot} x$ 是常用的**基本初等函数**(其图像和性质见附表 1). 为了方便，很多时候也把多项式函数 $y=a_nx^n+a_{n-1}x^{n-1}+\cdots+a_1x+a_0$ 看做基本初等函数. 这些函数是我们今后研究其他各种函数的基础.

2. 复合函数

定义 7　设 y 是 u 的函数 $y=f(u)$，而 u 又是 x 的函数 $u=\varphi(x)$，且 $\varphi(x)$ 的值域与 $y=f(u)$ 的定义域的交集非空，那么 y 通过中间变量 u 的联系成为 x 的函数，我们把这个函数称为由函数 $y=f(u)$ 与 $u=\varphi(x)$ 复合而成的复合函数，记为 $y=f[\varphi(x)]$.

注意　不是任何两个函数都可以复合成一个复合函数的. 如，$y=\ln u$ 和 $u=-x^2$，就不能复合成一个复合函数，因为 $u=-x^2$ 的值域为 $(-\infty,0]$，而 $y=\ln u$ 的定义域为 $(0,+\infty)$，$(-\infty,0]\cap(0,+\infty)=\Phi$，因此不能复合.

例 6 已知 $y=\cos u, u=x^2$，试把 y 表示为 x 的函数.

解 因为 $y=\cos u$，而 $u=x^2$，u 是中间变量，所以 $y=\cos u=\cos x^2$.

例 7 设 $y=u^3, u=\sin v, v=\frac{x}{2}$，试把 y 表示为 x 的函数.

解 不难看出，u,v 分别是中间变量，故 $y=u^3=\sin^3 v=\sin^3\frac{x}{2}$.

从例 7 可以看出，复合函数的中间变量可以不限于一个.

3. 初等函数

由常数和基本初等函数经过有限次四则运算和有限次的函数复合所构成的，并能用一个式子表示的函数，称为**初等函数**. 在本课程中所讨论的函数绝大多数都是初等函数.

例如，$y=\cos^2 x$，$y=\sqrt{\cot\frac{x}{2}}$，$y=\ln\sin x$，$y=\frac{e^x+e^{-x}}{2}$ 等都是初等函数. 除初等函数外的函数称为非初等函数，如符号函数是非初等函数. **分段函数一般不是初等函数**，但少数例外，如绝对值函数，$y=|x|=\begin{cases}x, x\geqslant 0,\\ -x, x<0,\end{cases}$ 是初等函数.

习题 1.1

1. 判断下列说法是否正确.

(1) $f(x)=\sqrt{x^2}$ 与 $\varphi(x)=(\sqrt{x})^2$ 是同一函数.

(2) 设 $f(x)=\begin{cases}3x, x\geqslant 0,\\ 2x+1, x<0,\end{cases}$ 由于 $y=3x$ 和 $y=2x+1$ 都是初等函数，所以 $f(x)$ 是初等函数.

(3) $y=\arccos u$，$u=x^2+3$ 这两个函数可以复合成一个函数 $y=\arccos(x^2+3)$.

2. 求下列函数的定义域.

(1) $y=\dfrac{x+4}{1+\sqrt{4x-x^2}}$

(2) $y=\lg(6-x)+\arcsin\dfrac{x}{4}$

(3) $y=\ln|\sin x|$

(4) $y=\begin{cases}3x, & -1\leqslant x<0\\ 2+x, & x\geqslant 0\end{cases}$

3. 求下列函数的函数值.

(1) 设 $f(x)=\arccos(\lg x)$，求 $f(\dfrac{1}{10})$，$f(1)$，$f(10)$；

(2) 设 $f(x)=\begin{cases}x^2+3, & x\leqslant 0,\\ 2^x, & x>0,\end{cases}$ 求 $f(-2)$，$f(0)$，$f[f(-1)]$；

(3) 设 $f(x)=2x-1$，求 $f(a^2)$，$f[f(a)]$，$[f(a)]^2$.

4. 确定下列函数的奇偶性.

(1) $f(x)=4x^4-x^2-4$

(2) $f(x)=\dfrac{x^4\sin x}{1+x^4}$

(3) $f(x)=\lg\dfrac{1+x}{1-x}$

(4) $f(x)=\log_2(x+\sqrt{x^2+1})$

5. 把下列各题中的 y 表示为 x 的函数.

(1) $y=\sqrt{u}$，$u=3x^2+3$

(2) $y=\lg u$，$u=2^v$，$v=\cos x$

6. 将下列函数分解为基本初等函数.

(1) $y=(1+\ln x)^3$

(2) $y=\sqrt{x^2-1}$

(3) $y=\sqrt{\cos\sqrt{x}}$

(4) $y=e^{\tan x^3}$

(5) $y=\ln^3\arcsin x$

(6) $y=\operatorname{arccot}(x^3+1)^3$

1.2　极限的概念

中国古代哲学家庄周在《庄子·天下篇》中引述惠施的话："一尺之锤，日取其半，万世不竭."这句话的意思是指一尺的木棒，第一天取它的一半，即$\frac{1}{2}$尺；第二天取第一天的一半，即$\frac{1}{4}$尺；第三天取第二天的一半，即$\frac{1}{8}$尺；这样一天天地取下去，木棒是永远也取不完的.

尽管木棒永远也取不完，可到了一定的时候，还能看得见吗？看不见意味着什么？不就是快没了吗？终极的时候，就近乎没有了.它的终极状态就趋于确定的数值零了.

1.2.1　极限的概念

事实上，假设木棒为一个单位长，用 a_n 表示第 n 天截取的长度，可得 $a_1=\frac{1}{2}$，$a_2=\frac{1}{4}$，$a_3=\frac{1}{8}$，…，$a_n=\frac{1}{2^n}$，…，这样 $a_1,a_2,a_3,\cdots,a_n,\cdots$构成一列有次序的数.设想 n 无限增大(记为 $n\to\infty$)，在这个过程中，a_n 无限接近于一个确定的数值(零)，这个确定的数值在数学上称为上面这列有次序的数(所谓数列)$a_1,a_2,a_3,\cdots,a_n,\cdots$当 $n\to\infty$时的极限.

在解决实际问题中逐渐形成的这种极限方法，已成为高等数学中的一种基本方法，因此有必要做进一步的阐明.

1. 数列的概念

数列就是按照一定顺序排列成的一列数，一般记为 $a_1,a_2,a_3,\cdots,a_n,\cdots$，简记为$\{a_n\}$，其中 a_n称为数列的通项.

例如，数列 $1,2,3,4,5,\cdots$的通项是 $a_n=n$，可以记为$\{n\}$；

数列 $1,\frac{1}{2},\frac{1}{3},\frac{1}{4},\frac{1}{5},\cdots$的通项是 $a_n=\frac{1}{n}$，可以记为$\left\{\frac{1}{n}\right\}$；

数列 $2,2^2,2^3,2^4,2^5,\cdots$的通项是 $a_n=2^n$，可以记为$\{2^n\}$.

数列$\{a_n\}$也可看成自变量为正整数 n 的函数：$a_n=f(n)$，$n\in\mathbf{N}^+$，其定义域是全体正整数，当自变量 n 依次取 $1,2,3,4,5,\cdots$一切正整数时，对应的函数值就排列成数列$\{a_n\}$.

2. 极限的概念

定义 1　对于数列$\{a_n\}$，若当 n 无限增大时，通项 a_n无限接近于某个确定的常数 A，则常数 A 称为数列$\{a_n\}$的极限，此时也称数列 a_n收敛于 A，记为$\lim\limits_{n\to\infty}a_n=A$ 或 $a_n\to A(n\to\infty)$.

如，$\lim\limits_{n\to\infty}\frac{1}{n}=0$ 或$\frac{1}{n}\to 0(n\to\infty)$；$\lim\limits_{n\to\infty}\frac{n}{n+1}=1$ 或$\frac{n}{n+1}\to 1(n\to\infty)$.

若数列$\{a_n\}$的极限不存在，则称数列$\{a_n\}$发散.

注意　数列极限是一个动态概念，是变量无限运动渐进变化的过程，是一个变量(项数为 n)无限运动的同时，另一个变量(对应的通项 a_n)无限接近于某一个确定常数的过程，这个常数(极限)是这个无限运动变化的最终趋势. 所以数列是特殊的函数.

例 1　求下列数列的极限.

(1) $\{a_n\}=\left\{\dfrac{n+1}{n}\right\}: 2, \dfrac{3}{2}, \dfrac{4}{3}, \dfrac{5}{4}, \dfrac{6}{5}, \cdots, \dfrac{n+1}{n}, \cdots$;

(2) $\{a_n\}=\left\{\dfrac{1}{3^n}\right\}: \dfrac{1}{3}, \dfrac{1}{9}, \dfrac{1}{27}, \dfrac{1}{81}, \cdots, \dfrac{1}{3^n}, \cdots$;

(3) $\{a_n\}=\{(-1)^n\}: -1, 1, -1, 1, \cdots$.

解　当 $n\to\infty$ 时,数列(1)的通项 $a_n=\dfrac{n+1}{n}$ 越来越接近于常数 1;而数列(2)的通项 $a_n=\dfrac{1}{3^n}$ 越来越接近于常数 0;数列(3)的通项 $a_n=(-1)^n$ 在 -1 与 1 之间交替出现而不趋于任何确定的常数,所以,

(1) $\lim\limits_{n\to\infty}\dfrac{n+1}{n}=1$;(2) $\lim\limits_{n\to\infty}\dfrac{1}{3^n}=0$;(3) $\lim\limits_{n\to\infty}(-1)^n$ 不存在.

1.2.2　函数的极限

因为数列是一种特殊形式的函数,把数列的极限推广可得到函数的极限. 根据自变量的变化过程,分两种情况讨论.

1. $x\to\infty$ 时函数 $f(x)$ 的极限

函数的自变量 $x\to\infty$ 是指 x 的绝对值无限增大,它包含以下两种情况:

(1) x 取正值,无限增大,记作 $x\to+\infty$;

(2) x 取负值,它的绝对值无限增大(即 x 无限减小),记作 $x\to-\infty$;

若 x 不指定正负,只是 $|x|$ 无限增大,则写成 $x\to\infty$.

【引例】(设备折旧问题)

某高校购置一批医疗设备作为教学设备,投资额是 200 万元,每年的折旧费为这批医疗设备账面价格(即以前各年折旧费用提取后余下的价格)的 $\dfrac{1}{10}$,那么这批医疗设备的账面价格(单位:万元)第一年为 200,第二年为 $200\times\dfrac{9}{10}$,第三年为 $200\times\left(\dfrac{9}{10}\right)^2$,第四年为 $200\times\left(\dfrac{9}{10}\right)^3$,…,第 n 年为 $200\times\left(\dfrac{9}{10}\right)^{n-1}$,那么,当 n 无限增大时,该批医疗设备的账面价格如何变化?

显然,从它的变化趋势可以看出,随着年数的无限增大,账面价格无限接近于 0.

引例反映了一个特点:当自变量逐渐增大时,相应的函数值逐渐接近于一个确定的常数. 为此给出下面定义.

定义 2　**如果当 $|x|$ 无限增大(即 $x\to\infty$)时,函数 $f(x)$ 无限趋近于一个确定的常数 A,那么就称 $f(x)$ 当 $x\to\infty$ 时存在极限 A,称数 A 为当 $x\to\infty$ 时函数 $f(x)$ 的极限,记作**

$$\lim_{x\to\infty} f(x)=A.$$

类似地,如果当 $x\to+\infty$(或 $x\to-\infty$)时,函数 $f(x)$ 无限趋近于一个确定的常数 A,那么就称 $f(x)$ 当 $x\to+\infty$(或 $x\to-\infty$)时存在极限 A,称数 A 为当 $x\to+\infty$(或 $x\to-\infty$)时函数 $f(x)$ 的极限,记作

$$\lim_{x\to+\infty} f(x)=A(\text{或}\lim_{x\to-\infty} f(x)=A).$$

例 2 作出函数 $y=2^x$ 和 $y=2^{-x}$ 的图形,并求下列极限:

(1) $\lim\limits_{x\to-\infty} 2^x$　　(2) $\lim\limits_{x\to+\infty} 2^{-x}$

解 作出函数 $y=2^x$ 和 $y=2^{-x}$ 的图像,如图 1-5 所示.

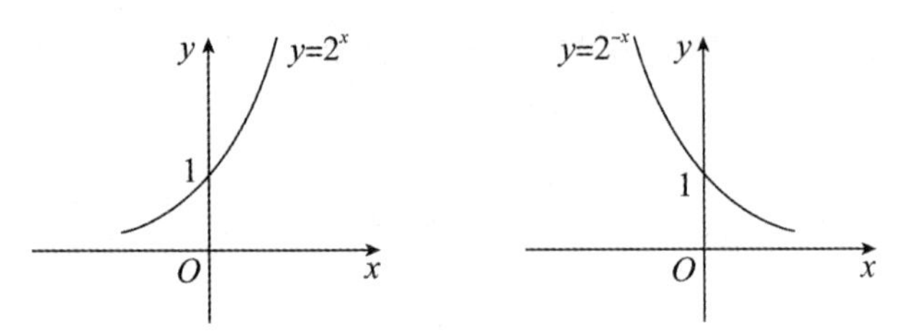

图 1-5

由图形可以看出:(1) $\lim\limits_{x\to-\infty} 2^x=0$;(2) $\lim\limits_{x\to+\infty} 2^{-x}=0$.

例 3 讨论下列函数当 $x\to\infty$ 时的极限.

(1) $y=x^{-1}$　　(2) $y=3^x$

解 (1)函数 $y=x^{-1}$ 的图形如图 1-6 所示. 从图形可知,当 $x\to+\infty$ 时,$x^{-1}\to0$;当 $x\to-\infty$ 时,$x^{-1}\to0$. 因此,当 $|x|$ 无限增大时,函数 $y=x^{-1}$ 无限地接近于常数 0,即 $\lim\limits_{x\to\infty} x^{-1}=0$.

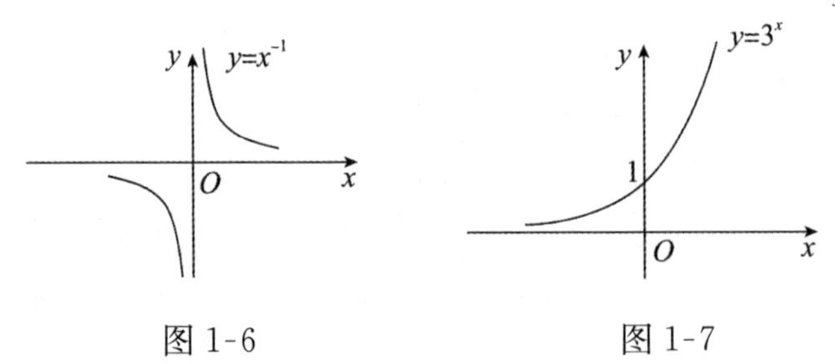

图 1-6　　图 1-7

(2)函数 $y=3^x$ 的图形如图 1-7 所示. 从图形可知,当 $x\to+\infty$ 时,$3^x\to+\infty$;当 $x\to-\infty$ 时,$y=3^x\to0$. 因此,当 $|x|$ 无限增大时,函数 $y=3^x$ 不可能无限地趋近于某一个常数,即 $\lim\limits_{x\to\infty} 3^x$ 不存在.

理论上可以证明:

$$\boxed{\lim_{x\to\infty} f(x)=A \text{ 的充分必要条件是 } \lim_{x\to+\infty} f(x)=\lim_{x\to-\infty} f(x)=A}$$

2. $x\to x_0$ 时函数 $f(x)$ 的极限

与 $x\to\infty$ 的情形类似,$x\to x_0$ 包含 x 从大于 x_0 的方向和 x 从小于 x_0 的方向趋近于 x_0 两种情况,分别用:

(1)$x \to x_0^+$ 表示 x 从大于 x_0 的方向趋近于 x_0；

(2)$x \to x_0^-$ 表示 x 从小于 x_0 的方向趋近于 x_0.

记号 $x \to x_0$ 表示无限趋近于 x_0，两个方向都要考虑.

例 4　讨论 $x \to 1$ 时，函数 $f(x)=x+1$ 的变化趋势.

解　作出函数 $f(x)=x+1$ 的图像(如图 1-8 所示). 从图形可以看出，不论 x 从小于 1 的方向趋近于 1 还是从大于 1 的方向趋近于 1，函数 $f(x)=x+1$ 的值总是从两个不同的方向越来越接近于 2. 所以，当 $x \to 1$ 时 $f(x)=x+1 \to 2$.

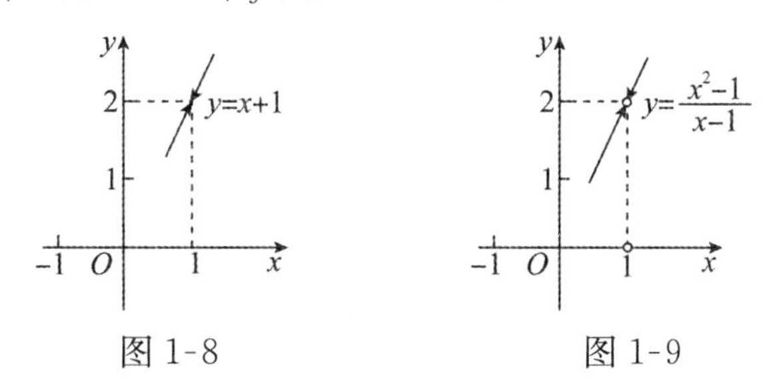

图 1-8　　　　图 1-9

例 5　讨论当 $x \to 1$ 时，函数 $f(x)=\dfrac{x^2-1}{x-1}$ 的变化趋势.

解　作出函数 $f(x)=\dfrac{x^2-1}{x-1}$ 的图像(如图 1-9 所示). 函数的定义域为 $(-\infty,1)\cup(1,+\infty)$，在 $x=1$ 处函数没有定义，但从图 1-9 可以看出，不论 x 从小于 1 的方向还是从大于 1 的方向趋近于 1，函数 $f(x)=\dfrac{x^2-1}{x-1}$ 的值总是从两个不同的方向越来越接近于 2. 所以，当 $x \to 1$ 时，$f(x)=\dfrac{x^2-1}{x-1} \to 2$.

对于上例这种变化趋势，给出如下定义：

定义 3　设函数 $f(x)$ 在点 x_0 的某个去心邻域内有定义，如果当 $x \to x_0$ 时，函数 $f(x)$ 无限趋近于一个确定的常数 A，那么就称当 $x \to x_0$ 时 $f(x)$ 存在极限 A；数 A 称为当 $x \to x_0$ 时函数 $f(x)$ 的极限，记作 $\lim\limits_{x \to x_0} f(x)=A$.

邻域概念：

设 δ 为一正数，则开区间 $(x_0-\delta, x_0+\delta)$ 称为点 x_0 的 δ 邻域，记为 $U(x_0,\delta)$.

其中点 x_0 称为该邻域的中心，δ 称为该邻域的半径.

点 x_0 的 δ 邻域去掉中心 x_0 后，称为点 x_0 的去心 δ 邻域，记为 $\mathring{U}(x_0,\delta)$，即 $\mathring{U}(x_0,\delta)=(x_0-\delta,x_0)\cup(x_0,x_0+\delta)$.

注意：(1)函数 $f(x)$ 当 $x \to x_0$ 时的极限是否存在，与 $f(x)$ 在点 x_0 处是否有定义无关.

(2)若函数极限存在，则极限值必唯一.

例 6　求当 $x \to x_0$ 时，下列函数的极限.

(1)$f(x)=2x$；(2)$f(x)=C$(C 为常数).

解　(1)因为当 $x \to x_0$ 时，$f(x)=2x$ 的值无限趋近于 $2x_0$，

所以有 $\lim\limits_{x \to x_0} f(x)=\lim\limits_{x \to x_0} 2x=2x_0$.

(2)因为当 $x\to x_0$ 时,$f(x)$的值恒等于 C,所以$\lim\limits_{x\to x_0}f(x)=\lim\limits_{x\to x_0}C=C$.

由此可见,常数的极限是其本身.

前面讨论了当 $x\to x_0$ 时 $f(x)$的极限,x 是以两种方式趋近于 x_0 的,但是,有时我们还需要知道,x 仅从大于 x_0 的方向趋近于 x_0 或仅从小于 x_0 的方向趋近于 x_0 时 $f(x)$的变化趋势.

如果 x 从大于 x_0 的方向趋近于 x_0(即 $x\to x_0^+$)时,函数 $f(x)$无限地趋近于一个确定的常数 A,那么就称 $f(x)$在 x_0 处存在**右极限**,数 A 就称为当 $x\to x_0$ 时函数 $f(x)$的右极限.记作 $\lim\limits_{x\to x_0^+}f(x)=A$ 或 $f(x)\to A(x\to x_0^+)$.

如果 x 从小于 x_0 的方向趋近于 x_0(即 $x\to x_0^-$)时,函数 $f(x)$无限地趋近于一个确定的常数 A,那么就称 $f(x)$在 x_0 处存在**左极限**,数 A 就称为当 $x\to x_0$ 时函数 $f(x)$的左极限.记作 $\lim\limits_{x\to x_0^-}f(x)=A$ 或 $f(x)\to A(x\to x_0^-)$.

根据 $x\to x_0$ 时函数 $f(x)$的极限定义和左、右极限的定义,容易证明:

$$\boxed{\lim_{x\to x_0}f(x)=A \text{ 的充分必要条件是 } \lim_{x\to x_0^+}f(x)=\lim_{x\to x_0^-}f(x)=A}$$

例 7 已知函数 $f(x)=\begin{cases}x^2+1, x<1,\\ \dfrac{1}{2}, x=1,\\ x-1, x>1,\end{cases}$ 求 $\lim\limits_{x\to 1^-}f(x)$,$\lim\limits_{x\to 1^+}f(x)$,并讨论$\lim\limits_{x\to 1}f(x)$.

解 因为 $\lim\limits_{x\to 1^-}f(x)=\lim\limits_{x\to 1^-}(x^2+1)=2$,$\lim\limits_{x\to 1^+}f(x)=\lim\limits_{x\to 1^+}(x-1)=0$,

即 $\lim\limits_{x\to 1^-}f(x)\neq\lim\limits_{x\to 1^+}f(x)$,所以$\lim\limits_{x\to 1}f(x)$不存在.

例 8 已知 $f(x)=\begin{cases}x, & x\geqslant 3,\\ 3, & x<3,\end{cases}$ 求$\lim\limits_{x\to 3}f(x)$.

解 因为 $\lim\limits_{x\to 3^+}f(x)=\lim\limits_{x\to 3^+}x=3$,$\lim\limits_{x\to 3^-}f(x)=\lim\limits_{x\to 3^-}3=3$,

即 $\lim\limits_{x\to 3^+}f(x)=\lim\limits_{x\to 3^-}f(x)=3$,所以$\lim\limits_{x\to 3}f(x)=3$.

例 9 已知 $f(x)=\dfrac{|x|}{x}$,$\lim\limits_{x\to 0}f(x)$是否存在?

解 当 $x>0$ 时,$f(x)=\dfrac{|x|}{x}=\dfrac{x}{x}=1$,当 $x<0$ 时,$f(x)=\dfrac{|x|}{x}=\dfrac{-x}{x}=-1$,

所以函数可以分段表示为 $f(x)=\begin{cases}1, & x>0,\\ -1, & x<0,\end{cases}$

于是 $\lim\limits_{x\to 0^+}f(x)=1$,$\lim\limits_{x\to 0^-}f(x)=-1$.即 $\lim\limits_{x\to 0^+}f(x)\neq\lim\limits_{x\to 0^-}f(x)$.

所以$\lim\limits_{x\to 0}f(x)$不存在.

习题 1.2

1. 选择题

(1)函数 $f(x)$在 $x\to x_0$ 处有定义，是在点 x_0 时有极限的(　　)

A. 必要条件　　B. 充分条件　　C. 充要条件　　D. 无关条件

(2)$\lim\limits_{x\to 1}\dfrac{x^2-1}{x-1}=$(　　)

A. 1　　B. 2　　C. 3　　D. 4

(3)当 $x\to 1$ 时，函数 $f(x)=\dfrac{x^2-1}{x-1}e^{\frac{1}{x-1}}$的极限是(　　)

A. 1　　B. 0　　C. ∞　　D. 不存在

2. 已知函数 $f(x)=\begin{cases} x^3, & x<2, \\ 2, & x=2, \\ -8, & x>2, \end{cases}$求当 $x\to 2$ 时函数的极限.

3. 设函数 $f(x)=\begin{cases} e^x+3, x>0, \\ x+a, x\leqslant 0, \end{cases}$要使极限$\lim\limits_{x\to 0}f(x)$存在，$a$ 应取何值？

4. 讨论 $x\to 0$ 时，函数 $f(x)=\begin{cases} \dfrac{1}{3+x}, & x<0, \\ x+\dfrac{1}{3}, & x\geqslant 0 \end{cases}$的极限是否存在.

1.3 极限的运算法则

1.3.1 极限的四则运算法则

前面我们根据自变量的变化趋势,观察和分析了函数的变化趋势,求出了一些简单函数的极限.如果要求一些结构较为复杂函数的极限,就要使用如下的和、差、积、商的极限运算法则.

定理 1 设$\lim\limits_{x\to x_0} f(x)=A$,$\lim\limits_{x\to x_0} g(x)=B$,则

(1)$\lim\limits_{x\to x_0}[f(x)\pm g(x)]=\lim\limits_{x\to x_0} f(x)\pm \lim\limits_{x\to x_0} g(x)=A\pm B$;

(2)$\lim\limits_{x\to x_0}[f(x)\cdot g(x)]=\lim\limits_{x\to x_0} f(x)\cdot \lim\limits_{x\to x_0} g(x)=A\cdot B$,

特别地,$\lim\limits_{x\to x_0} C\cdot f(x)=C\cdot \lim\limits_{x\to x_0} f(x)=CA$($C$ 为常数);

(3)$\lim\limits_{x\to x_0}\dfrac{f(x)}{g(x)}=\dfrac{\lim\limits_{x\to x_0} f(x)}{\lim\limits_{x\to x_0} g(x)}=\dfrac{A}{B}$,($B\neq 0$).

说明 (1)使用这些运算法则的前提是在自变量的同一变化过程中 $f(x)$和 $g(x)$的极限都存在;

(2)上述运算法则对于 $x\to\infty$等其他变化过程也同样成立;

(3)由上述法则中的前两条可推广到有限个函数的情况,于是有

$$\boxed{\lim_{x\to x_0}[f(x)]^n=[\lim_{x\to x_0} f(x)]^n, n\in \mathbf{N}^+}$$

例 1 求$\lim\limits_{x\to 1}(2x^3+1)$.

解 $\lim\limits_{x\to 1}(2x^3+1)=\lim\limits_{x\to 1}2x^3+1=2\,(\lim\limits_{x\to 1}x)^3+1=2+1=3$.

例 2 求$\lim\limits_{x\to 1}\dfrac{2x^2-2}{x^2+1}$.

解 由于当 $x\to 1$ 时,$(x^2+1)\to 2$,分母的极限不为 0,由上述极限运算法则,得

$$\lim_{x\to 1}\frac{2x^2-2}{x^2+1}=\frac{\lim\limits_{x\to 1}(2x^2-2)}{\lim\limits_{x\to 1}(x^2+1)}=0.$$

注意 从例 1、例 2 可以看出,求多项式 $P(x)$当 $x\to x_0$ 时的极限时,只要用 x_0 代替多项式中的 x,即$\lim\limits_{x\to x_0}P(x)=P(x_0)$.对于有理分式函数$\dfrac{P(x)}{Q(x)}$(其中 $P(x)$,$Q(x)$为多项式),当分母 $Q(x_0)\neq 0$ 时,按照商式极限运算法则,有$\lim\limits_{x\to x_0}\dfrac{P(x)}{Q(x)}=\dfrac{\lim\limits_{x\to x_0}P(x)}{\lim\limits_{x\to x_0}Q(x)}=\dfrac{P(x_0)}{Q(x_0)}$.

当 $Q(x_0)=0$ 时,则关于商的极限的运算法则不能应用,那就需要特别考虑.下面我们举两个属于这种情形的例子.

例 3　求$\lim\limits_{x\to 2}\dfrac{x^3-8}{x-2}$.

解　当 $x\to 2$ 时,$x-2\to 0$,分母的极限是 0,不能直接应用商的极限运算法则,通常的方法是设法消去分母为零的因式,然后再利用有理运算法则.

$$\lim_{x\to 2}\frac{x^3-8}{x-2}=\lim_{x\to 2}\frac{(x-2)(x^2+2x+4)}{x-2}=\lim_{x\to 2}(x^2+2x+4)=4+4+4=12.$$

例 4　求$\lim\limits_{x\to 4}\dfrac{x-4}{\sqrt{x+5}-3}$.

解　当 $x\to 4$ 时,$(\sqrt{x+5}-3)\to 0$,不能直接使用商的极限运算法则,但可采用分母有理化消去分母中的零因子.

$$\lim_{x\to 4}\frac{x-4}{\sqrt{x+5}-3}=\lim_{x\to 4}\frac{(x-4)(\sqrt{x+5}+3)}{(\sqrt{x+5}-3)(\sqrt{x+5}+3)}=\lim_{x\to 4}\frac{(x-4)(\sqrt{x+5}+3)}{x-4}$$

$$=\lim_{x\to 4}(\sqrt{x+5}+3)=\sqrt{4+5}+3=3+3=6.$$

注意　通常用因式分解法和分子或分母有理化的方法,消去分母中的"零因子".

例 5　求$\lim\limits_{x\to\infty}\dfrac{x^2+2x+1}{2x^2+3x+4}$.

解　当 $x\to\infty$ 时,分式的分子、分母都趋向于无穷大,极限都不存在,故不能直接使用商的极限运算法则. 当 $x\to\infty$ 时,$\dfrac{x^2+2x+1}{x^2}=(1+\dfrac{2}{x}+\dfrac{1}{x^2})\to 1$,$\dfrac{2x^2+3x+4}{x^2}=(2+\dfrac{3}{x}+\dfrac{4}{x^2})\to 2$,因此求$\lim\limits_{x\to\infty}\dfrac{x^2+2x+1}{2x^2+3x+4}$时,可以首先将分式的分子与分母同除以分子、分母中自变量的最高次幂,然后再用极限运算法则,即

$$\lim_{x\to\infty}\frac{x^2+2x+1}{2x^2+3x+4}=\lim_{x\to\infty}\frac{1+\dfrac{2}{x}+\dfrac{1}{x^2}}{2+\dfrac{3}{x}+\dfrac{4}{x^2}}=\frac{1}{2}.$$

例 6　求$\lim\limits_{x\to\infty}\dfrac{2x^2-3x-1}{3x^3+x^2-5}$.

解　仿照例 5,分子、分母同除以分子、分母中自变量的最高次幂,得

$$\lim_{x\to\infty}\frac{2x^2-3x-1}{3x^3+x^2-5}=\lim_{x\to\infty}\frac{\dfrac{2}{x}-\dfrac{3}{x^2}-\dfrac{1}{x^3}}{3+\dfrac{1}{x}-\dfrac{5}{x^3}}=\frac{0}{3}=0.$$

例 7　求$\lim\limits_{x\to 1}(\dfrac{1}{x-1}-\dfrac{2}{x^2-1})$.

解　由于 $x\to 1$ 时,括号中两项均无限变大$(\infty-\infty)$,极限都不存在,故不能直接使用减法运算法则,考虑消去分母为零的因式,先通分,再运算.

$$\lim_{x\to 1}(\frac{1}{x-1}-\frac{2}{x^2-1})=\lim_{x\to 1}\frac{x-1}{(x-1)(x+1)}=\lim_{x\to 1}\frac{1}{x+1}=\frac{1}{2}.$$

注意　在应用极限的四则运算法则求极限时,首先要判断是否满足法则中的条件,如果

不满足，那么还要先根据具体情况作适当的恒等变换，使之符合条件，然后再使用极限的运算法则求出结果.

1.3.2 复合函数的极限运算法则

定理 2 设函数 $y=f(u)$ 与 $u=\varphi(x)$ 满足如下两个条件：

(1) $\lim\limits_{u\to a}f(u)=A$，

(2) 当 $x\neq x_0$ 时，$\varphi(x)\neq a$，且 $\lim\limits_{x\to x_0}\varphi(x)=a$，

则 $\lim\limits_{x\to x_0}f[\varphi(x)]=\lim\limits_{u\to a}f(u)=A=f(\lim\limits_{x\to x_0}\varphi(x))$.

该定理可以形象地解释为"极限运算可以放到函数符号里面去进行".

例 8 求 $\lim\limits_{x\to\frac{\pi}{2}}\lg(\sin x)$.

解 令 $u=\sin x$，从而可把 $\lg(\sin x)$ 看做是由 $y=\lg u$，$u=\sin x$ 复合而成的.

所以 $\lim\limits_{x\to\frac{\pi}{2}}\lg(\sin x)=\lg(\lim\limits_{x\to\frac{\pi}{2}}\sin x)=\lg 1=0$.

例 9 求 $\lim\limits_{x\to 1^+}\arcsin\sqrt{x^2-1}$.

解 令 $v=x^2-1$，$u=\sqrt{v}$，从而可把 $\arcsin\sqrt{x^2-1}$ 看做是由 $y=\arcsin u$，$u=\sqrt{v}$，$v=x^2-1$ 复合而成的.

所以 $\lim\limits_{x\to 1^+}\arcsin\sqrt{x^2-1}=\arcsin(\lim\limits_{x\to 1^+}\sqrt{x^2-1})=\arcsin 0=0$.

习题 1.3

1. 计算下列极限.

(1) $\lim\limits_{x\to1}(2x-1)$　　(2) $\lim\limits_{x\to2}\dfrac{x^3-1}{x^2-5x+3}$　　(3) $\lim\limits_{x\to1}\dfrac{x^2-1}{x^2-3x+2}$

(4) $\lim\limits_{x\to0}\dfrac{1-\sqrt{x+1}}{2x}$　　(5) $\lim\limits_{n\to\infty}\dfrac{2n^2-2n+4}{3n^2+n+1}$　　(6) $\lim\limits_{x\to\infty}\dfrac{3x^4-2x^2+9}{4x^3+1}$

(7) $\lim\limits_{x\to\infty}\dfrac{2x^2+1}{3x^4+1}$　　(8) $\lim\limits_{x\to1}\left(\dfrac{1}{1-x}+\dfrac{1-3x}{1-x^2}\right)$　　(9) $\lim\limits_{n\to\infty}\left(1+\dfrac{1}{2}+\dfrac{1}{2^2}+\cdots+\dfrac{1}{2^n}\right)$

2. 已知 $\lim\limits_{x\to1}\dfrac{x^2+kx+h}{1-x}=1$，试求 k 和 h 的值.

3. 若 $\lim\limits_{x\to1}f(x)$ 存在，且 $f(x)=x^3+\dfrac{2x^2+1}{x+1}+2\lim\limits_{x\to1}f(x)$，求 $f(x)$.

4. 设 $f(x)=\begin{cases}\mathrm{e}^x+a-1, & x<0,\\ x+2, & x\geqslant0,\end{cases}$ $\lim\limits_{x\to0}f(x)$ 存在，求 a 的值.

1.4 极限存在准则　两个重要极限

求函数的极限，有些可用上节运算法则获得解决，但更多的问题不能解决，例如已知$x\to\infty$时，$f(x)=\frac{\sin x}{x}\to 0$，但$x\to 0$时，$f(x)=\frac{\sin x}{x}$的极限存在吗？如果存在，怎样求？再如$f(x)=(1+\frac{1}{x})^x$，当$x\to\infty$时有没有极限呢？

本节给出判定极限存在的两个准则以及可以应用准则证明的两个重要的极限：

$$\lim_{x\to 0}\frac{\sin x}{x}=1 \text{ 和} \lim_{x\to\infty}(1+\frac{1}{x})^x=\mathrm{e}.$$

1.4.1　极限存在准则Ⅰ

准则Ⅰ：如果数列x_n，y_n，z_n($n=1,2,\cdots$)满足：

(1)$y_n\leqslant x_n\leqslant z_n$($n=1,2,\cdots$)

(2)$\lim\limits_{n\to\infty}y_n=a$，$\lim\limits_{n\to\infty}z_n=a$

那么数列x_n的极限存在，且$\lim\limits_{n\to\infty}x_n=a$.

*数列极限存在准则Ⅰ可推广到函数的极限.

准则Ⅰ′　如果$x\in U(x_0,r)$(或$|x|>M$)时，有$g(x)\leqslant f(x)\leqslant h(x)$成立，

$\lim g(x)=A$，$\lim h(x)=A$($x\to x_0$或$x\to\infty$)，

那么$\lim f(x)=A$($x\to x_0$或$x\to\infty$).

准则Ⅰ，Ⅰ′称为夹逼准则.

下面利用准则Ⅰ′，证明第一个重要极限：

$$\boxed{\lim_{x\to 0}\frac{\sin x}{x}=1}$$

证明　函数$y=\frac{\sin x}{x}$在$x\neq 0$时有定义. 如图1-10所示的单位圆中，设圆心角$\angle AOB=x(0<x<\frac{\pi}{2})$，点$A$处的切线与$OB$的延长线相交于$C$，作$BD\perp OA$，则$\sin x=BD$，$x=\overset{\frown}{AB}$，$\tan x=AC$，因为$\triangle AOB$的面积<扇形$AOB$的面积<$\triangle AOC$的面积，

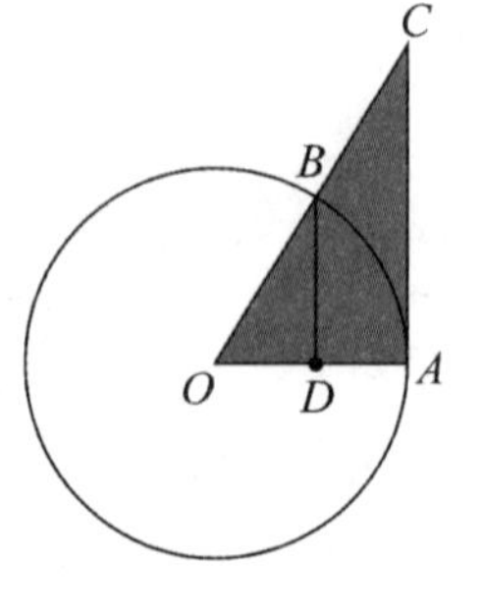

图 1-10

即$\frac{1}{2}OA\cdot BD<\frac{1}{2}x\cdot OA^2<\frac{1}{2}OA\cdot AC$，

所以$\frac{1}{2}\sin x<\frac{1}{2}x<\frac{1}{2}\tan x$，即$\sin x<x<\tan x$. 由于$\sin x>0$，上式除以$\sin x$，得$1<\frac{x}{\sin x}<\frac{1}{\cos x}$，

所以$\cos x<\frac{\sin x}{x}<1$，由于$\cos x,\frac{\sin x}{x},1$均为偶函数，故不等式$\cos x<\frac{\sin x}{x}<1$，当$x\in(-\frac{\pi}{2},0)$也成立. 又因为$\lim\limits_{x\to 0}\cos x=1$，$\lim\limits_{x\to 0}1=1$，由不等式及夹逼准则，得$\lim\limits_{x\to 0}\frac{\sin x}{x}=1$.

注意 如果$\lim\limits_{x\to a}\varphi(x)=0$（$a$可以是有限数$x_0$，$\pm\infty$，$\infty$），那么得到推广的结果：

$$\boxed{\lim_{x\to a}\frac{\sin[\varphi(x)]}{\varphi(x)}=\lim_{\varphi(x)\to 0}\frac{\sin[\varphi(x)]}{\varphi(x)}=1}$$

例 1 求$\lim\limits_{x\to 0}\frac{\sin 5x}{x}$.

解 $\lim\limits_{x\to 0}\frac{\sin 5x}{x}=\lim\limits_{x\to 0}\frac{5\sin 5x}{5x}$（令$5x=t$）$=5\lim\limits_{t\to 0}\frac{\sin t}{t}=5$（$5x$相当于推广式中的$\varphi(x)$）.

例 2 求$\lim\limits_{x\to 0}\frac{\tan x}{x}$.

解 $\lim\limits_{x\to 0}\frac{\tan x}{x}=\lim\limits_{x\to 0}\frac{\frac{\sin x}{\cos x}}{x}=\lim\limits_{x\to 0}\frac{\sin x}{x}\cdot\frac{1}{\cos x}=\lim\limits_{x\to 0}\frac{\sin x}{x}\cdot\lim\limits_{x\to 0}\frac{1}{\cos x}=1$.

例 3 求$\lim\limits_{x\to 0}\frac{1-\cos x}{x^2}$.

解 $\lim\limits_{x\to 0}\frac{1-\cos x}{x^2}=\lim\limits_{x\to 0}\frac{2\sin^2\frac{x}{2}}{x^2}=\lim\limits_{x\to 0}\frac{\sin^2\frac{x}{2}}{2\left(\frac{x}{2}\right)^2}=\frac{1}{2}\lim\limits_{x\to 0}\left(\frac{\sin\frac{x}{2}}{\frac{x}{2}}\right)^2=\frac{1}{2}$.

例 4 求$\lim\limits_{x\to 0}\frac{\arctan x}{x}$.

解 令$\arctan x=t$，则$x=\tan t$且$x\to 0$时$t\to 0$，于是

$$\lim_{x\to 0}\frac{\arctan x}{x}=\lim_{t\to 0}\frac{t}{\tan t}=\lim_{t\to 0}\frac{t}{\frac{\sin t}{\cos t}}=\lim_{t\to 0}\frac{t}{\sin t}\cdot\cos t=1.$$

1.4.2 极限存在准则Ⅱ

如果数列x_n满足$x_1\leqslant x_2\leqslant x_3\leqslant\cdots\leqslant x_n\leqslant x_{n+1}\leqslant\cdots$，则称数列为单调增加的；如果数列$x_n$满足$x_1\geqslant x_2\geqslant x_3\geqslant\cdots\geqslant x_n\geqslant x_{n+1}\geqslant\cdots$，则称数列为单调减少的.

已知收敛的数列一定有界，但有界数列不一定收敛. 若数列单调且有界，则有：

准则Ⅱ：单调有界数列必有极限.

利用准则Ⅱ可以证明第二个重要极限（证明从略）：

$$\boxed{\lim_{x\to\infty}\left(1+\frac{1}{x}\right)^{x}=\mathrm{e}}$$

注意　这个重要极限也可以变形和推广：

(1)利用代换 $z=\frac{1}{x}$，则当 $x\to\infty$ 时 $z\to 0$，可得 $\lim\limits_{z\to 0}(1+z)^{\frac{1}{z}}=\mathrm{e}$.

(2)若 $\lim\limits_{x\to a}\varphi(x)=\infty$（$a$ 可以是有限数 x_0，$\pm\infty$，∞），则

$$\boxed{\lim_{x\to a}\left(1+\frac{1}{\varphi(x)}\right)^{\varphi(x)}=\lim_{\varphi(x)\to\infty}\left(1+\frac{1}{\varphi(x)}\right)^{\varphi(x)}=\mathrm{e}}$$

或若 $\lim\limits_{x\to a}\varphi(x)=0$（$a$ 可以是有限数 x_0，$\pm\infty$，∞），则

$$\boxed{\lim_{x\to a}(1+\varphi(x))^{\frac{1}{\varphi(x)}}=\lim_{\varphi(x)\to 0}(1+\varphi(x))^{\frac{1}{\varphi(x)}}=\mathrm{e}}$$

$$\boxed{\begin{array}{l}\lim\limits_{x\to a}(1+f(x))^{\varphi(x)}=\mathrm{e}^{\lim\limits_{x\to a}f(x)\cdot\varphi(x)}\\(\lim\limits_{x\to a}f(x)=0,\lim\limits_{x\to a}\varphi(x)=\infty)\end{array}}$$

第二个重要极限及其变形和推广，在 1^{∞} 不定式极限计算中有着重要应用.

例 5　求 $\lim\limits_{x\to\infty}\left(1+\frac{3}{x}\right)^{x}$.

解法一　$\lim\limits_{x\to\infty}\left(1+\frac{3}{x}\right)^{x}=\lim\limits_{x\to\infty}\left(1+\frac{3}{x}\right)^{\frac{x}{3}\times 3}$

$=\left[\lim\limits_{x\to\infty}\left(1+\frac{3}{x}\right)^{\frac{x}{3}}\right]^{3}=\mathrm{e}^{3}$.

解法二　$\lim\limits_{x\to\infty}\left(1+\frac{3}{x}\right)^{x}=\mathrm{e}^{\lim\limits_{x\to\infty}\frac{3}{x}\cdot x}=\mathrm{e}^{3}$.

解法三　令 $\frac{3}{x}=t$，则 $x=\frac{3}{t}$；当 $x\to\infty$ 时 $t\to 0$，于是 $\lim\limits_{x\to\infty}\left(1+\frac{3}{x}\right)^{x}=\lim\limits_{t\to 0}(1+t)^{\frac{3}{t}}=\left[\lim\limits_{t\to 0}(1+t)^{\frac{1}{t}}\right]^{3}=\mathrm{e}^{3}$.

例 6　求 $\lim\limits_{x\to\infty}\left(\frac{3-2x}{2-2x}\right)^{x}$.

解　$\lim\limits_{x\to\infty}\left(\frac{3-2x}{2-2x}\right)^{x}=\lim\limits_{x\to\infty}\left(1+\frac{1}{2-2x}\right)^{x}=\mathrm{e}^{\lim\limits_{x\to\infty}\frac{1}{2-2x}\cdot x}=\mathrm{e}^{-\frac{1}{2}}$.

例 7　求 $\lim\limits_{x\to 0}(1+\tan x)^{\cot x}$.

解　$\lim\limits_{x\to 0}(1+\tan x)^{\cot x}=\mathrm{e}^{\lim\limits_{x\to 0}\tan x\cdot\cot x}=\mathrm{e}$.

例 8　应用夹逼准则，证明 $\lim\limits_{n\to\infty}\left(\frac{1}{\sqrt{n^2+1}}+\frac{1}{\sqrt{n^2+2}}+\cdots+\frac{1}{\sqrt{n^2+n}}\right)=1$.

证明　因为　$\frac{n}{\sqrt{n^2+n}}\leqslant\frac{1}{\sqrt{n^2+1}}+\frac{1}{\sqrt{n^2+2}}+\cdots+\frac{1}{\sqrt{n^2+n}}\leqslant\frac{n}{\sqrt{n^2+1}}$

且 $\lim\limits_{n\to\infty}\frac{n}{\sqrt{n^2+n}}=\lim\limits_{n\to\infty}\frac{1}{\sqrt{1+\frac{1}{n}}}=1$,

$\lim\limits_{n\to\infty}\frac{n}{\sqrt{n^2+1}}=\lim\limits_{n\to\infty}\frac{1}{\sqrt{1+\frac{1}{n^2}}}=1$,

所以由夹逼准则可知,

$$\lim_{n\to\infty}\left(\frac{1}{\sqrt{n^2+1}}+\frac{1}{\sqrt{n^2+2}}+\cdots+\frac{1}{\sqrt{n^2+n}}\right)=1.$$

习题 1.4

1. 判断下列极限是否正确.

(1) $\lim\limits_{x\to 0}\dfrac{\sin x}{x}=1$ (2) $\lim\limits_{x\to 0}\dfrac{x}{\sin x}=1$

(3) $\lim\limits_{x\to 0}\dfrac{\tan x}{x}=1$ (4) $\lim\limits_{x\to\infty}x\sin\dfrac{1}{x}=1$

2. 计算下列极限.

(1) $\lim\limits_{x\to 0}\dfrac{\sin 5x}{3x}$ (2) $\lim\limits_{x\to 0}\dfrac{\tan 3x}{2x}$

(3) $\lim\limits_{x\to 0}\dfrac{\tan 2x}{\sin 5x}$ (4) $\lim\limits_{n\to\infty}2^n\sin\dfrac{x}{2^n}$（常数 $x\neq 0$）

(5) $\lim\limits_{x\to 0}\dfrac{x-\sin x}{x+\sin x}$ (6) $\lim\limits_{x\to 0}\dfrac{\sin x}{x^3+3x}$

3. 计算下列极限.

(1) $\lim\limits_{x\to\infty}\left(1+\dfrac{3}{x}\right)^x$ (2) $\lim\limits_{x\to\infty}\left(1+\dfrac{1}{x}\right)^{\frac{x}{2}}$

(3) $\lim\limits_{x\to\infty}\left(1-\dfrac{1}{x}\right)^x$ (4) $\lim\limits_{x\to\infty}\left(1-\dfrac{2}{x}\right)^{5x}$

(5) $\lim\limits_{x\to 0}(1+\sin x)^{2\csc x}$ (6) $\lim\limits_{x\to\infty}\left(\dfrac{3x+4}{3x-1}\right)^{x+1}$

(7) $\lim\limits_{x\to\infty}\left(\dfrac{2-2x}{3-2x}\right)^x$ (8) $\lim\limits_{m\to\infty}\left(1-\dfrac{1}{m^2}\right)^m$

4. 求 $\lim\limits_{n\to\infty}\left(\dfrac{1}{n^2+n+1}+\dfrac{2}{n^2+n+2}+\cdots+\dfrac{n}{n^2+n+n}\right)$.

5. 证明 $\lim\limits_{n\to\infty}\left(\dfrac{1}{n^2+n-1}+\dfrac{2}{n^2+n-2}+\cdots+\dfrac{n}{n^2+n-n}\right)=\dfrac{1}{2}$.

1.5　无穷小与无穷大

引例　考察下列两组函数的极限

$\lim\limits_{x\to1}\frac{x-1}{x^3+1}=0$，$\lim\limits_{x\to0}(3^x-1)=0$，$\lim\limits_{x\to0}\arcsin x=0$，$\lim\limits_{x\to0}(1-\cos x)=0$，$\lim\limits_{x\to0}\frac{\ln(x+1)}{e^x}=0$.

$\lim\limits_{x\to+\infty}2^x=+\infty$，$\lim\limits_{x\to0^+}\ln x=-\infty$，$\lim\limits_{x\to(\frac{\pi}{2})^-}\tan x=+\infty$，$\lim\limits_{x\to0^-}\frac{1}{x}=-\infty$，$\lim\limits_{x\to\infty}x^5=\infty$.

第一组的极限都是零，第二组的极限都是无穷大(有正无穷大，有负无穷大，也有无穷大)，下面我们就研究这两种极限的情况.

1.5.1　无穷小

1.无穷小的定义

考察函数 $f(x)=x^2$ 的图像[如图 1-11(a)所示]可知，当 x 从左右两个方向无限趋近于 0 时，$f(x)$都无限地趋近于 0. 考察函数 $f(x)=\frac{1}{x}$ 的图像[如图 1-11(b)所示]，当 x 趋于无穷大时，$f(x)$无限接近于 0. 对于这种变化趋势，给出定义：

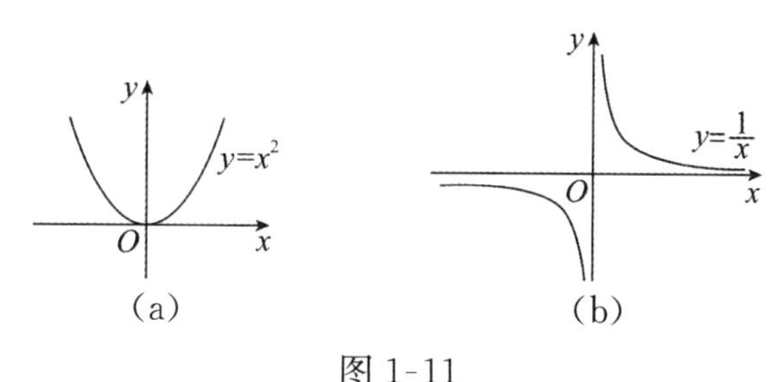

图 1-11

定义 1　如果函数 $f(x)$当 $x\to x_0$ 时的极限为零，那么称函数 $f(x)$为当 $x\to x_0$ 时的无穷小，记作$\lim\limits_{x\to x_0}f(x)=0$.

例如，因为$\lim\limits_{x\to0}x^2=0$，所以函数 x^2 是当 $x\to0$ 时的无穷小，由上述 $x\to x_0$ 时无穷小的定义，很容易推广到 $x\to x_0^+$，$x\to x_0^-$，$x\to+\infty$，$x\to-\infty$时的情形. 又如$\lim\limits_{x\to\infty}\frac{1}{x}=0$，所以函数$\frac{1}{x}$是当 $x\to\infty$时的无穷小. 引例中的第一组都是相应条件下的无穷小.

注意　(1)一个函数 $f(x)$是无穷小，是与自变量 x 的变化过程紧密相连的，因此必须指明自变量 x 的变化过程，例如，函数 $x-2$ 是当 $x\to2$ 时的无穷小，而当 x 趋向于其他数值时，它就不是无穷小了.

(2)不要把绝对值很小的常数(如 0.000 000 001 或－0.000 000 000 1)说成无穷小，无穷小表示的是一个函数，这个函数在自变量某个变化过程中的极限为 0，而绝对值很小的数无论自变量是何种变化过程，其极限都不是 0.

(3)零这个常数作为无穷小是特殊情形，因为常数零在自变量的任何一个变化过程中，极限总是零,因此零是可以作为无穷小的唯一常数.

2. 无穷小的性质

性质 1 有限个无穷小的代数和仍是无穷小.

性质 2 有界函数与无穷小之积仍是无穷小.

推论 1 常数与无穷小之积仍是无穷小.

推论 2 有限个无穷小之积仍是无穷小.

性质 2 实际上提供了一种求极限的方法,如:

例 1 求$\lim\limits_{x\to 0}x\cos\dfrac{1}{x}$.

解 因为$\lim\limits_{x\to 0}x=0$,所以 x 是 $x\to 0$ 时的无穷小,而$\left|\cos\dfrac{1}{x}\right|\leqslant 1$,所以 $\cos\dfrac{1}{x}$是有界函数.根据无穷小的性质 2,可知$\lim\limits_{x\to 0}x\cos\dfrac{1}{x}=0$.

例 2 求$\lim\limits_{x\to\infty}x\sin\dfrac{1}{x}$.

解 因为 $x\sin\dfrac{1}{x}=\dfrac{\sin\dfrac{1}{x}}{\dfrac{1}{x}}$,令$\dfrac{1}{x}=t$,则 $x\to\infty$ 时 $t\to 0$,根据第一个重要极限,可知$\lim\limits_{x\to\infty}x\sin\dfrac{1}{x}=\lim\limits_{t\to 0}\dfrac{\sin t}{t}=1$.

例 3 求$\lim\limits_{x\to\infty}\dfrac{\sin x}{x}$.

解 因为$\dfrac{\sin x}{x}=\dfrac{1}{x}\cdot\sin x$,而$\dfrac{1}{x}$是 $x\to\infty$时的无穷小,$\sin x$ 是有界函数.根据无穷小的性质 2,可知$\lim\limits_{x\to\infty}\dfrac{\sin x}{x}=0$.

那么两个无穷小的商是否也是无穷小呢?答案是否定的.例如 $x^2,x^3,x^2\sin\dfrac{1}{x^2}$都是当 $x\to 0$ 时的无穷小,但当 $x\to 0$ 时它们的比值会出现下列多种情况:$\dfrac{x^3}{x^2}\to 0,\dfrac{x^2}{x^3}\to\infty,\dfrac{x^2\sin\dfrac{1}{x^2}}{x^2}$极限不存在.后面我们会学习无穷小的比较.

3. 函数极限与无穷小的关系

无穷小之所以重要,是因为它与极限有密切的关系,下面的定理将说明函数、函数的极限与无穷小三者之间的重要关系.

定理 1 $\lim\limits_{x\to x_0}f(x)=A\Leftrightarrow f(x)=A+\alpha$,其中$\lim\limits_{x\to x_0}\alpha=0$.即当 $x\to x_0$ 时,$f(x)$以 A 为极限的充分必要条件是 $f(x)$能表示为 A 与一个 $x\to x_0$ 时的无穷小之和.

这个定理是证明前面极限四则运算法则的主要依据.

1.5.2　无穷大

无穷小是绝对值无限变小的变量，它的对立面就是绝对值无限增大的变量，称为无穷大量(简称无穷大).

考察函数 $f(x)=x^2$ 的图像[如图 1-12(a)所示]可知，当 $x\to\infty$ 时，$f(x)$ 无限增大；考察函数 $f(x)=\dfrac{1}{x}$ 的图像[如图 1-12(b)所示]，当 $x\to 0$ 时，$|f(x)|$ 无限大. 对于这种变化趋势，给出下列定义：

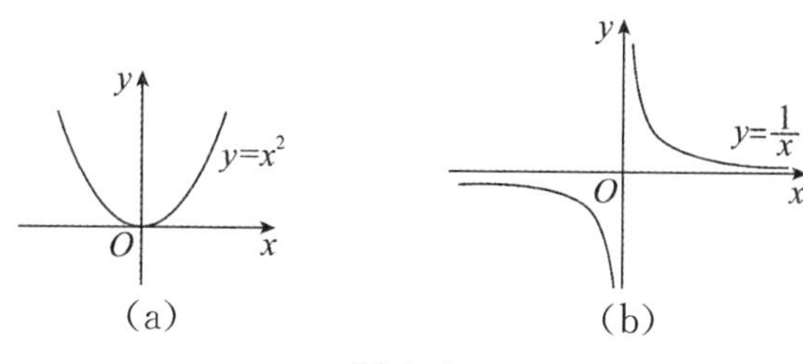

图 1-12

定义 2　如果当 $x\to x_0$ 时，函数 $f(x)$ 的绝对值无限增大，那么称函数 $f(x)$ 为当 $x\to x_0$ 时的无穷大. 记作 $\lim\limits_{x\to x_0}f(x)=\infty$.

注意　式中的“∞”是一个记号而不是确定的数，记号的含义仅表示“$f(x)$ 的绝对值无限增大”. 例如，当 $x\to 0$ 时，$\left|\dfrac{1}{x}\right|$ 无限增大，所以 $\dfrac{1}{x}$ 是当 $x\to 0$ 时的无穷大，记作 $\lim\limits_{x\to 0}\dfrac{1}{x}=\infty$.

上述 $x\to x_0$ 时的无穷大的定义，很容易推广到 $x\to x_0^+$，$x\to x_0^-$，$x\to+\infty$，$x\to-\infty$ 时的情形.

又如当 $x\to\infty$ 时，$|2x|$ 无限增大，所以 $2x$ 是当 $x\to\infty$ 时的无穷大，记作 $\lim\limits_{x\to\infty}2x=\infty$.

当 $x\to+\infty$ 时，3^x 总取正值且无限增大，所以 3^x 是当 $x\to+\infty$ 时的无穷大，记作 $\lim\limits_{x\to+\infty}3^x=+\infty$.

当 $x\to 0^+$ 时，$\ln x$ 总取负值且绝对值无限增大，所以 $\ln x$ 是 $x\to 0^+$ 时的无穷大，记作 $\lim\limits_{x\to 0^+}\ln x=-\infty$.

注意　(1)一个函数 $f(x)$ 是无穷大，是与自变量 x 的变化过程紧密相连的，因此必须指明自变量 x 的变化过程. 例如函数 $\dfrac{1}{x}$ 是当 $x\to 0$ 时的无穷大，而当趋向于其他数值时它就不是无穷大.

(2)不要把绝对值很大的数(如 100 000 000 000 或 $-$10 000 000 000)说成是无穷大，无穷大表示的是一个函数，这个函数的绝对值在自变量某个变化过程中的变化趋势是无限增大，而这些数为常数，无论自变量如何变化，其极限都为常数本身，并不会无限增大或减小.

1.5.3　无穷大与无穷小的关系

定理 2　在自变量的同一变化过程中，若 $\lim f(x)=0\ (f(x)\neq 0)$，则 $\lim\dfrac{1}{f(x)}=\infty$；若

$\lim f(x)=\infty$，则 $\lim \dfrac{1}{f(x)}=0$.

下面我们利用无穷大与无穷小的关系来求一些函数的极限.

例 4 求 $\lim\limits_{x\to 1}\dfrac{x-2}{x-1}$.

解 因为 $\lim\limits_{x\to 1}\dfrac{x-1}{x-2}=0$，即 $\dfrac{x-1}{x-2}$ 是当 $x\to 1$ 时的无穷小，根据无穷大与无穷小的关系可知，它的倒数 $\dfrac{x-2}{x-1}$ 是当 $x\to 1$ 时的无穷大，即 $\lim\limits_{x\to 1}\dfrac{x-2}{x-1}=\infty$.

例 5 求 $\lim\limits_{x\to\infty}\dfrac{2x^3-x^2+5}{x^2+7}$.

解 因为 $\lim\limits_{x\to\infty}\dfrac{x^2+7}{2x^3-x^2+5}=\lim\limits_{x\to\infty}\dfrac{\dfrac{1}{x}+\dfrac{7}{x^3}}{2-\dfrac{1}{x}+\dfrac{5}{x^3}}=0$，所以 $\lim\limits_{x\to\infty}\dfrac{2x^3-x^2+5}{x^2+7}=\infty$.

分析本节例 5 和第 3 节例 5、例 6 的特点和结果，可以得到自变量趋向于无穷大时有理分式函数求极限的法则：

(1)若分式中分子和分母是同次的，则其极限等于分子和分母的最高次项的系数之比.

(2)若分式中分子的次数高于分母的次数，则该分式的极限为无穷大.

(3)若分式中分子的次数低于分母的次数，则该分式的极限为零. 即

$$\lim_{x\to\infty}\frac{a_0x^m+a_1x^{m-1}+\cdots+a_m}{b_0x^n+b_1x^{n-1}+\cdots+b_n}=\begin{cases}\dfrac{a_0}{b_0}, m=n,\\ \infty, m>n,\\ 0, m<n.\end{cases}$$

1.5.4 无穷小的比较

根据前面的学习我们知道，自变量同一变化过程的两个无穷小的和及乘积仍然是这个过程的无穷小. 而两个无穷小的商不一定是这个过程的无穷小了. 例如 $x,3x,x^4$ 都是当 $x\to 0$ 时的无穷小，而 $\dfrac{x^4}{3x},\dfrac{3x}{x^4},\dfrac{3x}{x}$ 的极限通过计算为 $\lim\limits_{x\to 0}\dfrac{x^4}{3x}=0,\lim\limits_{x\to 0}\dfrac{3x}{x^4}=\infty,\lim\limits_{x\to 0}\dfrac{3x}{x}=3$，发现产生了不同结果. 究其原因就是当 $x\to 0$ 时三个无穷小趋于 0 的快慢程度不同，如表 1-1 所示.

表 1-1

x	1	0.5	0.1	0.01	0.001	$\to 0$
$3x$	3	1.5	0.3	0.03	0.003	$\to 0$
x^4	1	0.062 5	0.000 1	0.00 000 001	0.000 000 000 001	$\to 0$

下面就以两个无穷小之商的极限所出现的各种情况，来讨论两个无穷小之间的比较.

定义 3 **设 α,β 是当自变量 $x\to a$(a 可以是有限数 x_0，也可以是 $\pm\infty$ 或 ∞)的同一个变化过程的两个无穷小，且 $\beta\neq 0$.**

(1)如果$\lim\limits_{x\to a}\dfrac{\alpha}{\beta}=0$,则称当$x\to a$时$\alpha$是$\beta$的高阶无穷小,或称$\beta$是$\alpha$的低阶无穷小,记作$\alpha=o(\beta)(x\to a)$;

(2)如果$\lim\limits_{x\to a}\dfrac{\alpha}{\beta}=A(A\neq 0)$,则称当$x\to a$时$\alpha$与$\beta$是同阶无穷小;

(3)如果$\lim\limits_{x\to a}\dfrac{\alpha}{\beta}=1$,则称当$x\to a$时$\alpha$与$\beta$是等价无穷小,记作$\alpha\sim\beta(x\to a)$.

注意 记号"$\alpha=o(\beta)(x\to a)$"并不意味着α,β的数量之间有什么相等关系,它仅表示α,β是$x\to a$时的无穷小,且α是β的高阶无穷小.

例如,因为$\lim\limits_{x\to 0}\dfrac{x^4}{3x}=0$,所以当$x\to 0$时,$x^4$是$3x$的高阶无穷小,所以$x^4=o(3x)(x\to 0)$;因为$\lim\limits_{x\to 3}\dfrac{x^2-9}{x-3}=6$,所以当$x\to 3$时,$x^2-9$是$x-3$的同阶无穷小;因为$\lim\limits_{x\to 0}\dfrac{\sin x}{x}=1$,所以$\sin x$与$x$是$x\to 0$时的等价无穷小,记作$\sin x\sim x(x\to 0)$.

因为$\lim\limits_{x\to 0}\dfrac{1-\cos x}{x}=0$,$\lim\limits_{x\to 0}\dfrac{\tan x}{x}=1$,

$$\lim_{x\to 0}\frac{\sqrt{x+1}-1}{\frac{1}{2}x}=\lim_{x\to 0}\frac{2x}{x(\sqrt{x+1}+1)}=\lim_{x\to 0}\frac{2}{\sqrt{x+1}+1}=1,$$

所以当$x\to 0$时,$1-\cos x=o(x)$,$\tan x\sim x$,$\sqrt{x+1}-1\sim\dfrac{1}{2}x$.

关于等价无穷小,有下面的定理:

定理3(等价无穷小的替换原理) **设$\alpha,\beta,\alpha',\beta'$是$x$趋近于$a$时的无穷小,且$\alpha\sim\alpha'$,$\beta\sim\beta'$,则当极限$\lim\limits_{x\to a}\dfrac{\alpha'}{\beta'}$存在时,极限$\lim\limits_{x\to a}\dfrac{\alpha}{\beta}$也存在,且$\lim\limits_{x\to a}\dfrac{\alpha}{\beta}=\lim\limits_{x\to a}\dfrac{\alpha'}{\beta'}$.**

这个定理表明,在计算极限时,可将分子或分母中的因式换成其等价无穷小. 由本节及前几节的讨论,当$x\to 0$时,可以得到下列等价无穷小:

$\sin x\sim x,\tan x\sim x,\arcsin x\sim x,\arctan x\sim x,1-\cos x\sim\dfrac{1}{2}x^2$
$\ln(1+x)\sim x,\mathrm{e}^x-1\sim x,(1+x)^a-1\sim ax$

灵活地应用这些无穷小的等价性,可以为求极限提供极大的方便. 例如当$x\to 0$时,$1-\cos 2x\sim 2x^2$,$a^x-1\sim x\ln a$;当$x\to 1$时,$\ln x\sim x-1$.

例6 求$\lim\limits_{x\to 0}\dfrac{\sin 4x}{\tan 3x}$.

解 因为当$x\to 0$时,$\sin 4x\sim 4x$,$\tan 3x\sim 3x$,所以$\lim\limits_{x\to 0}\dfrac{\sin 4x}{\tan 3x}=\lim\limits_{x\to 0}\dfrac{4x}{3x}=\dfrac{4}{3}$.

例7 求$\lim\limits_{x\to 0}\dfrac{\ln(1+x^3)(\mathrm{e}^{2x}-1)}{(1-\cos x)\sin 3x^2}$.

解 因为当$x\to 0$时$\ln(1+x^3)\sim x^3$,$\mathrm{e}^{2x}-1\sim 2x$,$1-\cos x\sim\dfrac{1}{2}x^2$,$\sin 3x^2\sim 3x^2$,

所以$\lim\limits_{x\to 0}\dfrac{\ln(1+x^3)(e^{2x}-1)}{(1-\cos x)\sin 3x^2}=\lim\limits_{x\to 0}\dfrac{x^3\cdot 2x}{\frac{1}{2}x^2\cdot 3x^2}=\dfrac{4}{3}$.

例 8 用等价无穷小的代换,求$\lim\limits_{x\to 0}\dfrac{\tan x-\sin x}{x^3}$.

解 因为 $\tan x=\dfrac{\sin x}{\cos x}$,所以 $\sin x=\tan x\cos x$,

所以 $\tan x-\sin x=\tan x-\tan x\cdot\cos x=\tan x(1-\cos x)$,

当 $x\to 0$ 时,$\tan x\sim x$,$1-\cos x\sim\dfrac{1}{2}x^2$,

所以$\lim\limits_{x\to 0}\dfrac{\tan x-\sin x}{x^3}=\lim\limits_{x\to 0}\dfrac{\tan x(1-\cos x)}{x^3}=\lim\limits_{x\to 0}\dfrac{x\cdot\frac{1}{2}x^2}{x^3}=\dfrac{1}{2}$.

注意 若在本例中以 $\tan x\sim x$,$\sin x\sim x$ 代入分子,将得到下面的错误结果:

$\lim\limits_{x\to 0}\dfrac{\tan x-\sin x}{x^3}=\lim\limits_{x\to 0}\dfrac{x-x}{x^3}=0$. 因为只有当用等价无穷小代换因式时极限才保持不变,而这样的代换,分子 $\tan x-\sin x$ 与 $x-x$ 不是等价无穷小.

因此,必须注意在用等价无穷小代换求极限时,只能代换其中的因式,而不能代换用加减号联结的项.

习题 1.5

1. 选择题

(1)下列命题正确的是(　　)

A. 无穷小量的倒数是无穷大量　　B. 无穷小量是绝对值很小很小的数

C. 无穷小量是以零为极限的变量　　D. 无穷大量是绝对值很大的数

(2)当 $x\to0$ 时,下列变量与 x 为等价无穷小量的是(　　)

A. $\dfrac{\sin\sqrt{x}}{\sqrt{x}}$　　B. $\dfrac{\sin x}{x}$　　C. $x\sin\dfrac{1}{x}$　　D. $\ln(1+x)$

(3)下列等式正确的是(　　)

A. $\lim\limits_{x\to\infty}\dfrac{\sin x}{x}=1$　　B. $\lim\limits_{x\to\infty}x\sin\dfrac{1}{x}=1$　　C. $\lim\limits_{x\to0}x\sin\dfrac{1}{x}=1$　　D. $\lim\limits_{x\to0}\dfrac{\sin\dfrac{1}{x}}{x}=1$

(4)当 $x\to0$ 时,与 $x+x^3$ 等价的无穷小量为(　　)

A. x^{-1}　　B. 1　　C. x　　D. x^2

(5)极限$\lim\limits_{x\to0}\dfrac{\sin5x}{\sin kx}=\dfrac{5}{6}$,求 $k=$(　　)

A. 5　　B. $\dfrac{5}{6}$　　C. $\dfrac{6}{5}$　　D. 6

2. 求下列极限.

(1)$\lim\limits_{x\to\infty}(x^3-2x+1)$　　(2)$\lim\limits_{x\to\infty}\dfrac{3x^3-3x+4}{2x^2+1}$　　(3)$\lim\limits_{x\to\infty}\dfrac{2x^2-3}{x^4+2x^2+1}$

(4)$\lim\limits_{x\to\infty}\dfrac{(2x-3)^{20}}{(x+1)^{12}(4x-3)^8}$　　(5)$\lim\limits_{x\to\infty}\dfrac{\cos3x}{x^3}$　　(6)$\lim\limits_{x\to\infty}\dfrac{\arctan x}{x}$

3. 利用无穷小的性质,计算下列各极限.

(1)$\lim\limits_{x\to0}\dfrac{\sin(x^n)}{(\sin x)^m}$($m,n$ 为正整数)　　(2)$\lim\limits_{x\to0}\dfrac{\tan3x}{\sin4x}$

(3)$\lim\limits_{x\to\infty}x^2\left(1-\cos\dfrac{1}{x}\right)$　　(4)$\lim\limits_{x\to0}\dfrac{(e^x-1)\sin x}{1-\cos x}$

(5)$\lim\limits_{n\to\infty}[\ln(n+1)-\ln n]$　　(6)$\lim\limits_{x\to0}\dfrac{\tan x-\sin x}{\ln(x^3+1)}$

1.6　函数的连续性

观察图 1-13(a)和图 1-13(b)所示，它们最大的差别在于前者图形连续不断，后者中间断开.

如何描述这一现象？这就是本节要讨论的内容——函数的连续性.

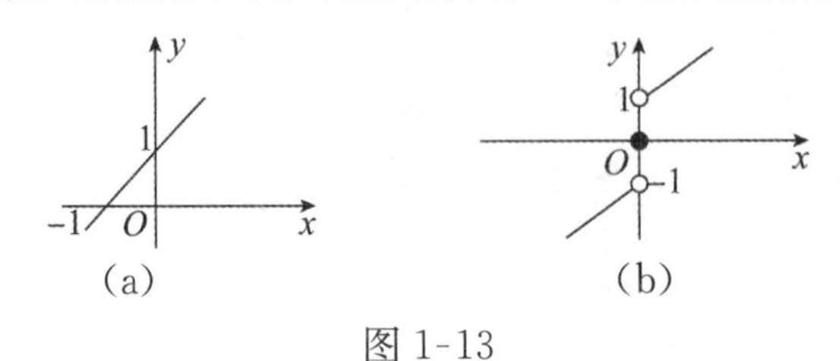

图 1-13

1.6.1　函数的连续性

仔细分析以上图像不难发现，如果我们用函数 $y=f(x)$来描述运动，自变量的改变量很微小时，相应函数值的改变量 Δy 也很微小，则此函数 $y=f(x)$的几何图形是一条连续不断的曲线，如图 1-13(a)所示；如果自变量在某点处的改变量 Δx 很微小时，相应函数值的改变量 Δy 不是很微小，即对应的函数值有明显的变化，则曲线 $y=f(x)$在相应点 $x=x_0$ 处发生了间断，如图 1-13(b)所示.

由以上分析可见，我们可以利用 $f(x)$在 x_0 处的极限来刻画 $f(x)$在 x_0 处的连续性.

1. 函数在一点处连续

定义 1　设函数 $f(x)$在 x_0 的某一邻域内有定义，如果当自变量 x 在 x_0 处的增量 Δx 趋于零时，相应的函数增量 $\Delta y=f(x_0+\Delta x)-f(x_0)$也趋于零，即 $\lim\limits_{\Delta x\to 0}\Delta y=0$，则称函数 $f(x)$在 x_0 处连续，称 x_0 为函数 $f(x)$的连续点.

由定义 1 可知 $\Delta x=x-x_0$，所以 $x=x_0+\Delta x$，因而 $\Delta y=f(x_0+\Delta x)-f(x_0)=f(x)-f(x_0)$，即 $f(x)=f(x_0)+\Delta y$. 可见，$\Delta y\to 0$，$f(x)\to f(x_0)$，所以 $\lim\limits_{\Delta x\to 0}\Delta y=0$ 与 $\lim\limits_{x\to x_0}f(x)=f(x_0)$等价.

于是，可以对函数 $y=f(x)$在点 x_0 连续作如下定义：

定义 2　设函数 $y=f(x)$在点 x_0 的某一邻域内有定义，如果函数 $f(x)$当 $x\to x_0$ 时的极限存在，且等于它在 x_0 处的函数值 $f(x_0)$，即 $\lim\limits_{x\to x_0}f(x)=f(x_0)$，则称函数 $f(x)$在 x_0 处连续.

注意　从定义 2 可以看出，函数 $f(x)$在 x_0 处连续必须同时满足以下三个条件：

(1)函数 $f(x)$在 x_0 处及其附近有定义；

(2)极限 $\lim\limits_{x\to x_0}f(x)$存在；

(3)极限值等于函数值，即 $\lim\limits_{x\to x_0}f(x)=f(x_0)$.

例 1　讨论函数 $f(x)=x^2+2$ 在 $x=2$ 处的连续性.

解　函数 $f(x)=x^2+2$ 在 $x=2$ 处及其附近有定义，且 $\lim\limits_{x\to 2}f(x)=\lim\limits_{x\to 2}(x^2+2)=6$，

而 $f(2)=6$，所以 $\lim\limits_{x\to 2}f(x)=f(2)$. 因此，函数 $f(x)=x^2+2$ 在 $x=2$ 处连续.

相应地，可以引出函数 $f(x)$ 在 x_0 处的左、右连续概念.

定义 3　**如果函数 $y=f(x)$ 在 x_0 及其左边附近有定义，且 $\lim\limits_{x\to x_0^-}f(x)=f(x_0)$，则称函数 $y=f(x)$ 在 x_0 处左连续. 如果函数 $y=f(x)$ 在 x_0 及其右边附近有定义，且 $\lim\limits_{x\to x_0^+}f(x)=f(x_0)$，则称函数 $y=f(x)$ 在 x_0 处右连续.**

由定义 2 和定义 3 可得

$$\boxed{y=f(x)\text{在 }x_0\text{ 处连续}\Leftrightarrow y=f(x)\text{在 }x_0\text{ 处既左连续又右连续}}$$

例 2　讨论函数 $f(x)=\begin{cases}1+\sin x, x<0,\\ \cos x, x\geqslant 0\end{cases}$ 在 $x=0$ 处的连续性.

解　由于 $f(x)$ 在 $x=0$ 处的左、右表达式不同，所以先讨论函数 $f(x)$ 在 $x=0$ 处的左、右连续性. 由于 $\lim\limits_{x\to 0^-}f(x)=\lim\limits_{x\to 0^-}(1+\sin x)=1+\sin 0=1=f(0)$，

$$\lim_{x\to 0^+}f(x)=\lim_{x\to 0^+}\cos x=\cos 0=1=f(0),$$

所以 $f(x)$ 在 $x=0$ 处既左连续又右连续，因此 $f(x)$ 在 $x=0$ 处连续.

2. 区间上的连续函数

定义 4　**如果函数 $y=f(x)$ 在开区间 (a,b) 内每一点都是连续的，则称函数 $y=f(x)$ 在开区间 (a,b) 内连续，或者说 $y=f(x)$ 是 (a,b) 内的连续函数.**

如果函数 $y=f(x)$ 在开区间 (a,b) 内连续，且在区间的两个端点 $x=a$ 与 $x=b$ 处分别是右连续和左连续，即 $\lim\limits_{x\to a^+}f(x)=f(a)$，$\lim\limits_{x\to b^-}f(x)=f(b)$，则称函数 $f(x)$ 在闭区间 $[a,b]$ 上连续，或者说 $f(x)$ 是闭区间 $[a,b]$ 上的连续函数.

函数 $f(x)$ 在它定义域内的每一点都连续，则称 $f(x)$ 为连续函数.

例 3　设某城市出租车白天的收费 $y=f(x)$（单位:元）与路程 x（单位:km）之间的关系为 $f(x)=\begin{cases}9, 0<x\leqslant 3,\\ 9+1.2(x-3), x>3.\end{cases}$

(1) 求 $\lim\limits_{x\to 3}f(x)$.

(2) 函数 $y=f(x)$ 在 $x=3$ 处连续吗？在 $x=1$ 处连续吗？

解　(1) 因为 $\lim\limits_{x\to 3^-}f(x)=\lim\limits_{x\to 3^-}9=9$；$\lim\limits_{x\to 3^+}f(x)=\lim\limits_{x\to 3^+}[9+1.2(x-3)]=9$，

所以 $\lim\limits_{x\to 3}f(x)=9$.

(2) 因为 $\lim\limits_{x\to 3}f(x)=9=f(3)$，所以函数 $y=f(x)$ 在 $x=3$ 处连续.

因为 $x=1$ 是初等函数 $f(x)=9$ 定义域内的点，所以函数 $f(x)$ 在 $x=1$ 处连续.

1.6.2　函数的间断点及其分类

1. 间断点的概念

定义 5　**设函数 $y=f(x)$ 在 x_0 的某去心邻城内有定义，如下列条件之一发生：**

(1)函数 $f(x)$ 在 x_0 处无定义;

(2)函数 $f(x)$ 在 x_0 处有定义,但极限 $\lim\limits_{x \to x_0} f(x)$ 不存在;

(3)函数 $f(x)$ 在 x_0 处有定义,极限 $\lim\limits_{x \to x_0} f(x)$ 存在,但 $\lim\limits_{x \to x_0} f(x) \neq f(x_0)$,则称点 x_0 为 $f(x)$ 的间断点,或者说函数 $f(x)$ 在 x_0 处不连续.

例 4 判断函数 $f(x)=\dfrac{\sin x}{x}$ 在 $x=0$ 处是否间断.

解 因为函数 $f(x)=\dfrac{\sin x}{x}$ 在 $x=0$ 处无定义,所以 $f(x)$ 在 $x=0$ 处是间断的.

2. 间断点的分类

函数在一点 x_0 处间断的情况是多种多样的,从图 1-14 所示的函数的图形上看,主要分成两种类型:

(1)如图 1-14(a)至图 1-14(c)所示,发现函数在 $x=x_0$ 处左右极限都存在,这样的间断点称为第一类间断点;

(2)如图 1-14(d)和图 1-14(e)所示,凡不是第一类的间断点都称为第二类间断点.

第一类间断点又可分为可去间断点和跳跃间断点.

①如果左、右极限存在且相等,由于 $f(x)$ 在 x_0 处无定义[如图 1-14(a)所示]或者虽有定义但是极限值与函数值不等[如图 1-14(b)所示]所造成的间断,则称 x_0 为 $f(x)$ 的**可去间断点**.之所以称为可去间断点,是因为这时我们可以通过补充定义 $f(x_0)$,或改变函数 $f(x)$ 在 x_0 处的值使得 $f(x)$ 在 x_0 处变成连续;

②如果左、右极限存在但不相等,$f(x)$ 的值在 x_0 处产生跳跃[如图 1-14(c)所示],这时称 x_0 为 $f(x)$ 的**跳跃间断点**.

第二类间断点又可分为无穷间断点和振荡间断点.

①若当 $x \to x_0^-$ 或 $x \to x_0^+$ 时,$f(x)$ 至少在 x_0 的一侧无限趋大,则称 x_0 为 $f(x)$ 的无穷间断点[如图 1-14(d)所示];

②当 $x \to x_0$ 时 $f(x)$ 至少在 x_0 的一侧无限次振荡且振幅不衰减为 0,则称 x_0 为 $f(x)$ 的振荡间断点[如图 1-14(e)所示].

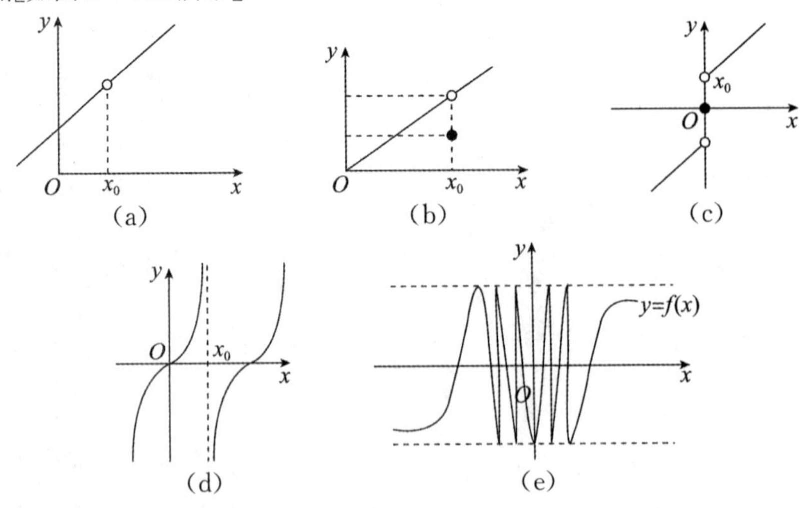

图 1-14

例 5　讨论函数 $f(x)=\begin{cases}\dfrac{x^2-9}{x-3}, x\neq 3,\\ 3, x=3\end{cases}$ 的间断点，并指出间断点的类型. 如果是可去间断点，补充或者修改函数值的定义，使它成为连续点.

解　因为函数 $f(x)=\begin{cases}\dfrac{x^2-9}{x-3}, x\neq 3,\\ 3, x=3\end{cases}$ 在 $x=3$ 处有定义 $f(3)=3$ 且

$\lim\limits_{x\to 3}f(x)=\lim\limits_{x\to 3}\dfrac{x^2-9}{x-3}=\lim\limits_{x\to 3}(x+3)=6$，但是 $\lim\limits_{x\to 3}f(x)=6\neq 3=f(3)$，即极限存在但不等于函数值，所以 $x=3$ 是第一类（可去）间断点. 要使函数连续只要令 $f(3)=6$ 即可.

例 6　讨论函数 $f(x)=\begin{cases}x-4, -2\leqslant x<0,\\ -x+1, 0\leqslant x\leqslant 2\end{cases}$ 在 $x=0$ 处的间断点，并指出间断点的类型.

解　由于函数 $\lim\limits_{x\to 0^+}f(x)=\lim\limits_{x\to 0^+}(-x+1)=1$，$\lim\limits_{x\to 0^-}f(x)=\lim\limits_{x\to 0^-}(x-4)=-4$，即左右极限不相等，所以 $\lim\limits_{x\to 0}f(x)$ 不存在，因此 $x=0$ 是 $f(x)$ 的第一类（跳跃）间断点.

例 7　讨论函数 $f(x)=\dfrac{x^2-4}{x(x-2)}$ 的间断点，并指出其间断点的类型.

解　函数在 $x=0$，$x=2$ 处没有定义，所以 $x=0$，$x=2$ 是间断点.

在 $x=0$ 处，因为 $x(x-2)=0$，而 $x^2-4=-4\neq 0$，

且 $\lim\limits_{x\to 0}\dfrac{x(x-2)}{x^2-4}=\dfrac{0(0-2)}{0-4}=\dfrac{0}{-4}=0$，由无穷大与无穷小的关系知，

$\lim\limits_{x\to 0}\dfrac{x^2-4}{x(x-2)}=\infty$，所以 $x=0$ 是 $f(x)$ 的第二类（无穷）间断点；

在 $x=2$ 处，因为 $\lim\limits_{x\to 2}f(x)=\lim\limits_{x\to 2}\dfrac{x^2-4}{x(x-2)}=\lim\limits_{x\to 2}\dfrac{x+2}{x}=2$，所以 $x=2$ 是 $f(x)$ 的第一类（可去）间断点.

习题 1.6

1. 选择题

(1)设函数 $f(x)=\begin{cases}\dfrac{\sin x}{x}, x\neq 0,\\ a, x=0\end{cases}$ 在点 $x=0$ 处连续,则 a 等于(　　)

A. -1　　B. 1　　C. 2　　D. 3

(2)$x=\dfrac{\pi}{2}$ 是函数 $y=\dfrac{x}{\tan x}$ 的(　　)

A. 连续点　　B. 可去间断点　　C. 跳跃间断点　　D. 第二类间断点

(3)$f(x)=\begin{cases}x-1, 0<x\leqslant 1,\\ 2-x, 1<x\leqslant 3\end{cases}$ 在点 $x=1$ 处不连续,是因为(　　)

A. $f(x)$ 在 $x=1$ 处无定义　　B. $\lim\limits_{x\to 1^-}f(x)$ 不存在

C. $\lim\limits_{x\to 1^+}f(x)$ 不存在　　D. $\lim\limits_{x\to 1}f(x)$ 不存在

(4)函数 $y=f(x)$ 在点 $x=x_0$ 处有定义是 $f(x)$ 在 x_0 处连续的(　　)

A. 必要条件　　B. 充分条件　　C. 充要条件　　D. 无关条件

2. 设函数 $f(x)=\begin{cases}e^x, x<0,\\ x+a, x\geqslant 0,\end{cases}$ 常数 a 为何值时,函数 $f(x)$ 在 $x=0$ 处连续?

3. 求函数 $y=\dfrac{\ln(x-3)}{(x-1)(x+2)}$ 的连续范围.

4. 求出函数 $f(x)=\dfrac{x^2-1}{x^2-3x+2}$ 的间断点,并指出其间断点的类型. 如果是可去间断点,则补充或改变函数的定义使之连续.

1.7 连续函数的四则运算与初等函数的连续性

在前一节我们已经看到了许多函数有间断点，那么什么样的函数是连续的呢？连续函数经过各种运算是否仍然连续呢？例如，讨论函数 $y=\sin\sqrt{x}$ 和 $y=\sqrt{\sin x}-1$ 的连续性.

1.7.1 连续函数的四则运算

由函数在一点处连续的定义和函数极限的四则运算法则，可以得到

定理 1 设函数 $f(x)$ 和 $g(x)$ 在点 x_0 处连续，那么

(1)函数 $f(x)\pm g(x)$；

(2)函数 $f(x)\cdot g(x)$；

(3)函数 $\frac{f(x)}{g(x)}$ (当 $g(x_0)\neq 0$ 时)都在点 x_0 处连续.

例 1 讨论 $\tan x$ 与 $\cot x$ 的连续性.

解 因为 $\sin x$ 与 $\cos x$ 都在 $(-\infty,+\infty)$ 上连续，所以根据定理 1 的(3)，$\tan x=\frac{\sin x}{\cos x}$ 与 $\cot x=\frac{\cos x}{\sin x}$ 在各自定义区间内连续.

推论(连续函数的线性法则)：在定理 1 的假设条件下，对任意实数 α,β，函数 $\alpha f(x)+\beta g(x)$ 在 x_0 处连续.

1.7.2 复合函数的连续性

定理 2 设函数 $y=f(u)$ 在点 $u=u_0$ 处连续，函数 $u=\varphi(x)$ 在点 $x=x_0$ 处连续，且 $\varphi(x_0)=u_0$，则复合函数 $y=f[\varphi(x)]$ 在点 $x=x_0$ 处连续.

可见，求复合函数的极限时，如果函数 $u=\varphi(x)$ 在点 x_0 处的极限存在，又 $y=f(u)$ 在对应的 u_0 处连续，则极限符号可以与函数符号交换. 这里把本章第三节中关于复合函数的极限运算法则运用推广到了一般的连续函数 $f(u)$.

例 2 讨论函数 $y=\cos\frac{1}{x}$ 的连续性.

解 函数 $y=\cos\frac{1}{x}$ 可看做由 $y=\cos u$ 及 $u=\frac{1}{x}$ 复合而成的复合函数，$\cos u$ 在 $(-\infty,+\infty)$ 上是连续的，$\frac{1}{x}$ 在 $(-\infty,0)$ 和 $(0,+\infty)$ 内是连续的，根据定理 2 知，函数 $y=\cos\frac{1}{x}$ 在区间 $(-\infty,0)$ 和 $(0,+\infty)$ 内是连续的.

例 3 求极限 $\lim\limits_{x\to\infty}\arctan\left(1+\frac{1}{x}\right)^x$.

解 函数 $y=\arctan\left(1+\frac{1}{x}\right)^x$ 是由 $y=\arctan u$ 与 $u=\left(1+\frac{1}{x}\right)^x$ 复合而成的复合函数，

因为$\lim\limits_{x\to\infty}u=\lim\limits_{x\to\infty}(1+\frac{1}{x})^x=\mathrm{e}$，而函数$y=\arctan u$在$u=\mathrm{e}$处连续，故极限符号可以与函数符号交换，从而有

$$\lim_{x\to\infty}\arctan(1+\frac{1}{x})^x=\arctan[\lim_{x\to\infty}(1+\frac{1}{x})^x]=\arctan\mathrm{e}.$$

例 4 求$\lim\limits_{x\to0}\frac{\lg(1+x)}{x}$.

解 $\lim\limits_{x\to0}\frac{\lg(1+x)}{x}=\lim\limits_{x\to0}\lg(1+x)^{\frac{1}{x}}=\lg\lim\limits_{x\to0}(1+x)^{\frac{1}{x}}=\lg\mathrm{e}$.

例 5 求$\lim\limits_{x\to0}\arccos(\frac{\tan x}{x})$.

解 函数$f(x)=\arccos(\frac{\tan x}{x})$可视为由函数$y=\arccos u$与$u=\frac{\tan x}{x}$复合而成的复合函数，尽管在点$x=0$处$f(x)$无定义，但由于$\lim\limits_{x\to0}\frac{\tan x}{x}=1=u_0$，而$y=\arccos u$在对应点$u_0=1$处连续，因此由复合函数的极限运算法则，得

$$\lim_{x\to0}\arccos(\frac{\tan x}{x})=\arccos(\lim_{x\to0}\frac{\tan x}{x})=\arccos1=0.$$

1.7.3 初等函数的连续性

我们已经知道基本初等函数在它们的定义区间内都是连续的，在上述三个定理的基础上，又可得到下列的重要结论：**一切初等函数在其定义区间内都是连续的.**

例如，初等函数$y=\sqrt{1+x^2}\sin x$，$y=\ln(x+\sqrt{1+x^2})$，$y=\arctan(x^3+x)$等都在其定义区间内连续.

利用初等函数的连续性的结论可得：

如果$f(x)$是初等函数，且点x_0在$f(x)$的定义区间内，那么$\lim\limits_{x\to x_0}f(x)=f(x_0)$. 因此计算$f(x)$当$x\to x_0$时的极限，只要计算对应的函数值$f(x_0)$就可以了. 例如$x_0=\frac{\pi}{4}$是初等函数$y=\ln\cos x$的定义区间$(-\frac{\pi}{2},\frac{\pi}{2})$内的点，所以$\lim\limits_{x\to\frac{\pi}{4}}\ln\cos x=\ln\cos x|_{x=\frac{\pi}{4}}=\ln\frac{\sqrt{2}}{2}$. 又如，$y=\arcsin\ln x$的定义区间是$[\mathrm{e}^{-1},\mathrm{e}]$，$x=\mathrm{e}\in[\mathrm{e}^{-1},\mathrm{e}]$，所以

$$\lim_{x\to\mathrm{e}}\arcsin\ln x=\arcsin\ln x|_{x=\mathrm{e}}=\arcsin1=\frac{\pi}{2}.$$

例 6 设函数$f(x)=\begin{cases}\frac{\sin x}{x},x<0,\\a,x=0,\\\frac{2(\sqrt{1+x}-1)}{x},x>0,\end{cases}$ 选择适当的数a，使得$f(x)$成为在$(-\infty,+\infty)$内的连续函数.

解　当 $x\in(-\infty,0)$ 时，$f(x)=\dfrac{\sin x}{x}$ 是初等函数，根据初等函数的连续性，$f(x)$ 连续；当 $x\in(0,+\infty)$ 时，$f(x)=\dfrac{2(\sqrt{1+x}-1)}{x}$ 也是初等函数，所以也是连续的；在 $x=0$ 处，$f(0)=a$，因为

$$\lim_{x\to0^-}f(x)=\lim_{x\to0^-}\frac{\sin x}{x}=1,\ \lim_{x\to0^+}f(x)=\lim_{x\to0^+}\frac{2(\sqrt{1+x}-1)}{x}=\lim_{x\to0^+}\frac{2(\sqrt{1+x}-1)(\sqrt{1+x}+1)}{x(\sqrt{1+x}+1)}=1,$$

故 $\lim\limits_{x\to0}f(x)=1$，

所以 $a=1$ 时，$f(x)$ 在 $x=0$ 处连续.

综上所述，当 $a=1$ 时，$f(x)$ 在 $(-\infty,+\infty)$ 内成为连续函数.

1.7.4　闭区间上连续函数的性质

闭区间上连续函数有很多性质，利用连续函数的几何图形可以很容易理解这些性质，但证明这些性质却不容易，因此我们略去证明，下面我们以定理的形式把这些性质叙述出来.

定理 3（最大值和最小值定理）　闭区间上连续函数必有最值.

图 1-15 给出了该定理的几何直观图形.

注意　定理的条件是充分的，也就是说，在满足定理条件下，函数一定在闭区间上能取得最大值和最小值. 在不满足定理条件下，有的函数也可能取得最大值和最小值，即在开区间内不连续，但在开区间 (a,b) 上也存在最大值和最小值.

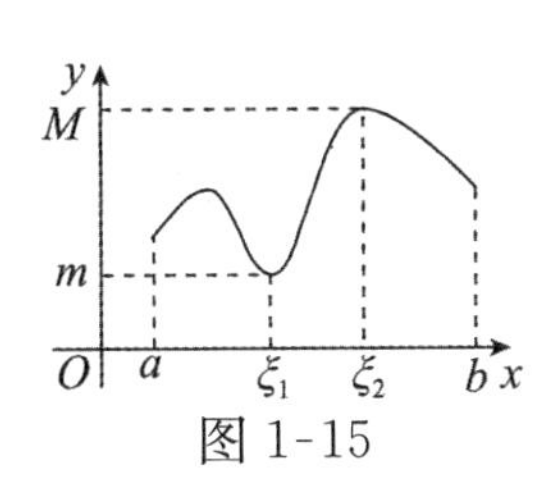

图 1-15

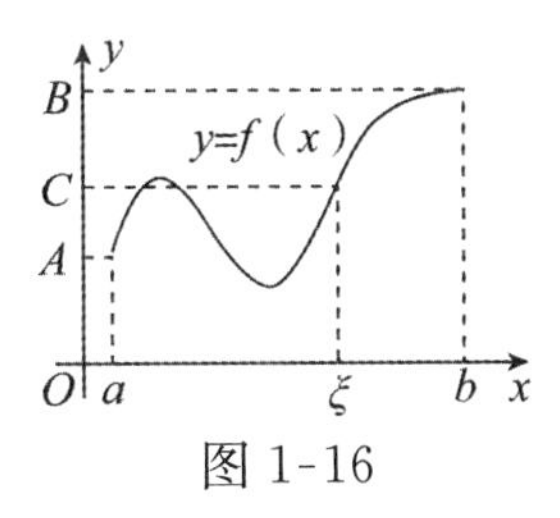

图 1-16

定理 4（介值定理）　如果函数 $f(x)$ 在闭区间 $[a,b]$ 上连续，且在此区间的端点处取不同的函数值 $f(a)=A$，$f(b)=B$，那么对于 A 与 B 之间的任意一个数 C 在闭区间 $[a,b]$ 上至少有一点 ξ，使 $f(\xi)=C(a\leqslant\xi\leqslant b)$.

定理 4 的几何意义是：连续曲线 $y=f(x)$ 与水平直线 $y=C$ 至少相交于一点，图 1-16 中曲线 $y=f(x)$ 与直线 $y=C$ 有 3 个交点.

推论　在闭区间上连续的函数一定能取得介于最大值 M 和最小值 m 之间的任意值.

设 $m=f(x_1)$，$M=f(x_2)$ 且 $m\neq M$，在闭区间 $[x_1,x_2]$（或 $[x_2,x_1]$）上利用介值定理，就可以得到上述推论.

如果存在 x_0 使得 $f(x_0)=0$，则 x_0 称为函数 $f(x)$ 的零点.

定理 5（零点定理）　如果函数 $f(x)$ 在闭区间 $[a,b]$ 上连续，且 $f(a)\cdot f(b)<0$，则在开区间 (a,b) 内至少存在函数 $f(x)$ 的一个零点，即至少存在一点 $\xi(a<\xi<b)$ 使 $f(\xi)=0$.

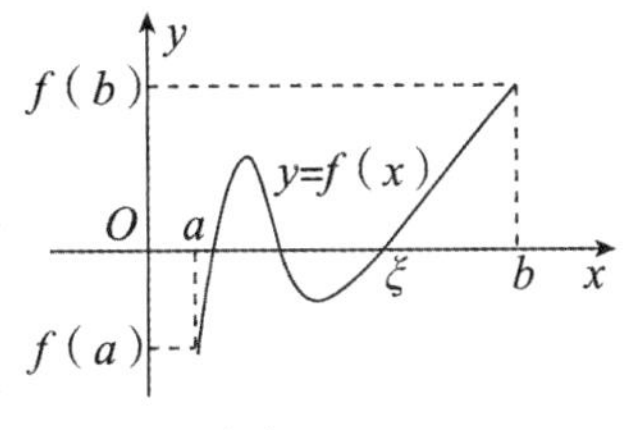

图 1-17

从几何图形上看，定理 5 表示：如果连续曲线弧 $y=f(x)$ 的

两个端点分别位于 x 轴的上方和下方，那么这段曲线弧与 x 轴至少有一个交点 $\xi(a<\xi<b)$，如图 1-17 所示.

零点定理表明，若函数 $f(x)$ 在闭区间 $[a,b]$ 上连续，且 $f(a)\cdot f(b)<0$，则方程 $f(x)=0$ 在开区间 (a,b) 内至少存在一个根，所以它也称为**根的存在定理**.

例 7 证明方程 $x^5-2x^2+x+1=0$ 在 $(-1,1)$ 内至少有 1 个实根.

证明 设 $f(x)=x^5-2x^2+x+1$，则 $f(x)$ 在 $[-1,1]$ 上连续，因为 $f(-1)=-3<0$，$f(1)=1>0$.

由零点定理知至少存在一点 $\xi\in(-1,1)$，使 $f(\xi)=0$. 即 $\xi^5-2\xi^2+\xi+1=0$.

所以方程 $x^5-2x^2+x+1=0$ 在 $(-1,1)$ 内至少有一个实根.

例 8 证明方程 $x=a\sin x+b(a>0,b>0)$ 至少有一个不超过 $a+b$ 的正根.

证明 设 $f(x)=x-a\sin x-b$，则 $f(x)$ 在 $[0,a+b]$ 上连续.

因为 $a>0,b>0$，

所以 $f(a+b)=a+b-a\sin(a+b)-b=a-a\sin(a+b)\geqslant 0$，

(1) 当 $f(a+b)>0$ 时，又 $f(0)=0-a\sin 0-b=-b<0$，由零点定理得：

$f(x)=x-a\sin x-b$ 在 $(0,a+b)$ 内至少有一个零点.

(2) 当 $f(a+b)=0$ 时，$x=a+b$ 即为不超过 $a+b$ 的正根.

综上所述，方程 $x=a\sin x+b(a>0,b>0)$ 至少有一个不超过 $a+b$ 的正根.

习题 1.7

1. 求下列函数的连续区间，并求极限.

(1) $f(x)=\dfrac{1}{\sqrt[3]{x^2-x-2}}$，求 $\lim\limits_{x\to0}f(x)$；

(2) $f(x)=\ln(3-x)$，求 $\lim\limits_{x\to-8}f(x)$；

(3) $f(x)=\sqrt{x-2}+\sqrt{6-x}$，求 $\lim\limits_{x\to5}f(x)$；

(4) $f(x)=\ln\arcsin x$，求 $\lim\limits_{x\to\frac{1}{2}}f(x)$.

2. 求下列各极限.

(1) $\lim\limits_{x\to0}\sqrt{x^2-3x+1}$

(2) $\lim\limits_{x\to\frac{\pi}{4}}(\sin2x)^3$

(3) $\lim\limits_{x\to\frac{\pi}{9}}\ln(2\cos3x)$

(4) $\lim\limits_{x\to\infty}\cos\left[\ln\left(1+\dfrac{2x-1}{x^2}\right)\right]$

3. 求下列各极限.

(1) $\lim\limits_{x\to0}\ln\dfrac{\sin x}{x}$

(2) $\lim\limits_{x\to0}\cos\left(\dfrac{\sin\pi x}{x}\right)$

(3) $\lim\limits_{x\to0}(1+3\tan^2x)^{\cot^2x}$

(4) $\lim\limits_{x\to\frac{\pi}{2}}(1+\cos x)^{-2\sec x}$

4. 证明方程 $x^3-4x^2+1=0$ 在区间 $(0,1)$ 内至少有一个根.

5. 证明方程 $x\cdot2^x=1$ 至少有一个小于 1 的正根.

复习题一

一、填空题

1. $\lim\limits_{x\to 0}(4^x+3x^2+3)=$______.

2. $\lim\limits_{x\to\infty}\dfrac{(3x-3)^{30}}{(2x+5)^{20}(3x-1)^{10}}=$______.

3. $\lim\limits_{x\to\infty}(1-\dfrac{3}{x})^x=$______.

4. $\lim\limits_{x\to 1}\dfrac{2x}{x-1}=$______.

5. 函数 $y=\ln\cos^2 x$ 的复合过程为______.

6. 设 $f(x)=\begin{cases}2x^2+2x-3, x\leqslant 1,\\ x, 1<x<2,\\ 3x-2, x\geqslant 2,\end{cases}$ 求$\lim\limits_{x\to 0}f(x)=$______.

$\lim\limits_{x\to 1}f(x)=$______; $\lim\limits_{x\to 2}f(x)=$______; $\lim\limits_{x\to 4}f(x)=$______.

7. 设 $f(x)=x\sin\dfrac{1}{x}, g(x)=\dfrac{\sin x}{x}$. 求$\lim\limits_{x\to 0}f(x)=$______;

$\lim\limits_{x\to\infty}f(x)=$______; $\lim\limits_{x\to 0}g(x)=$______; $\lim\limits_{x\to\infty}g(x)=$______.

8. 函数 $f(x)=\dfrac{\sqrt{2x+2}}{(x+2)(x-4)}$的连续区间为______.

9. 函数 $f(x)=\dfrac{x-2}{x^3-x^2-2x}$的间断点是______.

二、选择题

1. 函数 $f(x)$在 x_0 处连续是$\lim\limits_{x\to x_0}f(x)$存在的(　　)

A. 充分条件　　B. 必要条件

C. 充要条件　　D. 无关条件

2. 若 $\lim\limits_{x\to x_0^+}f(x)=\lim\limits_{x\to x_0^-}f(x)=A$,则下列说法中正确的是(　　)

A. $f(x_0)=A$　　B. $\lim\limits_{x\to x_0}f(x)=A$

C. $f(x)$在 x_0 处有定义　　D. $f(x)$在 x_0 处连续

3. 设 $f(x)=\dfrac{|x-2|}{x-2}$,则$\lim\limits_{x\to 2}f(x)$是(　　)

A. 1　　B. -1　　C. 不存在　　D. 0

4. 在给定的变化过程中,(　　)是无穷小

A. $\dfrac{\sin x}{x}, x\to 0$　　B. $\dfrac{\cos x}{x^2}, x\to\infty$　　C. $\dfrac{x}{\sin x}, x\to 0$　　D. $\dfrac{x^2}{\cos x}, x\to\infty$

5. 函数 $y=\frac{1}{\sqrt{x^2-x-2}}+\ln(3x-8)$ 的定义域为(　　)

A. $(-\infty,2)\cup(\frac{8}{3},+\infty)$　　B. $(\frac{8}{3},+\infty)$

C. $(3,+\infty)$　　D. $(-\infty,-2)$

6. $\lim\limits_{x\to 0}\frac{e^{-x}-1}{\sin x}=$(　　)

A. 0　　B. 1　　C. ∞　　D. -1

7. $\lim\limits_{x\to -1}(x+2)^{\frac{1}{x+1}}=$(　　)

A. 1　　B. e　　C. $\frac{1}{e}$　　D. ∞

三、求下列极限.

1. $\lim\limits_{x\to 3}\frac{x^3-27}{x^2-9}$　　2. $\lim\limits_{x\to 0}\frac{\sqrt[3]{1+x}-1}{x}$　　3. $\lim\limits_{x\to \infty}\frac{x^k+1}{x^2+3x+4}$($k$ 为常数)

4. $\lim\limits_{x\to 1}(\frac{1}{1-x}-\frac{3}{1-x^3})$　　5. $\lim\limits_{x\to 0}x(\sin\frac{1}{x}-\frac{1}{\sin 2x})$　　6. $\lim\limits_{x\to \infty}(\frac{2x-1}{2x+1})^{3x}$

7. $\lim\limits_{x\to 0^+}\frac{e^{-2x}-1}{\ln(1+\tan 2x)}$　　8. $\lim\limits_{x\to 0}(\frac{1}{\sin x}-\frac{1}{\tan x})$

四、设 $f(x)=\begin{cases}2x+4, x\leqslant 0,\\ e^x+x+3, 0<x\leqslant 2,\\ (x+1)^2, x>2,\end{cases}$ 求 $\lim\limits_{x\to 1}f(x)$, $\lim\limits_{x\to 2}f(x)$.

五、讨论 $f(x)=\begin{cases}1+2x, 0<x<2,\\ 5, 其他\end{cases}$ 的连续性.

六、设 $f(x)=\begin{cases}3x+2, x\leqslant -1,\\ \frac{\ln(x+2)}{x+1}+a, -1<x<0,\\ -2+x+b, x\geqslant 0\end{cases}$ 在 $(-\infty,+\infty)$ 内连续,求 a,b 的值.

七、证明方程 $x^5+x-1=0$ 至少有一个小于 1 的正根.

八、求函数 $f(x)=\frac{\frac{1}{x}-\frac{1}{x+1}}{\frac{1}{x-1}-\frac{1}{x}}$ 的间断点,并对间断点进行分类.

第二章 导数与微分

通过前一章的学习，我们知道极限既是一个重要概念，也是研究微积分学的重要工具与思想方法，本章将用极限的方法建立描述变量变化快慢程度的方法——导数与微分.

【学习目标】

1. 理解导数的概念及可导性与连续性之间的关系，了解导数的几何意义，会求平面曲线的切线方程和法线方程.

2. 熟练掌握导数的四则运算法则和复合函数的求导法则，掌握基本初等函数的导数公式.

3. 掌握隐函数的求导法、对数求导法.

4. 了解高阶导数的概念，会求简单函数的 n 阶导数.

5. 了解函数微分的概念，了解微分与导数的关系，会求函数的微分.

2.1 导数的概念

引例 1(瞬时速度) 一铅球运动员练习推铅球，当铅球运动员将铅球从 $\frac{5}{3}$ 米处推出后，铅球从腾空到第一次落地的过程中，不同时刻的速度是不同的，假设 t 秒后铅球相对水面的高度为：$H=-\frac{1}{12}t^2+\frac{2}{3}t+\frac{5}{3}$，问铅球在第 2 秒时刻的速度是多少?

分析：该铅球运动员在 1.9 s 到 2 s(记为[1.9,2])的平均速度为

$\bar{v}=\frac{H(2)-H(1.9)}{2-1.9}=\frac{2.66667-2.6325}{0.1}\approx 0.3417$，同理可以计算出[1.99,2]，[1.999,2]，…，[2,2.1]，[2,2.01]，…的平均速度如表 2-1、表 2-2 所示：

表 2-1

时间(s)	间隔(s)	平均速度(m/s)
[1.9,2]	0.1	0.341 7
[1.99,2]	0.01	0.334 2

续表

时间(s)	间隔(s)	平均速度(m/s)
[1.999,2]	0.001	0.333 4
[1.999 9,2]	0.000 1	0.333 3
…	…	…

表 2-2

时间	间隔(s)	平均速度(m/s)
[2,2.1]	0.1	0.325 0
[2,2.01]	0.01	0.332 5
[2,2.001]	0.001	0.333 2
[2,2.000 1]	0.000 1	0.333 3
…	…	…

由表 2-1、表 2-2 可知，不同时间段的平均速度$\bar{v}$不同，当时间段 Δt 很小时，平均速度$\bar{v}$将近于某个确定的常数 0.33，因此 0.33 应理解为物体在第 2 s 时刻的瞬时速度. 即通过对平均速度取极限就可以得到瞬时速度.

由此我们推广到一般情况，设物体的运动方程是 $s=s(t)$，则物体在 t_0 时刻的瞬时速度 v 就等于物体在 t_0 到 $t_0+\Delta t$ 时间段内当 $\Delta t\to 0$ 时平均速度$\bar{v}$的极限值，即 $v(t_0)=\lim\limits_{\Delta t\to 0}\bar{v}=\lim\limits_{\Delta t\to 0}\frac{\Delta s}{\Delta t}$ $=\lim\limits_{\Delta t\to 0}\frac{s(t_0+\Delta t)-s(t_0)}{\Delta t}$.

引例 2(平面曲线的切线斜率)　求过抛物线 $y=x^2$ 上点 $M(1,1)$的切线斜率.

解　如图 2-1 所示，在抛物线上任取点 M 附近的一点 $N(1+\Delta x,1+\Delta y)$，作抛物线的割线 MN. 设割线 MN 的倾斜角为 β，则割线的斜率为

$$k_1=\tan\beta=\frac{\Delta y}{\Delta x}=\frac{f(1+\Delta x)-f(1)}{\Delta x}=\frac{(1+\Delta x)^2-1^2}{\Delta x}=2+\Delta x.$$

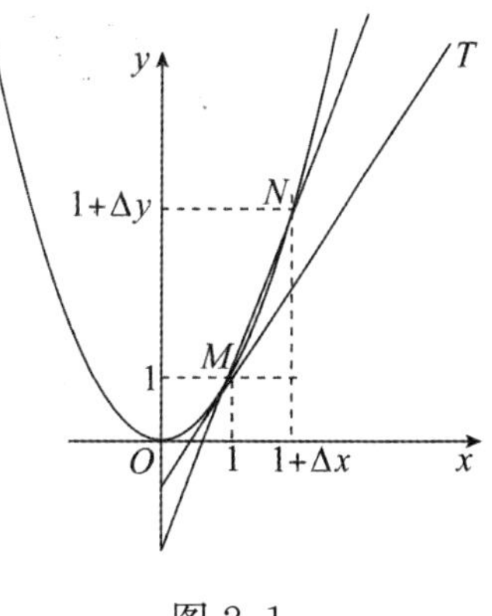

图 2-1

当点 N 沿抛物线无限接近于点 M 时，即 Δx 趋近于 0 时，如果割线 MN 的极限位置存在，那么割线 MN 的极限位置 MT 就定义为抛物线 $y=x^2$ 在点 M 处的切线. 设切线 MT 的倾斜角为 α，则切线 MT 的斜率为 $k_2=\tan\alpha=\lim\limits_{N\to M}\tan\beta=\lim\limits_{\Delta x\to 0}\frac{\Delta y}{\Delta x}=\lim\limits_{\Delta x\to 0}(2+\Delta x)=2$.

由此我们也可以推广到一般情况，设平面曲线的方程为 $y=f(x)$，则过曲线上点(x_0,y_0)

的切线斜率为过该点和 $x_0+\Delta x$ 点处的割线当 Δx 趋近于0时的极限值，即

$$k=\lim_{\Delta x\to 0}\frac{\Delta y}{\Delta x}=\lim_{\Delta x\to 0}\frac{f(x_0+\Delta x)-f(x_0)}{\Delta x}.$$

上面所讨论的两个问题，一个是物理问题(瞬时速度)，一个是几何问题(切线斜率)，虽然两实际问题的意义不同，但数学结构完全相同，都是函数值改变量 Δy 与自变量的改变量 Δx 之比，在自变量增量趋近于零时的极限. 即表示为

$$\lim_{\Delta x\to 0}\frac{\Delta y}{\Delta x}=\lim_{\Delta x\to 0}\frac{f(x_0+\Delta x)-f(x_0)}{\Delta x}.$$

我们把这种类型的极限抽象出来就是导数的概念.

2.1.1 导数的定义

定义1 设函数 $y=f(x)$ 在点 x_0 的某一邻域内有定义，当自变量 x 在 x_0 处有改变量 Δx 时，相应的函数值也有一个改变量为 $\Delta y=f(x_0+\Delta x)-f(x_0)$，若当 $\Delta x\to 0$ 时，极限

$$\lim_{\Delta x\to 0}\frac{\Delta y}{\Delta x}=\lim_{\Delta x\to 0}\frac{f(x_0+\Delta x)-f(x_0)}{\Delta x}, \qquad (2-1)$$

存在，则称函数 $f(x)$ 在点 x_0 处可导，并称此极限值为函数 $y=f(x)$ 在点 x_0 处的导数(或变化率)，记作

$$y'|_{x=x_0} \text{ 或 } f'(x_0) \text{ 或 } \frac{\mathrm{d}y}{\mathrm{d}x}\Big|_{x=x_0} \text{ 或 } \frac{\mathrm{d}f(x)}{\mathrm{d}x}\Big|_{x=x_0}$$

若极限不存在，则称函数 $y=f(x)$ 在点 x_0 处不可导或导数不存在.

例如，引例1中，瞬时速度 $v(t_0)=\lim\limits_{\Delta t\to 0}\bar{v}=\lim\limits_{\Delta t\to 0}\frac{\Delta s}{\Delta t}=\lim\limits_{\Delta t\to 0}\frac{s(t_0+\Delta t)-s(t_0)}{\Delta t}=s'(t_0)$；

引例2中，切线斜率 $k=\lim\limits_{\Delta x\to 0}\frac{\Delta y}{\Delta x}=\lim\limits_{\Delta x\to 0}\frac{f(x_0+\Delta x)-f(x_0)}{\Delta x}=f'(x_0)$.

若令 $x_0+\Delta x=x$，则当 $\Delta x\to 0$ 时，有 $x\to x_0$，故式(2－1)可以改写成为：

$$f'(x_0)=\lim_{x\to x_0}\frac{f(x)-f(x_0)}{x-x_0}.$$

有时，也会考虑式(2－1)中自变量的改变量 Δx 只从大于0或只从小于0的方向趋近于0，类似于左、右极限的概念，会有函数 $f(x)$ 在点 x_0 处的左导数和右导数，分别记作 $f'_-(x_0)$ 和 $f'_+(x_0)$，即

$$f'_-(x_0)=\lim_{x\to x_0^-}\frac{\Delta y}{\Delta x}=\lim_{x\to x_0^-}\frac{f(x)-f(x_0)}{x-x_0};$$

$$f'_+(x_0)=\lim_{x\to x_0^+}\frac{\Delta y}{\Delta x}=\lim_{x\to x_0^+}\frac{f(x)-f(x_0)}{x-x_0}.$$

由函数 $y=f(x)$ 在点 x_0 处的左右极限与极限的关系，可得导数与左、右导数的关系：

定理1 函数 $f(x)$ 在 x_0 处可导 $\Leftrightarrow f'_+(x_0)=f'_-(x_0)$.

例1 利用导数的定义求函数 $y=3x+1$ 在(1，4)点的导数 $f'(1)$.

解 (1)求函数的改变量 $\Delta y=f(1+\Delta x)-f(1)=3(1+\Delta x)+1-(3+1)=3\Delta x$；

(2)求比值$\frac{\Delta y}{\Delta x}=\frac{3\Delta x}{\Delta x}=3$；

(3)求比值的极限$\lim\limits_{\Delta x\to 0}\frac{\Delta y}{\Delta x}=\lim\limits_{\Delta x\to 0}3=3$.

所以 $f'(1)=y'|_{x=1}=3$.

定义 2　若函数 $y=f(x)$在区间(a,b)内每一点都可导，则对于区间内的每一个 x，都存在唯一一个导数值 $f'(x)$与之对应，这样就构成了一个新函数，这个新函数叫做原来函数在区间(a,b)内的导函数，记作

$$y' \text{或} f'(x) \text{或} \frac{\mathrm{d}y}{\mathrm{d}x} \text{或} \frac{\mathrm{d}f(x)}{\mathrm{d}x}.$$

即

$$f'(x)=\lim_{\Delta x\to 0}\frac{\Delta y}{\Delta x}=\lim_{\Delta x\to 0}\frac{f(x+\Delta x)-f(x)}{\Delta x}.$$

显然，函数 $y=f(x)$在点 x_0 处的导数 $f'(x_0)$，就是导函数 $f'(x)$在点 x_0 处的函数值，即

$$f'(x_0)=y'|_{x=x_0}.$$

如果函数 $y=f(x)$在区间(a,b)内可导，在区间$[a,b]$左端点 $x=a$ 处存在右导数，在右端点 $x=b$ 处存在左导数，则称该函数在闭区间$[a,b]$上可导.

注意　(1)导函数也简称为导数，今后如不特别指明求某一点处的导数，就是指求导函数.

(2)导函数 $f'(x)$与函数 $f(x)$在点 x_0 处的导数 $f'(x_0)$是有区别的. $f'(x)$是 x 的导函数，而 $f'(x_0)$是导函数 $f'(x)$在 x_0 处的函数值，是先求出导函数 $f'(x)$，再将 $x=x_0$ 代入 $f'(x)$中求得的函数值.

(3)$f'(x_0)$与$(f(x_0))'$是有区别的. $f'(x_0)$是函数 $f(x)$在点 x_0 处的导数，是一个常数；而函数在某点的函数值的导数为零，即$(f(x_0))'=C'=0$(其中 C 代表常数).

例 2　求函数 $y=C$(C 为任意常数)的导数.

解　(1)求增量　$\Delta y=f(x+\Delta x)-f(x)=C-C=0$；

(2)求比值$\frac{\Delta y}{\Delta x}=\frac{f(x+\Delta x)-f(x)}{\Delta x}=\frac{0}{\Delta x}=0$；

(3)求极限$\lim\limits_{\Delta x\to 0}\frac{\Delta y}{\Delta x}=\lim\limits_{\Delta x\to 0}0=0$.

即　$(C)'=0$.

例 3　利用导数的定义求对数函数 $y=\log_a x$($a>0,a\neq 1,x>0$)的导数.

解　根据导数的定义得：

①求函数的改变量：$\Delta y=\log_a(x+\Delta x)-\log_a x$；

②求比值：$\frac{\Delta y}{\Delta x}=\frac{\log_a(x+\Delta x)-\log_a x}{\Delta x}=\frac{\log_a\left(1+\frac{\Delta x}{x}\right)}{\Delta x}$；

③求比值的极限：$\lim\limits_{\Delta x\to 0}\frac{\Delta y}{\Delta x}=\lim\limits_{\Delta x\to 0}\frac{\log_a\left(1+\frac{\Delta x}{x}\right)}{\Delta x}=\lim\limits_{\Delta x\to 0}\frac{\ln\left(1+\frac{\Delta x}{x}\right)}{\Delta x\ln a}=\lim\limits_{\Delta x\to 0}\frac{\frac{\Delta x}{x}}{\Delta x\ln a}=\frac{1}{x\ln a}$.

所以$(\log_a x)'=\dfrac{1}{x\ln a}$.

特别地，当 $a=\mathrm{e}$ 时，有$(\ln x)'=\dfrac{1}{x}$.

例 4 设 $y=f(x)=\sin x$，求 $f'(x)$，$f'(\frac{\pi}{3})$.

解 ①求函数的改变量：$\Delta y=\sin(x+\Delta x)-\sin x$，

②求比值：$\dfrac{\Delta y}{\Delta x}=\dfrac{\sin(x+\Delta x)-\sin x}{\Delta x}=\dfrac{2\cos(x+\frac{\Delta x}{2})\sin\frac{\Delta x}{2}}{\Delta x}$；

③求比值的极限：$\lim\limits_{\Delta x\to 0}\dfrac{\Delta y}{\Delta x}=\lim\limits_{\Delta x\to 0}\dfrac{\sin(x+\Delta x)-\sin x}{\Delta x}=\lim\limits_{\Delta x\to 0}\dfrac{2\cos(x+\frac{\Delta x}{2})\sin\frac{\Delta x}{2}}{\Delta x}$

$=\lim\limits_{\Delta x\to 0}\cos(x+\dfrac{\Delta x}{2})\cdot\dfrac{\sin\frac{\Delta x}{2}}{\frac{\Delta x}{2}}=\cos x$.

所以 $f'(x)=\cos x$. $f'(\frac{\pi}{3})=\cos\frac{\pi}{3}=\frac{1}{2}$.

同理可得，$(\cos x)'=-\sin x$.

2.1.2 导数的几何意义

由引例 2 可知，曲线 $y=f(x)$在点 $M(x_0,y_0)$处切线的斜率为函数 $f(x)$在点 x_0 处的导数，即 $k=\tan\alpha=f'(x_0)$，这就是**导数的几何意义**(如图 2-2 所示).

过切点 $M(x_0,y_0)$且与切线垂直的直线，叫做曲线 $y=f(x)$在点 M 处的法线.

由此，当直线的斜率存在时，利用直线的点斜式方程，可求出曲线 $y=f(x)$在点 $M(x_0,y_0)$处的切线方程为：

$$y-y_0=f'(x_0)(x-x_0).$$

法线方程为：$y-y_0=-\dfrac{1}{f'(x_0)}(x-x_0)$.

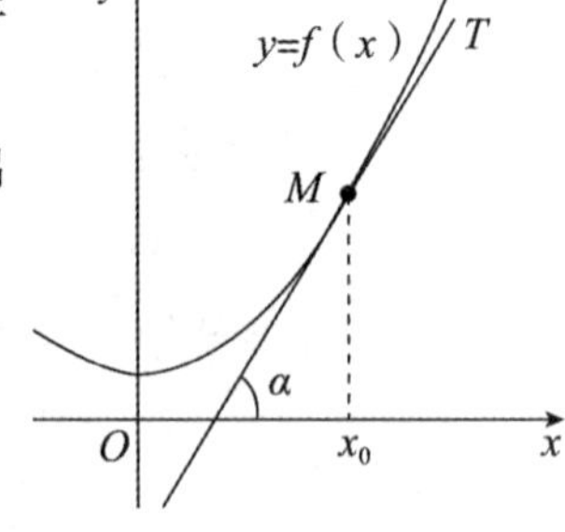

图 2-2

注意 若 $\lim\limits_{\Delta x\to 0}\dfrac{\Delta y}{\Delta x}=\infty$，则切线垂直于 x 轴，切线方程为：$x=x_0$.

例 5 求曲线 $y=\sqrt{x}$在点(9,3)处的切线方程与法线方程.

解 先求函数 $y=\sqrt{x}$在 $x=9$ 处的导数，有

$$y'|_{x=9}=\lim_{x\to 9}\frac{\sqrt{x}-\sqrt{9}}{x-9}=\lim_{x\to 9}\frac{(\sqrt{x}-3)(\sqrt{x}+3)}{(x-9)(\sqrt{x}+3)}=\lim_{x\to 9}\frac{(x-9)}{(x-9)(\sqrt{x}+3)}=\lim_{x\to 9}\frac{1}{(\sqrt{x}+3)}=\frac{1}{6}.$$

再由点斜式方程得切线方程为：$y-3=\frac{1}{6}(x-9)$，法线方程为 $y-3=-6(x-9)$，整理

得，切线方程为：$x-6y+9=0$；法线方程为：$6x+y-57=0$.

2.1.3 可导与连续的关系

定理 2　若函数 $y=f(x)$ 在 x_0 处可导，则函数 $y=f(x)$ 在点 x_0 处连续.

证明　要证明函数 $y=f(x)$ 在 x_0 处连续，即证明式子 $\lim\limits_{\Delta x\to 0}\Delta y=0$ 成立.

设 Δx 是 x 在点 x_0 处的改变量，则相应的函数值改变量是 $\Delta y=f(x_0+\Delta x)-f(x_0)$，有

$$\lim_{\Delta x\to 0}\Delta y=\lim_{\Delta x\to 0}\frac{\Delta y}{\Delta x}\cdot\Delta x=\lim_{\Delta x\to 0}\frac{\Delta y}{\Delta x}\cdot\lim_{\Delta x\to 0}\Delta x=f'(x_0)\cdot 0=0.$$

所以函数 $y=f(x)$ 在 x_0 点处连续.

注意　上述定理反过来是不成立的，即函数在一点处连续，函数在该点处不一定可导.

例 6　讨论函数 $f(x)=|x-1|$ 在点 $x=1$ 处的连续性与可导性.

解　函数 $f(x)=|x-1|=\begin{cases}x-1, x\geqslant 1,\\ 1-x, x<1,\end{cases}$

(1)考察函数的连续性

因为 $\lim\limits_{x\to 1^-}f(x)=\lim\limits_{x\to 1^-}(1-x)=0$，

$\lim\limits_{x\to 1^+}f(x)=\lim\limits_{x\to 1^+}(x-1)=0$，

所以 $\lim\limits_{x\to 1}f(x)=0$. 又因为 $f(1)=1-1=0$，所以 $\lim\limits_{x\to 1}f(x)=f(1)$.

所以函数 $f(x)=|x-1|$ 在 $x=1$ 处是连续的.

(2)考察函数的可导性

因为 $f_-'(1)=\lim\limits_{x\to 1^-}\dfrac{(1-x)-(1-1)}{x-1}=\lim\limits_{x\to 1^-}\dfrac{1-x}{x-1}=-1$，

$f_+'(1)=\lim\limits_{x\to 1^+}\dfrac{(x-1)-(1-1)}{x-1}=\lim\limits_{x\to 1^+}\dfrac{x-1}{x-1}=1.$

所以 $f_-'(0)\neq f_+'(0)$，

所以函数 $f(x)=|x-1|$ 在 $x=1$ 点处不可导.

习题 2.1

1. 选择题

(1)已知 $f(x)$ 连续,且 $\lim\limits_{x\to 1}\dfrac{f(x)-f(1)}{x-1}=2$,则 $f'(1)=$(　　)

A. 2　　B. 1　　C. 0　　D. $\dfrac{1}{2}$

(2)设 $f(x)$ 在 x_0 处可导,且 $f'(x_0)=2$,则 $\lim\limits_{h\to 0}\dfrac{f(x_0+2h)-f(x_0)}{h}=$(　　)

A. 4　　B. 2　　C. 1　　D. 0

(3)已知 $f'(0)=3$,则 $\lim\limits_{\Delta x\to 0}\dfrac{f(-\Delta x)-f(0)}{4\Delta x}=$(　　)

A. $\dfrac{1}{4}$　　B. $-\dfrac{1}{4}$　　C. $\dfrac{3}{4}$　　D. $-\dfrac{3}{4}$

2. 求曲线 $y=\ln x$ 在点 $x=2$ 处的切线方程.

3. 求函数 $f(x)=3x^2+2x-4$ 在点 $x=1$ 处的导数.

4. 试求曲线 $y=\dfrac{1}{3}x^3$ 上与直线 $x-4y+5=0$ 平行的切线方程.

5. 过曲线 $y=\dfrac{1}{x}$ 上两点 $(1,1)$,$(2,\dfrac{1}{2})$ 作割线,求曲线上过哪点的切线是平行于该割线的.

6. 判断并证明函数 $y=\sqrt[3]{x}$ 在 $x=0$ 点处的连续性与可导性.

7. 讨论函数 $f(x)=\begin{cases} x\sin\dfrac{1}{x}, x\neq 0, \\ x, x=0 \end{cases}$ 在 $x=0$ 点处的可导性.

8. 设函数 $f(x)$ 在 $x=a$ 点处可导,求下列极限.

(1)$\lim\limits_{x\to a}\dfrac{f(x)-f(a)}{x-a}$　　(2)$\lim\limits_{x\to 0}\dfrac{f(a)-f(a-x)}{x}$

(3)$\lim\limits_{x\to 0}\dfrac{f(a+2x)-f(a)}{x}$　　(4)$\lim\limits_{x\to 0}\dfrac{f(a)-f(a-x)}{2x}$

(5)$\lim\limits_{x\to 0}\dfrac{f(a+\alpha x)-f(a+\beta x)}{x}$

2.2　导数的计算

本节将讨论如何求导的问题，从上一节导数的定义可知，求导数的一般方法为：

(1)求函数值的改变量 $\Delta y=f(x+\Delta x)-f(x)$；

(2)求比值$\frac{\Delta y}{\Delta x}$；

(3)求比值的极限$\lim\limits_{\Delta x\to 0}\frac{\Delta y}{\Delta x}$.

但是如果每个函数都采用定义求解是相当烦琐的，甚至有时也是很困难的，因此需要建立求导的一些法则，以便能较为容易地解决更多更复杂的函数求导问题. 下面我们直接给出基本初等函数的导数公式.

2.2.1　基本初等函数的导数公式

1. $(C)'=0$；

2. $(x^a)'=ax^{a-1}$(a 为常数)；

3. $(a^x)'=a^x\ln a$；

4. $(\mathrm{e}^x)'=\mathrm{e}^x$；

5. $(\log_a x)'=\frac{1}{x\ln a}$；

6. $(\ln x)'=\frac{1}{x}$；

7. $(\sin x)'=\cos x$；

8. $(\cos x)'=-\sin x$；

9. $(\tan x)'=\sec^2 x$；

10. $(\cot x)'=-\csc^2 x$；

11. $(\sec x)'=\sec x\tan x$；

12. $(\csc x)'=-\csc x\cot x$；

13. $(\arcsin x)'=\frac{1}{\sqrt{1-x^2}}$；

14. $(\arccos x)'=-\frac{1}{\sqrt{1-x^2}}$；

15. $(\arctan x)'=\frac{1}{1+x^2}$；

16. $(\mathrm{arccot}\,x)'=-\frac{1}{1+x^2}$.

例 1　求下列函数的导数.

(1)$y=\log_5 x$　　(2)$y=\frac{1}{x^2}$　　(3)$y=3^x$　　(4)$y=\sqrt{x\sqrt{x}}$

解　直接由基本公式得

(1)$y'=(\log_5 x)'=\frac{1}{x\ln 5}$；

(2)$y'=(\frac{1}{x^2})'=(x^{-2})'=-2x^{-3}$；

(3)$y'=(3^x)'=3^x\ln 3$；

(4)$y'=(\sqrt{x\sqrt{x}})'=(x^{\frac{3}{4}})'=\frac{3}{4}x^{-\frac{1}{4}}$.

我们仅知道基本初等函数的导数公式还远远不够，形如函数 $y=a^x-\sqrt{x}+\log_2 x$，$y=x^2\cos x$，$y=\frac{\sin x}{x}$等通过四则运算构成的初等函数的导数，就需要通过导数的四则运算法则进行解决.

2.2.2　导数的四则运算

设函数 $u=u(x)$，$v=v(x)$都是可导函数，有以下导数的四则运算法则.

1. 和差法则

$$[u(x)\pm v(x)]'=u'(x)\pm v'(x).$$

即：函数和、差的导数等于导数的和、差.

证明　设 $y=u(x)\pm v(x)$，有

$$\begin{aligned}\Delta y&=[u(x+\Delta x)\pm v(x+\Delta x)]-[u(x)+v(x)]\\&=[u(x+\Delta x)-u(x)]\pm[v(x+\Delta x)-v(x)]\\&=\Delta u\pm\Delta v.\end{aligned}$$

则$\dfrac{\Delta y}{\Delta x}=\dfrac{\Delta u}{\Delta x}\pm\dfrac{\Delta v}{\Delta x}$，因为函数 $u=u(x)$，$v=v(x)$都是可导函数，有

$$\lim_{\Delta x\to 0}\frac{\Delta u}{\Delta x}=u'(x),\lim_{\Delta x\to 0}\frac{\Delta v}{\Delta x}=v'(x).$$

于是，$\lim\limits_{\Delta x\to 0}\dfrac{\Delta y}{\Delta x}=\lim\limits_{\Delta x\to 0}\dfrac{\Delta u}{\Delta x}\pm\lim\limits_{\Delta x\to 0}\dfrac{\Delta v}{\Delta x}=u'(x)\pm v'(x)$.

即函数 $u(x)\pm v(x)$也是可导函数，且上式结论成立.

该法则可以推广到有限个函数代数和的情况，即

$$[u_1(x)\pm u_2(x)\pm\cdots\pm u_n(x)]'=u'_1(x)\pm u'_2(x)\pm\cdots\pm u'_n(x).$$

例 2　求函数 $y=\log_3 x+\cos x-2^x+\sqrt[3]{x}+6$ 的导数.

解　由和差法则得：

$$y'=(\log_3 x+\cos x-2^x+\sqrt[3]{x}+6)'=\frac{1}{x\ln 3}-\sin x-2^x\ln 2+\frac{1}{3}x^{-\frac{2}{3}}.$$

2. 乘法法则

$$[u(x)\cdot v(x)]'=u'(x)\cdot v(x)+u(x)\cdot v'(x).$$

即：两因式乘积的导数等于第一个因子的导数乘以第二个因子，再加上第一个因子乘以第二个因子的导数.

该法则可以推广到任意有限个因子相乘的情形，即

$$\begin{aligned}&[u_1(x)\cdot u_2(x)\cdot\cdots\cdot u_n(x)]'\\&=u'_1(x)\cdot u_2(x)\cdots u_n(x)+u_1(x)\cdot u'_2(x)\cdots u_n(x)+\cdots+u_1(x)\cdot u_2(x)\cdots u'_n(x).\end{aligned}$$

特别地，当其中一个函数 $v(x)=C$(常数)时，容易得出$[C\cdot u(x)]'=Cu'(x)$，它表明一个常数与某函数相乘后的导数，等于该常数乘以函数的导数.

例 3　求函数 $y=x^2\cos x$ 的导数.

解　由乘法法则得

$$y'=(x^2\cos x)'=(x^2)'\cos x+x^2(\cos x)'=2x\cos x-x^2\sin x.$$

3. 除法法则

$$\left(\frac{u(x)}{v(x)}\right)'=\frac{u'(x)v(x)-u(x)v'(x)}{v^2(x)}(v(x)\neq 0).$$

即：商的导数等于分子的导数乘以分母减去分子乘以分母的导数，再除以分母的平方.

特别地，当 $u(x)=C$(常数)时，$\left(\frac{C}{v(x)}\right)'=-\frac{Cv'(x)}{v^2(x)}$.

该法则可以按如下方式推导：

$$\left(\frac{u(x)}{v(x)}\right)'=\left(u(x)\cdot\frac{1}{v(x)}\right)'=u'(x)\frac{1}{v(x)}+u(x)\left[-\frac{v'(x)}{v^2(x)}\right]=\frac{u'(x)v(x)-u(x)v'(x)}{v^2(x)}.$$

例 4 求函数 $y=\cot x$ 的导数.

解 由 $y=\cot x=\frac{\cos x}{\sin x}$，得

$$y'=\left(\frac{\cos x}{\sin x}\right)'=\frac{(\cos x)'\sin x-(\sin x)'\cos x}{\sin^2 x}=\frac{-\sin^2 x-\cos^2 x}{\sin^2 x}=-\csc^2 x.$$

类似地，可以推导出 $y=\tan x, y=\sec x, y=\csc x$ 的导数公式.

上面介绍了求函数导数的四种运算法则.在实际求导时，常常需要将导数的基本公式和四则运算法则结合起来使用.

例 5 求函数 $y=\frac{x^2\mathrm{e}^x}{1+x^2}$ 的导数.

解
$$\begin{aligned}y'&=\left(\frac{x^2\mathrm{e}^x}{1+x^2}\right)'=\frac{(x^2\mathrm{e}^x)'(1+x^2)-(1+x^2)'(x^2\mathrm{e}^x)}{(1+x^2)^2}\\&=\frac{(2x\mathrm{e}^x+x^2\mathrm{e}^x)(1+x^2)-x^2\mathrm{e}^x\cdot 2x}{(1+x^2)^2}\\&=\frac{x\mathrm{e}^x(2+x+x^3)}{(1+x^2)^2}.\end{aligned}$$

2.2.3 复合函数的导数

怎样求函数 $y=\sin 2x$ 的导数呢？由前面所学的公式我们知道 $(\sin x)'=\cos x$，那么是否也有 $(\sin 2x)'=\cos 2x$ 呢？分析如下：

一方面：$(\sin 2x)'=(2\sin x\cos x)'=2[(\sin x)'\cos x+\sin x(\cos x)']$
$=2(\cos^2 x-\sin^2 x)=2\cos 2x$.

结果显示：$(\sin 2x)'\neq\cos 2x$.

另一方面，发现 $y=\sin 2x$ 不是基本初等函数，而是由函数 $y=\sin u, u=2x$ 复合而成的一个复合函数. $u=2x$ 是中间变量，它是联系 y 与 x 的桥梁，而 $(\sin u)'_u=\cos u, u'_x=(2x)'=2$. 由此，对于复合函数 $y=\sin 2x$ 的导数，有如下关系：

$$(\sin 2x)'_x=(\sin u)'_u\cdot u'_x=\frac{\mathrm{d}(\sin 2x)}{\mathrm{d}u}\cdot\frac{\mathrm{d}u}{\mathrm{d}x}=2\cos 2x.$$

结果也显示：$(\sin 2x)'\neq\cos 2x$. 因此正确答案是 $(\sin 2x)'=2\cos 2x$. 由此我们可得出，

$$y'_x=y'_u\cdot u'_x.$$

又如，求函数 $y=(2x+3)^4$ 的导数，可将 $y=(2x+3)^4$ 看成是由函数 $y=u^4$ 和 $u=2x+3$ 复合而成的复合函数，则

$$y'_x=y'_u\cdot u'_x=4\,(2x+3)^3\cdot 2=8\,(2x+3)^3.$$

以上事例说明，复合函数对自变量的导数等于该函数对中间变量的导数与中间变量对自变量的导数之积.由此得出如下定理：

定理1 设函数 $y=f[\varphi(x)]$ 可以看做是由函数 $y=f(u)$ 和函数 $u=\varphi(x)$ 复合而成.若函数 $u=\varphi(x)$ 在点 x 处可导，函数 $y=f(u)$ 在对应点 u 处可导，则复合函数 $y=f[\varphi(x)]$ 也在点 x 处可导，且

$$\frac{\mathrm{d}y}{\mathrm{d}x}=\frac{\mathrm{d}y}{\mathrm{d}u}\cdot\frac{\mathrm{d}u}{\mathrm{d}x}\text{或}\,y'_x=y'_u\cdot u'_x\,\text{或}\{f[\varphi(x)]\}'=f'(u)\cdot\varphi'(x).$$

注意

(1)对复合函数求导时，要先求 $y=f(u)$ 对中间变量 u 的导数，再求出 $u=\varphi(x)$ 对 x 的导数，然后相乘即可.

(2)该法则可推广到有限次复合的情况.例如，由 $y=f(u),u=\varphi(v),v=\omega(x)$ 复合而成的函数 $y=f[\varphi(\omega(x))]$，则对 x 求导得

$$\{f[\varphi(\omega(x))]\}'=\frac{\mathrm{d}f}{\mathrm{d}u}\cdot\frac{\mathrm{d}u}{\mathrm{d}v}\cdot\frac{\mathrm{d}v}{\mathrm{d}x}=f'(u)\cdot\varphi'(v)\cdot\omega'(x).$$

例6 求函数 $y=\cos^2 x$ 的导数.

解 函数 $y=\cos^2 x$ 可以看做是由函数 $y=u^2$ 与 $u=\cos x$ 复合而成的复合函数，则

$$y'_x=y'_u\cdot u'_x=(u^2)'\cdot(\cos x)'=-2u\cdot\sin x=-2\cos x\sin x=-\sin 2x.$$

例7 求函数 $y=\ln\cos x$ 的导数.

解 函数 $y=\ln\cos x$ 可以看做是由函数 $y=\ln u$ 与 $u=\cos x$ 复合而成的，则

$$y'_x=y'_u\cdot u'_x=(\ln u)'\cdot(\cos x)'=\frac{1}{u}(-\sin x)=-\tan x.$$

例8 求函数 $y=\mathrm{e}^{\sqrt{1+x^2}}$ 的导数.

解 函数 $y=\mathrm{e}^{\sqrt{1+x^2}}$ 可以看做是由函数 $y=\mathrm{e}^u,u=\sqrt{v},v=1+x^2$ 复合而成，则

$$y'_x=y'_u\cdot u'_v\cdot v'_x=(\mathrm{e}^u)'\cdot(\sqrt{v})'\cdot(1+x^2)'$$

$$=\mathrm{e}^u\cdot\frac{1}{2\sqrt{v}}\cdot 2x=\mathrm{e}^{\sqrt{1+x^2}}\cdot\frac{1}{2\sqrt{1+x^2}}\cdot 2x=\frac{x\mathrm{e}^{\sqrt{1+x^2}}}{\sqrt{1+x^2}}.$$

如果比较熟练，可以**由外向内依次求导**，不必写出中间变量.此题过程如下：

$$(\mathrm{e}^{\sqrt{1+x^2}})'=\mathrm{e}^{\sqrt{1+x^2}}\cdot(\sqrt{1+x^2})'=\mathrm{e}^{\sqrt{1+x^2}}\cdot\frac{1}{2\sqrt{1+x^2}}\cdot(1+x^2)'$$

$$=\mathrm{e}^{\sqrt{1+x^2}}\cdot\frac{1}{2\sqrt{1+x^2}}\cdot 2x=\frac{x\mathrm{e}^{\sqrt{1+x^2}}}{\sqrt{1+x^2}}.$$

例 9 求函数 $y=x^a$(a 为实常数)的导数.

解 函数 $y=x^a$ 可以看做复合函数 $y=e^{a\ln x}$,所以

$$y'=(e^{a\ln x})'=e^{a\ln x}\cdot(a\ln x)'=x^a\cdot\frac{a}{x}=ax^{a-1}.$$

例 10 求函数 $y=2^{\ln\tan\frac{1}{x}}$ 的导数.

解 $y'=(2^{\ln\tan\frac{1}{x}})'=2^{\ln\tan\frac{1}{x}}\cdot\ln 2\cdot(\ln\tan\frac{1}{x})'=\dfrac{2^{\ln\tan\frac{1}{x}}\cdot\ln 2}{\tan\frac{1}{x}}\cdot(\tan\frac{1}{x})'$

$$=\frac{2^{\ln\tan\frac{1}{x}}\cdot\ln 2}{\tan\frac{1}{x}}\cdot\sec^2\frac{1}{x}\cdot(\frac{1}{x})'=-\frac{2^{\ln\tan\frac{1}{x}}\cdot\ln 2\cdot\sec^2\frac{1}{x}}{x^2\cdot\tan\frac{1}{x}}.$$

总结 由基本初等函数复合而成的简单的复合函数,其求导的方法是由外向内逐级求导.若函数中既涉及复合运算又涉及四则运算,则除使用复合函数求导法则外,还会用到导数的四则运算法则.

例 11 求函数 $y=2^{x\sin x}$ 的导数.

解 $y'=(2^{x\sin x})'=2^{x\sin x}\cdot\ln 2(x\sin x)'=2^{x\sin x}\cdot\ln 2\cdot(\sin x+x\cos x)$.

例 12 求函数 $y=\sqrt{2x+\sqrt{3x}}$ 的导数.

解 $y'=\dfrac{1}{2\sqrt{2x+\sqrt{3x}}}\cdot(2x+\sqrt{3x})'=\dfrac{1}{2\sqrt{2x+\sqrt{3x}}}\cdot[2+\dfrac{1}{2\sqrt{3x}}\cdot(3x)']$

$$=\frac{1}{2\sqrt{2x+\sqrt{3x}}}\cdot(2+\frac{3}{2\sqrt{3x}}).$$

2.2.4 反函数求导法

如果单调连续函数 $x=\varphi(y)$在点 y 处可导,且 $\varphi'(y)\neq 0$,那么它的反函数 $y=f(x)$在对应的点 x 处可导,且有 $f'(x)=\dfrac{1}{\varphi'(y)}$或$\dfrac{dy}{dx}=\dfrac{1}{\frac{dx}{dy}}$.

证明 由于 $x=\varphi(y)$单调连续,所以它的反函数 $y=f(x)$也单调连续,给 x 以增量 $\Delta x\neq 0$,从 $y=f(x)$的单调性可知,$\Delta y=f(x+\Delta x)-f(x)\neq 0$,因而有$\dfrac{\Delta y}{\Delta x}=\dfrac{1}{\frac{\Delta x}{\Delta y}}$.根据 $y=f(x)$的连续性,当 $\Delta x\to 0$ 时,必有 $\Delta y\to 0$,由 $x=\varphi(y)$可导,则

$$f'(x)=\lim_{\Delta x\to 0}\frac{\Delta y}{\Delta x}=\lim_{\Delta x\to 0}\frac{1}{\frac{\Delta x}{\Delta y}}=\frac{1}{\lim\limits_{\Delta x\to 0}\frac{\Delta x}{\Delta y}}=\frac{1}{\varphi'(y)}.$$

即反函数的导数等于直接函数导数的倒数.

例 13 求反正弦函数 $y=\arcsin x$ 的导数.

解 $y=\arcsin x$ 是 $x=\sin y$ 的反函数,且 $x=\sin y$ 在区间$[-\frac{\pi}{2},\frac{\pi}{2}]$内单调可导,且

$$\frac{dx}{dy}=\cos y(\cos y\neq 0),$$

所以 $y'=\frac{1}{\frac{dx}{dy}}=\frac{1}{\cos y}=\frac{1}{\sqrt{1-\sin^2 y}}=\frac{1}{\sqrt{1-x^2}}$，即 $(\arcsin x)'=\frac{1}{\sqrt{1-x^2}}$.

类似地，有 $(\arccos x)'=-\frac{1}{\sqrt{1-x^2}}$，$(\arctan x)'=\frac{1}{1+x^2}$，$(\text{arccot}x)'=-\frac{1}{1+x^2}$ 等.

2.2.5 隐函数的求导法则

一般地，把用 $y=f(x)$ 的方式表示的函数称为**显函数**，如 $y=\sqrt{3x}+x^2+5$，$y=(3-2x)^3$ 等. 如果因变量 y 不能明确地用自变量 x 的代数式表示，即不一定能用 $y=f(x)$ 形式表示，可以由含有 x,y 的二元方程 $F(x,y)=0$ 所确定，这样的函数称为**隐函数**，如 $x^3+y^2=r^2$，$e^{x+y}+x^2y=1$ 等，换句话说，显函数一定可以转化为隐函数，反之则不一定.

求隐函数的导数一般有两种方法，第一种方法是转化为显函数直接求导. 有些函数有时可以化为显函数来求，如 $2x-\sqrt[3]{y}=0$ 可化为 $y=8x^3$，得 $y'=24x^2$. 对有些不能化为显函数的隐函数，如方程 $e^{x+y}+x^2y=1$ 所确定的函数，可以采取第二种方法求导. 即先将方程两边分别对 x 求导，同时把 y 看成 x 的中间变量，然后利用复合函数求导法则进行求解，得到一个关于 x,y,y' 的方程，最后从中解出 y' 即可.

例 14 求函数 $y=\arccos x$ 的导数.

解 函数 $y=\arccos x$ 可以看成是由隐函数 $\cos y-x=0$ 确定的，两边分别对 x 求导得：$-\sin y\cdot y'-1=0$，

所以 $y'=-\frac{1}{\sin y}=-\frac{1}{\sqrt{1-\cos^2 y}}=-\frac{1}{\sqrt{1-x^2}}$.

例 15 求由方程 $\ln y+y=e^x$ 所确定函数的导数.

解 对方程两边分别关于 x 求导，得

$$(\ln y)'+y'=(e^x)'.$$

由于 y 是 x 的函数，$\ln y$ 是 x 的复合函数，即可以将 $\ln y$ 看做由 $y=\ln u$，$u=f(x)$ 复合而成. 根据复合函数求导法则，得 $(\ln y)'=\frac{1}{y}\cdot y'$. 因此有，$\frac{1}{y}y'+y'=e^x$. 解出 y' 得

$$y'=\frac{y\cdot e^x}{1+y}.$$

注意 隐函数与显函数在求导的结果上有一个很大的区别，显函数求导的结果中不含有 y，但隐函数在不能化为显函数时，求导的结果中往往含有 y.

例 16 求由方程 $x^2y-\sin y=1$ 所确定的函数的导数.

解 将方程两边分别对 x 求导，得 $(x^2y)'-(\sin y)'=1'$，

$$2xy+x^2y'-\cos y\cdot y'=0,$$

$$x^2y'-\cos y\cdot y'=-2xy,$$

$$y'=\frac{2xy}{\cos y-x^2}.$$

对于显函数，我们一般习惯于直接求导，但对于有些显函数(例 $y=x^{\cos x}$ 等)，直接求导可能比较复杂，此时我们不妨将其转化成隐函数后再求导．下面所讲的**对数求导法**就可以方便地对此类函数进行求导．方法是先在 $y=f(x)$ 两边取对数，然后再求 y 的导数．

例 17　求函数 $y=x^{\cos x}$ 的导数．

解　对方程两边取自然对数，得 $\ln y=\cos x\ln x$，

方程两边关于 x 求导，得

$$\frac{1}{y}\cdot y'=-\sin x\ln x+\frac{\cos x}{x},$$

整理得　$y'=x^{\cos x}(-\sin x\ln x+\dfrac{\cos x}{x})$．

例 18　求函数 $y=\sqrt[3]{\dfrac{x^2(1+x)}{1-x}}$ 的导数．

解　对方程两边先取绝对值，再取自然对数，得：

$$\ln|y|=\ln\left|\sqrt[3]{\frac{x^2(1+x)}{1-x}}\right|,$$

$$\ln|y|=\frac{2}{3}\ln|x|+\frac{1}{3}\ln|1+x|-\frac{1}{3}\ln|1-x|.$$

对方程两边关于 x 求导，得

$$\frac{1}{|y|}\cdot y'=\frac{2}{3}\cdot\frac{1}{|x|}+\frac{1}{3}\cdot\frac{1}{|1+x|}+\frac{1}{3}\cdot\frac{1}{|1-x|}.$$

整理得

$$y'=\left|\sqrt[3]{\frac{x^2(1+x)}{1-x}}\right|\left[\frac{2}{3|x|}+\frac{1}{3|1+x|}+\frac{1}{3|1-x|}\right].$$

以后为了解题方便，取绝对值可以省略．所以上述结果可为

$$y'=\sqrt[3]{\frac{x^2(1+x)}{1-x}}\left[\frac{2}{3x}+\frac{1}{3(1+x)}+\frac{1}{3(1-x)}\right].$$

对数求导法适用于幂指函数 $y=[f(x)]^{g(x)}$ $(f(x)>0)$ 以及由几个因子通过乘、除、乘方、开方所构成的比较复杂的函数求导．

2.2.6　由参数方程所确定的函数的导数

在实际问题中，经常遇到表达方式是通过参数方程进行描述的函数关系，那么对该类问题如何进行求导呢？

一般地，若 y 与 x 之间的函数关系由参数方程 $\begin{cases}x=\varphi(t),\\ y=\psi(t)\end{cases}$ (t 为参数)确定，我们可以不消去参数 t，而直接求出 $\dfrac{\mathrm{d}y}{\mathrm{d}x}$，就是所谓的**参数方程求导法**．如果函数 $x=\varphi(t)$，$y=\psi(t)$ 都可导，且 $\varphi'(t)\neq0$．又 $x=\varphi(t)$ 具有单调连续的反函数 $t=\varphi^{-1}(x)$，则参数方程确定的函数就可以看

成由 $y=\psi(t)$ 与 $t=\varphi^{-1}(x)$ 复合而成. 根据复合函数与反函数的求导方法,有

$$\frac{dy}{dx}=\frac{dy}{dt}\cdot\frac{dt}{dx}=\frac{dy}{dt}\cdot\frac{1}{\frac{dx}{dt}}=\psi'(t)\cdot\frac{1}{\varphi'(t)}=\frac{\psi'(t)}{\varphi'(t)}.$$

例 19 求曲线 $L:\begin{cases}x=\cos t,\\y=\sin t\end{cases}$ 在 $t=\frac{\pi}{4}$ 对应点处的切线方程.

解 根据导数的几何意义,得

$$k=y'|_{x=\frac{\sqrt{2}}{2}}=\frac{(\sin t)'}{(\cos t)'}|_{t=\frac{\pi}{4}}=\frac{\cos t}{-\sin t}|_{t=\frac{\pi}{4}}=-1.$$

当 $t=\frac{\pi}{4}$ 时, $x=\cos\frac{\pi}{4}=\frac{\sqrt{2}}{2}$, $y=\sin\frac{\pi}{4}=\frac{\sqrt{2}}{2}$,

于是所求切线方程为: $y-\frac{\sqrt{2}}{2}=-1\times(x-\frac{\sqrt{2}}{2})$,

整理得: $x+y-\sqrt{2}=0$.

2.2.7 高阶导数

由本章引例我们知道,变速直线运动的瞬时速度 $v(t)$ 是位移 $s(t)$ 对时间 t 的导数,即

$$v(t)=s'(t) \text{或} v=\frac{ds}{dt},$$

而加速度 $a(t)$ 又是速度 $v(t)$ 对时间 t 的变化率,根据导数的定义,可以说加速度 $a(t)$ 是速度 $v(t)$ 对时间 t 的导数,即 $a(t)=v'(t)$ 或 $a=\frac{dv}{dt}$,

所以,有

$$a=\frac{dv}{dt}=\frac{d}{dt}(\frac{ds}{dt}) \text{或} a(t)=v'(t)=[s'(t)]'.$$

我们把这种导数的导数 $\frac{d}{dt}(\frac{ds}{dt})$ 或者 $[s'(t)]'$ 称为 s 对 t 的二阶导数,记作

$$\frac{d}{dt}(\frac{ds}{dt}) \text{或} \frac{d^2s}{dt^2} \text{或} s''(t).$$

定义 1 一般地,若函数 $y=f(x)$ 存在导函数 $f'(x)$,且导函数 $f'(x)$ 的导数 $[f'(x)]'$ 也存在,则称 $[f'(x)]'$ 为 $f(x)$ 的二阶导数,记作 y'' 或 $f''(x)$ 或 $\frac{d^2y}{dx^2}$ 或 $\frac{d^2f(x)}{dx^2}$,即

$$y''=(y')'=\frac{d}{dx}(\frac{dy}{dx}) \text{或} \frac{d^2y}{dx^2},$$

若二阶导数 $f''(x)$ 的导数存在,则称 $f''(x)$ 的导数 $[f''(x)]'$ 为 $y=f(x)$ 的**三阶导数**,记作

$$y''' \text{或} f'''(x) \text{或} \frac{d^3y}{dx^3} \text{或} \frac{d^3f(x)}{dx^3},$$

类似地,可以定义函数 $f(x)$ 的 $n-1$ 阶导数 $f^{(n-1)}(x)$ 的导数为 $f(x)$ 的 n **阶导数**,记作

$y^{(n)}$或$f^{(n)}(x)$或$\frac{d^n y}{dx^n}$或$\frac{d^n f(x)}{dx^n}$，即

$$y^{(n)}=[y^{(n-1)}]' \text{或} f^{(n)}(x)=[f^{(n-1)}(x)]' \text{或} \frac{d^n y}{dx^n}=\frac{d}{dx}(\frac{d^{n-1}y}{dx^{n-1}}).$$

一般地，我们把函数的二阶及二阶以上的导数统称为函数的**高阶导数**，把$y=f(x)$的导数$f'(x)$称为函数$y=f(x)$的**一阶导数**.

例 20　已知$f(x)=\ln(1-x^2)$，求$f''(x)$.

解　$f'(x)=\frac{1}{1-x^2}(1-x^2)'=-\frac{2x}{1-x^2}$，

$f''(x)=(-\frac{2x}{1-x^2})'=-\frac{2(1-x^2)-2x(-2x)}{(1-x^2)^2}=-\frac{2+2x^2}{(1-x^2)^2}$.

例 21　求函数$y=2x^4+2x^3-3x^2+\cos x-5$的三阶导数.

解　$y'=(2x^4+2x^3-3x^2+\cos x-5)'=8x^3+6x^2-6x-\sin x$；

$y''=(y')'=(8x^3+6x^2-6x-\sin x)'=24x^2+12x-6-\cos x$；

$y'''=(y'')'=(24x^2+12x-6-\cos x)'=48x+12+\sin x$.

可见，每经过一次求导运算，多项式的次数就降低一次.

例 22　求函数$y=e^{3x}$的n阶导数$y^{(n)}$.

解　$y'=(e^{3x})'=3e^{3x}$；

$y''=(3e^{3x})'=3\cdot 3\cdot e^{3x}=3^2e^{3x}$；

$y'''=(3^2e^{3x})'=3^2\cdot 3\cdot e^{3x}=3^3e^{3x}$；

……

依次类推，最后可得，$y^{(n)}=3^ne^{3x}$.

例 23　求函数$y=\cos x$的n阶导数$y^{(n)}$.

解　$y'=-\sin x=\cos(x+\frac{\pi}{2})$；

$y''=-\sin(x+\frac{\pi}{2})=\cos(x+\frac{\pi}{2}+\frac{\pi}{2})=\cos(x+2\cdot\frac{\pi}{2})$；

$y'''=-\sin(x+2\cdot\frac{\pi}{2})=\cos(x+3\cdot\frac{\pi}{2})$；

$y^{(4)}=-\sin(x+3\cdot\frac{\pi}{2})=\cos(x+4\cdot\frac{\pi}{2})$；

……

归纳得：$y^{(n)}=\cos(x+\frac{n\pi}{2})$.

即
$$(\cos x)^{(n)}=\cos(x+\frac{n\pi}{2}).$$

用同样的方法，可得

$$(\sin x)^{(n)}=\sin(x+\frac{n\pi}{2}).$$

习题 2.2

1. 求下列函数的导数.

(1) $y=3(1-2x)^3$

(2) $y=x^2+2^x-3e^x$

(3) $y=2^x \cdot e^x$

(4) $y=\sqrt{x}+e^x\tan x$

2. 求下列函数的导数.

(1) $y=\dfrac{x}{1+x^2}$

(2) $y=\dfrac{3}{3+2x}+\sqrt{x}$

(3) $y=x^2\tan x$

(4) $y=\dfrac{\ln x}{x}$

(5) $y=\dfrac{e^x\sin x}{1+\ln x}$

(6) $y=\ln x \cdot \sin x$

3. 求下列函数的导数.

(1) $y=(3x+4)^{100}$

(2) $y=\sin(4x-7)$

(3) $y=\sqrt[4]{\sin^3 x}$

(4) $y=(2x+1)^3(3x+4)^4$

(5) $y=\ln(x+\sqrt{1+x^2})$

(6) $y=x^2 \cdot \tan 2x \cdot \ln x$

4. 求下列函数的导数.

(1) $x^3+y^3-xy+x=7$

(2) $e^{x+y}-x\sin x=2x$

(3) $\ln(xy)=y$

(4) $y=x^x$

(5) $y=x^3\sqrt{\dfrac{2x-1}{5x+4}}$

(6) $y=(\sin x)^x$

5. 求下列函数的高阶导数.

(1)已知 $y=\operatorname{arccot} x$,求 y''.

(2)已知 $y=5x^4+2\sin x-2e^x+8$,求 y''',$y^{(5)}$.

(3)已知 $y=\sqrt{x}+\cos x+\ln(x+1)$,求 y''.

(4)已知 $y=xe^x$,求 $y^{(n)}$.

(5)已知 $y=\sin 2x$,求 $y^{(n)}$.

6. 求下列参数方程所确定的函数的导数.

(1) $\begin{cases} x=a\cos t, \\ y=b\sin t; \end{cases}$ ($a>0,b>0$ 是常数)　(2) $\begin{cases} x=t-\arctan t, \\ y=\ln(1+t^2). \end{cases}$

7. 已知 $f(x)=x(x+1)(x+2)\cdots(x+n)$,求 $f'(0)$及 $f^{(n+1)}(x)$.

8. 计算由摆线的参数方程 $\begin{cases} x=a(t-\sin t), \\ y=a(1-\cos t) \end{cases}$ 所确定的函数的一阶导数.

9. 设 $f(x)$为可导函数,$y=f(x^2+1)$,求$\dfrac{dy}{dx}$.

10. 设 $y=f(x^2)$的二阶导数存在,求 y''.

2.3　函数的微分

引例　如图 2-3 所示，有一正方形金属薄片受热膨胀，边长由原来 x_0 伸长到 $x_0+\Delta x$，考察此薄片的面积增大了多少？

解　设该薄片的边长为 x，面积为 A. 则 A 是 x 的函数 $A(x)=x^2$，薄片受热膨胀后，由于边长的改变致使面积 A 相应地发生了改变，且改变量为 $\Delta A=(x_0+\Delta x)^2-x_0^2=2x_0\Delta x+(\Delta x)^2$.

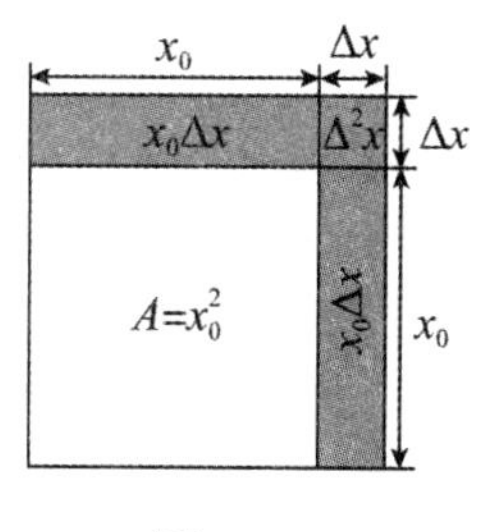

图 2-3

从上式可以看出，ΔA 分为两部分：一部分是 $2x_0\Delta x$，它是 Δx 的线性函数，即图中带阴影的两个矩形面积之和；另一部分是$(\Delta x)^2$，即图中右上角阴影部分的小正方形的面积. 当 $\Delta x\to 0$ 时，$(\Delta x)^2$ 是比 Δx 高阶的无穷小. 由此可见，当$|\Delta x|$很小时，$(\Delta x)^2$ 比 $2x_0\Delta x$ 要小很多，此时我们可以将面积增量 ΔA 近似地用 $2x_0\Delta x$ 表示，即 $\Delta A\approx 2x_0\Delta x$.

因此可用 $2x_0\Delta x$ 来近似计算面积的改变量，下面将具体研讨 $2x_0\Delta x$ 到底是什么，这涉及微分知识.

2.3.1　微分的概念

定义 1　**设函数 $y=f(x)$在点 x_0 的某邻域内有定义，自变量 x 在点 x_0 处有一个改变量 Δx，如果相应的函数值改变量 $\Delta y=f(x_0+\Delta x)-f(x_0)$可以表示为**

$$\Delta y=A\Delta x+o(\Delta x)$$

其中 A 是不依赖于 Δx 的常数，$o(\Delta x)$是比 Δx 高阶的无穷小($\Delta x\to 0$ 时)，那么称函数 $y=f(x)$在点 x_0 处是可微的，$A\Delta x$ 称为函数 $y=f(x)$在点 x_0 处相应于自变量增量 Δx 的微分，记作 $\mathrm{d}y|_{x=x_0}$，即 $\mathrm{d}y|_{x=x_0}=A\cdot\Delta x$.

下面讨论可微的条件. 假设函数 $y=f(x)$在点 x_0 处可微，即 $\Delta y=A\Delta x+o(\Delta x)$成立，则有

$$\frac{\Delta y}{\Delta x}=\frac{A\Delta x+o(x)}{\Delta x}=A+\frac{o(\Delta x)}{\Delta x}.$$

于是当 $\Delta x\to 0$ 时，由上式可得

$$A=\lim_{\Delta x\to 0}\frac{\Delta y}{\Delta x}-\lim_{\Delta x\to 0}\frac{o(\Delta x)}{\Delta x}=\lim_{\Delta x\to 0}\frac{\Delta y}{\Delta x}=f'(x_0).$$

因此，如果函数 $y=f(x)$在点 x_0 处可微，那么函数在点 x_0 处就可导，且 $A=f'(x_0)$，反之，如果函数 $y=f(x)$在点 x_0处可导，即

$$\lim_{\Delta x\to 0}\frac{\Delta y}{\Delta x}=f'(x_0)$$

存在，那么根据无穷小与函数极限的关系，有

$$\frac{\Delta y}{\Delta x}=f'(x_0)+\alpha,$$

其中$\lim\limits_{\Delta x\to 0}\alpha=0$,则有

$\Delta y=f'(x_0)\cdot\Delta x+\alpha\cdot\Delta x=f'(x_0)\cdot\Delta x+o(\Delta x)$.

由于 $f'(x_0)$不依赖于 Δx,所以函数 $y=f(x)$在点 x_0 处可微,且

$$\mathrm{d}y\big|_{x=x_0}=f'(x_0)\cdot\Delta x.$$

若 $f(x)=x$. 由上式得 $\mathrm{d}x=\Delta x$,于是函数的微分又可以记作

$$\mathrm{d}y=f'(x)\mathrm{d}x,\text{即}\frac{\mathrm{d}y}{\mathrm{d}x}=f'(x)(\text{微商}).$$

综上所述,可得以下结论:

函数 $y=f(x)$在点 x_0 处可微$\Leftrightarrow$函数 $y=f(x)$在点 x_0 处可导

注意 (1)符号 $\mathrm{d}y$ 是一个整体,它代表函数 y 的微分;

(2)当自变量的改变量 Δx 有一个极微小的变化时(即$|\Delta x|\to 0$ 时),我们可以用函数的微分近似代替函数的改变量,即 $\mathrm{d}y\approx\Delta y$.

例 1 求函数 $y=x^3-2$ 在 $x=1,\Delta x=0.01$ 时的增量及微分.

解 $\Delta y=[(1+0.01)^3-2]-(1^3-2)=0.030\,301$;

$\mathrm{d}y=(x^3-2)'\Delta x=3x^2\Delta x$;

故函数在 $x=1,\Delta x=0.01$ 时的微分为 $\mathrm{d}y\big|_{\substack{x=1\\ \Delta x=0.01}}=3\times 1^2\times 0.01=0.03$.

2.3.2 微分的几何意义

为了直观地理解微分的概念,我们可以从几何角度来进行阐述.

在直角坐标系中,对于某一固定的 x_0 值,曲线 $y=f(x)$上都会有一个确定点与之对应,记为 $M(x_0,y_0)$,当自变量 x 有微小增量 Δx 时,就得到曲线上另一个对应点,记为 $N(x_0+\Delta x,y_0+\Delta y)$. 从图 2-4 所示可知:

$$QP=MQ\cdot\tan\alpha=\Delta x\cdot f'(x_0),\text{即 }\mathrm{d}y=QP.$$

由此可见,对于可微函数 $y=f(x)$,当 Δy 是曲线 $y=f(x)$上点的纵坐标的增量时,$\mathrm{d}y$ 就是曲线的切线上相应点的纵坐标的增量. 当$|\Delta x|$很小时,$|\Delta y-\mathrm{d}y|$比$|\Delta x|$小很多. 因此,在点 M 的附近,我们可以用切线段来近似代替曲线段. 这种思想在实际应用中经常被采用.

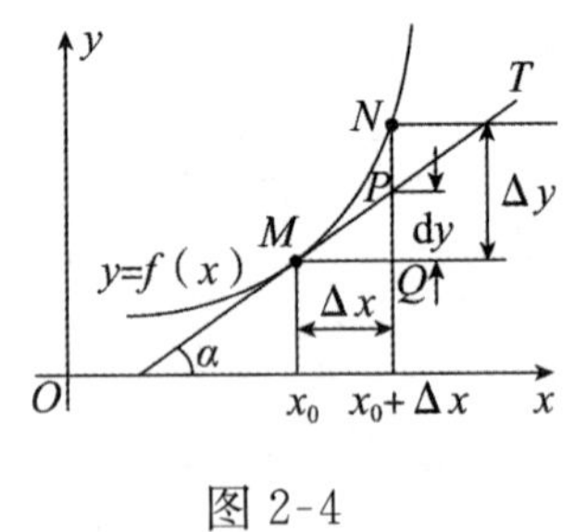

图 2-4

2.3.3 微分运算法则

由微分表达式 $\mathrm{d}y=f'(x)\mathrm{d}x$ 可以看出,函数的微分等于导数 $f'(x)$乘以 $\mathrm{d}x$. 因此,由导数的基本公式很容易得出微分的基本公式.

1. 微分基本公式

(1)$\mathrm{d}(C)=0$; (2)$\mathrm{d}(x^\alpha)=\alpha x^{\alpha-1}\mathrm{d}x$;

(3)$\mathrm{d}(\sin x)=\cos x\mathrm{d}x$; (4)$\mathrm{d}(\cos x)=-\sin x\mathrm{d}x$;

(5)$\mathrm{d}(\tan x)=\sec^2 x\mathrm{d}x$; (6)$\mathrm{d}(\cot x)=-\csc^2 x\mathrm{d}x$;

(7) $d(\sec x)=\sec x\tan x dx$；

(8) $d(\csc x)=-\csc x\cot x dx$；

(9) $d(a^x)=a^x\ln a dx$；

(10) $d(e^x)=e^x dx$；

(11) $d(\log_a x)=\frac{1}{x\ln a}dx$；

(12) $d(\ln x)=\frac{1}{x}dx$；

(13) $d(\arcsin x)=\frac{1}{\sqrt{1-x^2}}dx$；

(14) $d(\arccos x)=-\frac{1}{\sqrt{1-x^2}}dx$；

(15) $d(\arctan x)=\frac{1}{1+x^2}dx$；

(16) $d(\text{arccot} x)=-\frac{1}{1+x^2}dx$.

2. 微分基本法则

(1)函数的和、差、积、商的微分运算法则：

假设 $u(x)$，$v(x)$ 都是可微函数，则有

1) $d(u(x)\pm v(x))=du(x)\pm dv(x)$；

2) $d(u(x)\cdot v(x))=v(x)du(x)+u(x)dv(x)$；

3) $d(\frac{u(x)}{v(x)})=\frac{v(x)du(x)-u(x)dv(x)}{v^2(x)}$，$v(x)\neq 0$.

(2)复合函数的微分法则：

与复合函数的求导法则相应的复合函数的微分法则可推导如下：

设 $y=f(u)$，$u=\varphi(x)$ 都可导，则复合函数 $y=f(\varphi(x))$ 的导数为

$$\frac{dy}{dx}=f'(\varphi(x))\cdot\varphi'(x),$$

所以复合函数的微分为

$$dy=f'(\varphi(x))\cdot\varphi'(x)dx.$$

由于 $f'(\varphi(x))=f'(u)$，$\varphi'(x)dx=du$，所以上式还可以写成

$$dy=f'(u)du.$$

由此可见，无论 u 是自变量还是某一个变量的函数，微分形式 $dy=f'(u)du$ 均保持不变，这一性质称为微分形式的不变性.

例 2　已知函数 $y=x^3$，求

(1)函数的微分 dy；

(2)函数在点 $x=1$ 处的微分；

(3)函数在点 $x=1$，$\Delta x=-0.01$ 时的微分值.

解　(1)先求函数的导数

$$y'=3x^2,$$

函数的微分为

$$dy=3x^2dx;$$

(2) $dy|_{x=1}=3\times 1^2dx=3dx$；

(3) $dy|_{\substack{x=1\\ \Delta x=-0.01}}=3\times(-0.01)=-0.03$.

例 3　求函数 $y=\cos\ln x$ 的微分.

解法一　直接利用公式 $dy=y'dx$，得

$$dy=(\cos\ln x)'dx=-\frac{1}{x}\sin\ln x dx.$$

解法二 利用微分形式不变性，得

$$dy=d(\cos\ln x)=-\sin\ln x d(\ln x)=-\frac{1}{x}\sin\ln x dx.$$

例 4 在下列等式左端的括号内填入适当的函数，使得等式成立.

(1) $d(\quad)=\cos 2x dx$； (2) $d(\quad)=-\frac{1}{x^2}dx$；

(3) $d(\quad)=e^{-x}dx$； (4) $d(\quad)=\frac{2}{1+x^2}dx$.

解 (1)因为 $d(\sin 2x)=2\cos 2x dx$，所以 $\cos 2x dx=\frac{1}{2}d(\sin 2x)$，

又因为任意常数 C 的微分，$dC=0$，所以

$$d(\frac{1}{2}\sin 2x+C)=\cos 2x dx;$$

(2)由 $d(\frac{1}{x})=-\frac{1}{x^2}dx$，得

$$d(\frac{1}{x}+C)=-\frac{1}{x^2}dx;$$

(3)由 $d(e^{-x})dx=-e^{-x}dx$，得

$$d(-e^{-x}+C)=e^{-x}dx;$$

(4)由 $d(\arctan x)=\frac{1}{1+x^2}dx$，得

$$d(2\arctan x+C)=\frac{2}{1+x^2}dx.$$

2.3.4 近似计算

在工程问题中，经常遇到一些复杂的计算公式，如果直接用这些公式计算会很费力，利用微分往往可以把一些复杂的计算公式用简单的近似公式来代替，以达到计算上的方便与快捷.

前面学过，如果 $y=f(x)$ 在点 x_0 处的导数 $f'(x_0)\neq 0$，当 $|\Delta x|$ 很小时，我们有 $\Delta y\approx dy=f'(x_0)\Delta x$，这个式子也可以写成

$$\Delta y=f(x_0+\Delta x)-f(x_0)\approx f'(x_0)\Delta x. \tag{2-2}$$

故

$$f(x_0+\Delta x)\approx f(x_0)+f'(x_0)\Delta x \tag{2-3}$$

若令 $x=x_0+\Delta x$，则

$$f(x)\approx f(x_0)+f'(x_0)(x-x_0) \tag{2-4}$$

特别地，当 $x_0=0$ 且 $|x|$ 很小时，有

$$f(x)\approx f(0)+f'(0)x \tag{2-5}$$

如果 $f(x_0)$ 与 $f'(x_0)$ 都容易算出，那么可以利用公式(2—2)近似计算 Δy，用(2—3)、(2—4)近似计算函数在某一点附近函数值的近似值.

例 5　求 $\sqrt[3]{1.02}$ 的近似值.

解　设 $f(x)=\sqrt[3]{x}$，则 $f'(x)=\frac{1}{3}x^{-\frac{2}{3}}=\frac{1}{3\sqrt[3]{x^2}}$，

取　$x_0=1$，$\Delta x=0.02$，由公式 $f(x_0+\Delta x)\approx f(x_0)+f'(x_0)\Delta x$ 得

$$f(1.02)\approx f(1)+f'(1)\cdot 0.02=1+\frac{1}{3}\times 0.02\approx 1.0067.$$

用公式(2—5)可以推得一些常用的近似公式，当 $|\Delta x|$ 很小时，有：

(1) $\ln(1+x)\approx x$；

(2) $\sin x\approx x$（x 以弧度为单位）；

(3) $\tan x\approx x$（x 以弧度为单位）；

(4) $e^x\approx 1+x$；

(5) $(1+x)^\alpha\approx 1+\alpha x(\alpha\in\mathbf{R})$.

下面以(1) $\ln(1+x)\approx x$ 为例，证明如下：

令 $y=\ln(1+x)$，$y'=\frac{1}{1+x}$，则 $f(0)=0$，$f'(0)=1$，

由公式 $f(x)\approx f(0)+f'(0)x$ 得

$$\ln(1+x)\approx 0+1\cdot x=x.$$

即

$$\ln(1+x)\approx x.$$

其他几个公式也可用类似的方法证得.

例 6　给一个半径为 2 m 的球的表面镀铜，铜的厚度为 0.000 2 m，问大约需要多少千克铜？（铜的密度为 8.9×10^3 kg/m^3）

解　球的体积为 $V=\frac{4}{3}\pi R^3$，$V'=4\pi R^2$，

由题意知 $R=2$，$\Delta R=0.0002$，

故　$\Delta V\approx dV=V'(2)\cdot\Delta R=4\pi\times2^2\times0.0002\approx0.010048(\text{m}^3)$，

此时　$m=\rho V=8.9\times10^3\times0.010048=89.4272(\text{kg})$.

习题 2.3

1. 已知 $y=x^2-1$，自变量从 1 增加到 1.01 时，求函数的改变量和微分.

2. 求下列函数的微分.

(1) $y=x^2 e^{2x}$　　(2) $y=x^2+\frac{1}{x}$

(3) $y=e^x \sin x$　　(4) $y=\sqrt[3]{x^2}+\cos 2x$

(5) $y=\ln^2(1-x)$　　(6) $y=\frac{x}{\sqrt{1+x^2}}$

(7) $y=\arctan\ln x$　　(8) $y=e^{-x}\cos(3-x)$

3. 求下列函数在指定点处的微分.

(1) $y=\sqrt{\ln x}$，$x=e$，$\Delta x=0.02$；　　(2) $y=\frac{1}{1+x}$，$x=2$.

4. 在下列括号内填入适当的函数，使等式成立.

(1) $d(\quad)=3dx$；　　(2) $d(\quad)=\frac{1}{x}dx$；

(3) $d(\ln^2 x)=(\quad)dx$；　　(4) $d(\quad)=\frac{1}{\sqrt{x}}dx$；

(5) $d(\quad)=\frac{3}{\sqrt{1-x^2}}dx$；　　(6) $d(\quad)=2^x dx$.

5. 设 $f(x)$ 可微，求下列函数的微分.

(1) $y=f(1+\sqrt{x^3})$　　(2) $y=\ln[1+f^2(x)]$

6. 求下列近似值.

(1) $\sqrt[3]{996}$　　(2) $e^{1.02}$

(3) $\sqrt[4]{80.97}$　　(4) $\arctan 1.01$

7. 某建筑屋顶上有一个半径为 1 m 的球，为了防止该球在风雨中受侵蚀，打算在该球表面涂抹一层保护漆，其厚度为 1 mm，请估算一下需要多少克漆？（漆的密度为 $0.7\ g/cm^3$）

8. 某公司的广告支出 x（万元）与总销售收入 C（万元）之间的函数关系为 $C=-0.002x^3+0.6x^2+x+500(0\leqslant x\leqslant 200)$，如果公司的广告支出从 100 万元增加到 105 万元，试估算该公司销售额的改变量.

复习题二

一、选择题

1. 设 $f(x)$在 $x=a$ 的某个邻域内有定义，则下列不是 $f(x)$在 $x=a$ 处可导的一个充分条件是(　　)

A. $\lim\limits_{h\to+\infty} h[f(a+\frac{1}{h})-f(a)]$存在　　B. $\lim\limits_{h\to 0}\frac{[f(a+2h)-f(a+h)]}{h}$存在

C. $\lim\limits_{h\to 0}\frac{[f(a+2h)-f(a-h)]}{2h}$存在　　D. $\lim\limits_{h\to 0}\frac{[f(a)-f(a-h)]}{h}$存在

2. $f(x)$在点 x_0 处可导是 $f(x)$在点 x_0 处连续的(　　)

A. 充分条件　　B. 必要条件　　C. 充要条件　　D. 以上均不对

3. $f(x)$在点 x_0 处可导是 $f(x)$在点 x_0 处可微的(　　)

A. 充分条件　　B. 必要条件　　C. 充要条件　　D. 以上均不对

4. 设函数 $y=f(x)$在点 x_0 处的导数不存在，则 $y=f(x)$(　　)

A. 在点$(x_0,f(x_0))$的切线可能存在　　B. 在点 x_0 处间断

C. 在点$(x_0,f(x_0))$的切线必定不存在　　D. $\lim\limits_{x\to x_0} f(x)$不存在

5. 设 $y=\ln(1-x^2)$，则 $y''=$(　　)

A. $\frac{-2x}{1-x^2}$　　B. $\frac{2(1+x^2)}{(1-x^2)^2}$　　C. $\frac{-2(1+x^2)}{(1-x^2)^2}$　　D. $\frac{6x^2-2}{(1-x^2)^2}$

二、填空题

1. 设 $f(x)=\sqrt{x^2+1}\cdot\ln(x+\sqrt{x^2+1})$，则 $f'(x)=$________.

2. 曲线 $y=x^2+4x-2$ 在点 $x=1$ 处的切线斜率为________.

3. 若 $y=\frac{x}{x+1}$，则$\lim\limits_{\Delta x\to 0}\frac{f(\Delta x)-f(0)}{\Delta x}=$________.

4. $y=3x^6-4x^5+3x^2-5x+6$，则 $y^{(10)}=$________.

5. 设 $y=xe^{x^2}$，则 $dy|_{x=0}=$________.

6. $y=x^2\ln x$，则 $f'(e)=$________，$[f(e)]'=$________.

7. $f(x)=x(x+1)(x+2)\cdots(x+100)$，则 $f'(0)=$________.

8. 已知$\lim\limits_{\Delta x\to 0}\frac{f(2-\Delta x)-f(2)}{\Delta x}=-1$，则曲线 $y=f(x)$在点$(2,4)$处的切线方程为________.

9. 若 $f(u)$可导，且 $y=f(2^x)$，则 $dy=$________.

10. 设 $y=\cos(\sin x)$，则 $dy=$________.

三、求下列函数的导数或微分.

1. 已知函数 $y=\ln(x+\sqrt{a^2+x^2})$，求 y'.

2. 已知函数 $y=x^2\sin\frac{1}{x}+\frac{2x}{1-x^2}$，求 y'.

3. 已知函数 $y=e^{\sin x}+\ln(1+\sqrt{x})$，求 y'.

4. 已知方程 $xy-\sin(\pi y^2)=0$，求 $y'\Big|_{\substack{x=0\\y=1}}$.

5. 设 $y=\sqrt{1-9x^2}\arcsin 3x$，求 $\mathrm{d}y$.

6. 设 $y=\ln(\sqrt{x}+e^x\cos x)$，求 $\mathrm{d}y$.

7. 函数 $f(x)$ 由参数方程 $\begin{cases}x=1-2t+t^2,\\y=4t^2\end{cases}$ 所确定，求 $\frac{\mathrm{d}y}{\mathrm{d}x}\Big|_{t=2}$.

四、求由下列方程确定的隐函数的导数.

1. $x+y-e^{2y}=\sin x$

2. $x^2+2xy-y^2-2x=0$

五、求 $\sqrt[3]{8.024}$ 的近似值.

第三章　导数的应用

上一章中,我们学习了导数的概念,并讨论了导数的计算方法. 本章中,我们将应用导数来研究函数的某些性质和特点,并利用这些知识解决一些实际问题. 为此,先要介绍微分学的几个中值定理,它们是导数应用的理论基础.

【学习目标】

1. 理解罗尔定理、拉格朗日中值定理,了解柯西中值定理. 会用罗尔定理证明方程根的存在性,会用拉格朗日中值定理证明简单的不等式.

2. 熟练掌握洛必达法则,会用洛必达法则求“$\frac{0}{0}$”,“$\frac{\infty}{\infty}$”型未定式的极限.

3. 掌握函数单调性的判别方法,理解函数极值的概念,掌握函数极值、最大值和最小值的求法及其应用.

4. 会用导数判断函数图像的凹凸性,会求函数图像的拐点、水平渐近线和垂直渐近线.

3.1　中值定理

定理 1(罗尔定理)　若函数 $y=f(x)$ 满足:

(1)在闭区间 $[a,b]$ 上连续,

(2)在开区间 (a,b) 内可导,

(3)在区间 $[a,b]$ 的端点处函数值相等,即 $f(a)=f(b)$,

则在开区间 (a,b) 内至少存在一点 $\xi(a<\xi<b)$,使得

$$f'(\xi)=0.$$

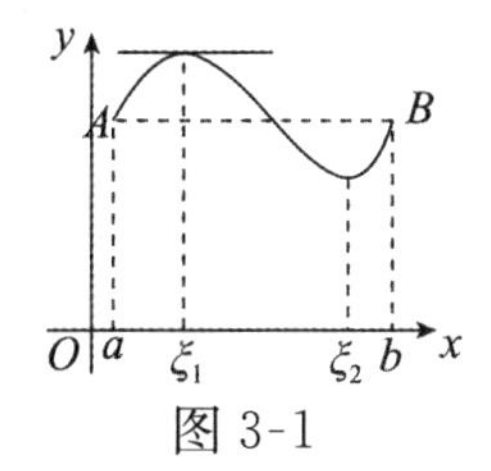

图 3-1

罗尔定理可用图 3-1 所示形象地表示出来.

例 1　验证函数 $f(x)=\ln\sin x$ 在区间 $[\frac{\pi}{6},\frac{5\pi}{6}]$ 上是否满足罗尔定理的条件,若满足,求出 ξ.

解　在区间 $[\frac{\pi}{6},\frac{5\pi}{6}]$ 上,$\sin x>0$,所以 $f(x)=\ln\sin x$ 在 $[\frac{\pi}{6},\frac{5\pi}{6}]$ 上有意义,

$f(x)$是初等函数，从而在定义域$[\frac{\pi}{6},\frac{5\pi}{6}]$上连续，且

$$f'(x)=\frac{1}{\sin x}\cos x=\cot x,$$

即 $f(x)$在$[\frac{\pi}{6},\frac{5\pi}{6}]$内可导，且 $f(\frac{\pi}{6})=\ln\sin\frac{\pi}{6}=\ln\frac{1}{2}$，$f(\frac{5\pi}{6})=\ln\sin\frac{5\pi}{6}=\ln\frac{1}{2}$，

故 $f(x)$在$[\frac{\pi}{6},\frac{5\pi}{6}]$上满足罗尔定理的条件.

令 $f'(x)=0$，即 $\cot x=0$，有 $x=\frac{\pi}{2}\in(\frac{\pi}{6},\frac{5\pi}{6})$，故 $\xi=\frac{\pi}{2}$.

由罗尔定理的结果 $f'(\xi)=0$，可见 ξ 是该方程的根，因此有时可以用罗尔定理证明方程根的存在问题.

例 2 已知 $f(x)=(x-1)(x-2)(x-3)$，证明方程 $f'(x)=0$ 有两个实根.

证明 因为 $f(x)$在 $\mathbf{R}$ 上连续且可导，$f(1)=f(2)=f(3)=0$，

所以 $f(x)$在$(1,2)$和$(2,3)$上满足罗尔定理的条件，

于是，至少$\exists\xi_1\in(1,2)$，$\xi_2\in(2,3)$使得 $f'(\xi_1)=f'(\xi_2)=0$，

所以 $f'(x)=0$ 至少有两个实根，又因为 $f'(x)=0$ 为二次方程，最多有两个实根，

综上，方程 $f'(x)=0$ 有两个实根.

定理 2(拉格朗日中值定理)　若函数 $f(x)$满足：

(1)在闭区间$[a,b]$上连续；

(2)在开区间(a,b)内可导.

则在开区间(a,b)内至少存在一点 $\xi(a<\xi<b)$，使得

$$f(b)-f(a)=f'(\xi)(b-a).$$

显然，拉格朗日中值定理是罗尔定理的推广，罗尔定理是拉格朗日中值定理的特殊情况.

图 3-2 所示描述了**拉格朗日中值定理的几何意义**：如果连续曲线 $y=f(x)$的弧$\overset{\frown}{AB}$除端点外处处具有不垂直于 x 轴的切线，那么这弧上至少存在一点 C，使得在该点处的切线平行于两端点的连线.

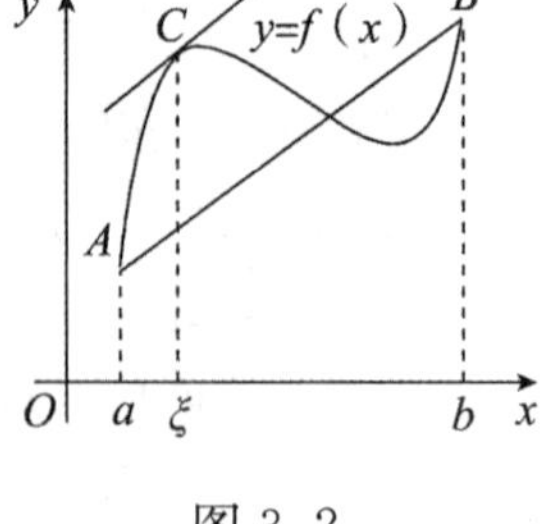

图 3-2

从拉格朗日中值定理的结论看，它建立了函数在一个区间上的改变量和函数在该区间内某点处导数之间的联系，不但使我们可以通过导数来研究函数在某区间上的形态，而且对一些较为复杂的不等式的证明也提供了一个很好的解决思路和方法.

例 3 当 $0<a<b$ 时，证明不等式$\frac{b-a}{b}<\ln\frac{b}{a}<\frac{b-a}{a}$.

分析 拉格朗日中值定理的结果 $f(b)-f(a)=f'(\xi)(b-a)$，可以化为

$$f'(\xi)=\frac{f(b)-f(a)}{b-a}.$$

此式右端的分子是函数在区间$[a,b]$两个端点处的函数值之差，分母是该区间的长度，

因此,构造函数和选定区间是我们解决问题的关键.

可将不等式变形为$\frac{1}{b}<\frac{\ln b-\ln a}{b-a}<\frac{1}{a}$,则式子$\frac{\ln b-\ln a}{b-a}$已经具备了$\frac{f(b)-f(a)}{b-a}$的结构,显然,要设函数为 $f(x)=\ln x$,并在区间$[a,b]$上应用拉格朗日中值定理.

证明　设 $f(x)=\ln x$,由于 $0<a<b$,则函数在$[a,b]$上连续.

又因为 $f'(x)=\frac{1}{x}$,则函数在(a,b)内可导,因而符合拉格朗日中值定理的条件,故在(a,b)内至少存在一点 $\xi(a<\xi<b)$,使得

$$f'(\xi)=\frac{f(b)-f(a)}{b-a}=\frac{\ln b-\ln a}{b-a},$$

即
$$\frac{\ln b-\ln a}{b-a}=\frac{1}{\xi},由于\frac{1}{b}<\frac{1}{\xi}<\frac{1}{a},则$$

$$\frac{1}{b}<\frac{\ln b-\ln a}{b-a}<\frac{1}{a},$$

即
$$\frac{b-a}{b}<\ln\frac{b}{a}<\frac{b-a}{a},得证.$$

例 4　当 $x>0$ 时,证明不等式$\frac{x}{1+x}<\ln(1+x)<x$.

分析　将不等式化为$\frac{1}{1+x}<\frac{\ln(1+x)}{x}<1$,其中$\frac{\ln(1+x)}{x}=\frac{\ln(1+x)-\ln(1+0)}{x-0}$,显然设 $f(x)=\ln(1+x)$并在$[0,x]$上应用拉格朗日中值定理.

证明　设 $f(x)=\ln(1+x)$,则函数 $f(x)$在$[0,x]$上连续.

因为 $f'(x)=\frac{1}{1+x}$,所以函数在$(0,x)$内可导. 故函数在$(0,x)$内满足拉格朗日中值定理的条件,所以至少存在一点 $\xi\in(0,x)$,使得

$$f'(\xi)=\frac{f(x)-f(0)}{x-0}=\frac{\ln(1+x)-\ln 1}{x}=\frac{\ln(1+x)}{x}$$

即
$$\frac{1}{1+\xi}=\frac{\ln(1+x)}{x}.$$

由于 $0<\xi<x$,所以$\frac{1}{1+x}<\frac{1}{1+\xi}<\frac{1}{1+0}=1$,

所以
$$\frac{1}{1+x}<\frac{\ln(1+x)}{x}<1,$$

即
$$\frac{x}{1+x}<\ln(1+x)<x,得证.$$

从拉格朗日中值定理还能推出一些有用的推论.

推论 1　如果 $f'(x)\equiv 0,x\in(a,b)$,则 $f(x)\equiv C,x\in(a,b)$,C 为常数,即函数 $f(x)$是一个常数函数.

此推论说明“常数的导数为零”的逆命题也是成立的.

推论 2　如果 $f'(x) \equiv g'(x), x \in (a,b)$，则 $f(x) = g(x) + C, x \in (a,b)$，$C$ 为常数.

此推论说明两个函数的导数恒等，那么它们至多相差一个常数.

定理 3(柯西中值定理)　如果函数 $f(x)$ 和 $g(x)$ 满足

(1)在闭区间$[a,b]$上连续，

(2)在开区间(a,b)内可导，

(3)对任一点 $x \in (a,b)$，$g'(x) \neq 0$，

那么在(a,b)内至少有一点 ξ，使等式

$$\frac{f'(\xi)}{g'(\xi)} = \frac{f(b)-f(a)}{g(b)-g(a)} \text{成立.}$$

如果取 $g(x)=x$，那么 $g(b)-g(a)=b-a$，$g'(x)=1$，柯西中值定理公式就变成了 $f(b)-f(a)=f'(\xi)(b-a)$，所以拉格朗日中值定理是柯西中值定理的特殊情况.

习题 3.1

1. 回答下列问题：

(1)函数 $f(x)=x^2-2x-3$ 在区间$[-1,3]$上是否满足罗尔定理的条件？若满足，求出满足定理的 ξ.

(2)$f(x)=x^3+2x$ 在区间$[0,1]$上是否满足拉格朗日中值定理的条件？若满足，求出满足定理的 ξ.

(3)$f(x)=\ln(1+x)$在区间$[0,1]$上是否满足拉格朗日中值定理的条件？若满足，求出满足定理的 ξ.

2. 填空.

(1)在区间$[\pi,2\pi]$，$f(x)=\sin x$ 满足罗尔中值定理的 $\xi=$________.

(2)在区间$[-1,2]$，$f(x)=1-x^2$ 满足拉格朗日中值定理的 $\xi=$________.

(3)在区间$[1,4]$，$f(x)=\sqrt{x}$满足拉格朗日中值定理的 $\xi=$________.

3. 设函数 $f(x)=(x-2)(x-3)(x-4)(x-5)$，问方程 $f'(x)=0$ 有几个实数根，并指出它们所在的区间.

4. 证明下列不等式.

(1)$x>0$ 时，$\frac{x}{1+x^2}<\arctan x<x$.

(2)$n>1, a>b>0$ 时，$nb^{n-1}(a-b)<a^n-b^n<na^{n-1}(a-b)$.

3.2　洛必达法则

如果当 $x\to a$ 或$(x\to\infty)$时，两个函数 $f(x)$与 $g(x)$都趋于零或者都趋于无穷大，那么极限 $\lim\limits_{\substack{x\to a\\(x\to\infty)}}\dfrac{f(x)}{g(x)}$可能存在，也可能不存在. 通常把这种极限叫做未定式，并分别简记为$\dfrac{0}{0}$或$\dfrac{\infty}{\infty}$. 在第一章中讨论过的极限$\lim\limits_{x\to 0}\dfrac{\sin x}{x}$就是一个$\dfrac{0}{0}$型未定式. 下面针对这类极限我们学习一种重要的求解方法.

1. 洛必达法则Ⅰ：($\dfrac{0}{0}$型)

定理 1　若函数 $f(x)$和 $g(x)$满足条件：

(1)$\lim\limits_{x\to x_0}f(x)=\lim\limits_{x\to x_0}g(x)=0$；

(2)$f(x)$和 $g(x)$在 x_0 的某去心邻域内可导，且 $g'(x)\neq 0$；

(3)$\lim\limits_{x\to x_0}\dfrac{f'(x)}{g'(x)}=A$($A$ 可以是有限常数或者无穷大).

则有

$$\lim_{x\to x_0}\frac{f(x)}{g(x)}=\lim_{x\to x_0}\frac{f'(x)}{g'(x)}=A.$$

上述定理对 $x\to\infty$也成立.

例 1　求极限$\lim\limits_{x\to 1}\dfrac{x^3-x^2+x-1}{x^3-2x+1}$.

解　这是$\dfrac{0}{0}$型未定式，用洛必达法则Ⅰ，得

$$\lim_{x\to 1}\frac{x^3-x^2+x-1}{x^3-2x+1}=\lim_{x\to 1}\frac{(x^3-x^2+x-1)'}{(x^3-2x+1)'}=\lim_{x\to 1}\frac{3x^2-2x+1}{3x^2-2}=\frac{3-2+1}{3-2}=2.$$

例 2　求极限$\lim\limits_{x\to 0}\dfrac{x-\sin x}{x^3}$.

解　这是$\dfrac{0}{0}$型未定式，用洛必达法则Ⅰ，得

$$\lim_{x\to 0}\frac{x-\sin x}{x^3}=\lim_{x\to 0}\frac{(x-\sin x)'}{(x^3)'}=\lim_{x\to 0}\frac{1-\cos x}{3x^2},$$

$$=\lim_{x\to 0}\frac{(1-\cos x)'}{(3x^2)'}=\lim_{x\to 0}\frac{\sin x}{6x}=\frac{1}{6}.$$

例 3　求极限$\lim\limits_{x\to 0}\dfrac{\sin 5x}{\sin 4x}$.

解　$\lim\limits_{x\to 0}\dfrac{\sin 5x}{\sin 4x}=\lim\limits_{x\to 0}\dfrac{(\sin 5x)'}{(\sin 4x)'}=\lim\limits_{x\to 0}\dfrac{5\cos 5x}{4\cos 4x}=\dfrac{5\cos 0}{4\cos 0}=\dfrac{5}{4}$.

例 4　求极限$\lim\limits_{x\to \frac{\pi}{2}}\dfrac{\ln\sin x}{(\pi-2x)^2}$.

解 $\lim\limits_{x\to\frac{\pi}{2}}\dfrac{\ln\sin x}{(\pi-2x)^2}=\lim\limits_{x\to\frac{\pi}{2}}\dfrac{\frac{\cos x}{\sin x}}{2(\pi-2x)(-2)}=-\dfrac{1}{4}\lim\limits_{x\to\frac{\pi}{2}}\dfrac{1}{\sin x}\cdot\lim\limits_{x\to\frac{\pi}{2}}\dfrac{\cos x}{\pi-2x}$

$$=-\frac{1}{4}\times1\times\lim_{x\to\frac{\pi}{2}}\frac{\cos x}{\pi-2x}=-\frac{1}{4}\lim_{x\to\frac{\pi}{2}}\frac{-\sin x}{-2}=-\frac{1}{8}.$$

注意 如果使用过一次洛必达法则后，其极限仍为$\dfrac{0}{0}$型，只要 $f'(x)$，$g'(x)$仍满足洛必达法则的条件，可继续使用法则求解，直到求出极限为止.

2. 洛必达法则Ⅱ：($\dfrac{\infty}{\infty}$型)

定理2 **若函数 $f(x)$和 $g(x)$满足条件：**

(1) $\lim\limits_{x\to x_0}f(x)=\lim\limits_{x\to x_0}g(x)=\infty$；

(2) $f(x)$**和** $g(x)$**在** x_0 **的某去心邻域内可导，且** $g'(x)\neq0$；

(3) $\lim\limits_{x\to x_0}\dfrac{f'(x)}{g'(x)}=A$($A$ **可以是有限常数或者无穷大**).

则有
$$\lim_{x\to x_0}\frac{f(x)}{g(x)}=\lim_{x\to x_0}\frac{f'(x)}{g'(x)}=A.$$

上述定理中对 $x\to\infty$也成立.

例5 求 $\lim\limits_{x\to+\infty}\dfrac{\ln x}{(x+3)^2}$.

解 这是$\dfrac{\infty}{\infty}$型未定式，使用法则Ⅱ有

$$\lim_{x\to+\infty}\frac{\ln x}{(x+3)^2}=\lim_{x\to+\infty}\frac{(\ln x)'}{[(x+3)^2]'}=\lim_{x\to+\infty}\frac{\frac{1}{x}}{2(x+3)}=\lim_{x\to+\infty}\frac{1}{2x(x+3)}=0.$$

例6 求 $\lim\limits_{x\to+\infty}\dfrac{x^2+3}{e^x}$.

解 这是$\dfrac{\infty}{\infty}$型未定式，使用法则Ⅱ有

$$\lim_{x\to+\infty}\frac{x^2+3}{e^x}=\lim_{x\to+\infty}\frac{(x^2+3)'}{(e^x)'}=\lim_{x\to+\infty}\frac{2x}{e^x}=\lim_{x\to+\infty}\frac{(2x)'}{(e^x)'}=\lim_{x\to+\infty}\frac{2}{e^x}=0.$$

3. 其他类型的极限求法

未定型极限除了$\dfrac{0}{0}$和$\dfrac{\infty}{\infty}$型外，还有 $0\cdot\infty$、$\infty-\infty$、0^0、1^∞、∞^0 型的一些未定式，也可以转化为$\dfrac{0}{0}$或$\dfrac{\infty}{\infty}$型后进行求解. 下面我们举例说明.

例7 求 $\lim\limits_{x\to0^+}x^n\ln x(n>0)$.

解 这是 $0\cdot\infty$型未定式，将其化成$\dfrac{\infty}{\infty}$型.

$$\lim_{x\to0^+}x^n\ln x=\lim_{x\to0^+}\frac{\ln x}{\frac{1}{x^n}}=\lim_{x\to0^+}\frac{(\ln x)'}{(x^{-n})'}=\lim_{x\to0^+}\frac{\frac{1}{x}}{-nx^{-n-1}}=\lim_{x\to0^+}\frac{-x^n}{n}=0.$$

例 8　求$\lim\limits_{x\to 1}(\frac{x}{x-1}-\frac{1}{\ln x})$.

解　这是$\infty-\infty$型未定式，将其化成$\frac{0}{0}$型.

$$\lim_{x\to 1}(\frac{x}{x-1}-\frac{1}{\ln x})=\lim_{x\to 1}\frac{x\ln x-(x-1)}{(x-1)\ln x}=\lim_{x\to 1}\frac{\ln x+1-1}{\ln x+(x-1)\cdot\frac{1}{x}}$$

$$=\lim_{x\to 1}\frac{\ln x}{\ln x+1-\frac{1}{x}}=\lim_{x\to 1}\frac{\frac{1}{x}}{\frac{1}{x}+\frac{1}{x^2}}=\lim_{x\to 1}\frac{x}{x+1}=\frac{1}{2}.$$

0^0、1^∞、∞^0 型均是幂指函数的形式，可采用对数恒等式法化为 $0\cdot\infty$型.

例 9　求 $\lim\limits_{x\to 0^+}x^x$.

解　这是 0^0 型未定式，将其化为 $0\cdot\infty$型.

$$\lim_{x\to 0^+}x^x=\lim_{x\to 0^+}e^{\ln x^x}=\lim_{x\to 0^+}e^{x\ln x}$$

$$=e^{\lim\limits_{x\to 0^+}x\ln x}=e^{\lim\limits_{x\to 0^+}\frac{\ln x}{\frac{1}{x}}}=e^{\lim\limits_{x\to 0^+}\frac{(\ln x)'}{(x^{-1})'}}$$

$$=e^{\lim\limits_{x\to 0^+}\frac{\frac{1}{x}}{-\frac{1}{x^2}}}=e^{\lim\limits_{x\to 0^+}(-x)}=e^0=1.$$

例 10　证明 $\lim\limits_{x\to+\infty}(1+\frac{1}{x})^x=e$.

证明　设 $f(x)=(1+\frac{1}{x})^x$，则

$$\lim_{x\to+\infty}(1+\frac{1}{x})^x=\lim_{x\to+\infty}f(x)=\lim_{x\to+\infty}e^{\ln f(x)}=e^{\lim\limits_{x\to+\infty}\ln f(x)}.$$

由于 $\ln f(x)=x\ln(1+\frac{1}{x})=\dfrac{\ln(1+\frac{1}{x})}{\frac{1}{x}}$，且当 $x\to+\infty$时，$\frac{1}{x}\to 0$，$\ln(1+\frac{1}{x})\sim\frac{1}{x}$，则

$$\lim_{x\to+\infty}\ln f(x)=\lim_{x\to+\infty}\frac{\frac{1}{x}}{\frac{1}{x}}=1,$$

所以
$$\lim_{x\to+\infty}(1+\frac{1}{x})^x=e\text{ 成立}.$$

例 11　求极限$\lim\limits_{x\to\infty}\frac{x+\sin x}{x}$.

解　这是$\frac{\infty}{\infty}$型未定式，使用法则Ⅱ，有

$$\lim_{x\to\infty}\frac{x+\sin x}{x}=\lim_{x\to\infty}\frac{(x+\sin x)'}{x'}=\lim_{x\to\infty}(1+\cos x),$$

当 $x\to\infty$时 $\cos x$ 极限不存在，法则失效，改用其他方法求解：

$$\lim_{x\to\infty}\frac{x+\sin x}{x}=\lim_{x\to\infty}(1+\frac{\sin x}{x})=1+0=1.$$

本节定理给出的是求未定式的一种方法. 当定理条件满足时,所求的极限存在(或为∞);但当定理条件不满足时,所求极限却不一定不存在(如例 11),因此,使用洛必达法则不可盲目简单套用,要步步检验类型,并特别注意第三个条件是否满足.

习题 3.2

1. 用洛必达法则求下列极限.

(1)$\lim\limits_{x\to 0}\frac{\ln(1+x)}{x}$

(2)$\lim\limits_{x\to 0}\frac{\tan x-x}{x-\sin x}$

(3)$\lim\limits_{x\to \frac{\pi}{3}}\frac{1-2\cos x}{\sin 6x}$

(4)$\lim\limits_{x\to 0}\frac{\sqrt{x+1}-1}{x}$

(5)$\lim\limits_{x\to 0}\frac{e^x-e^{-x}}{\sin x}$

(6)$\lim\limits_{x\to 0}\frac{\sin 3x}{\tan 5x}$

(7)$\lim\limits_{x\to 0}\frac{x^4}{x^2+x-\sin x}$

(8)$\lim\limits_{x\to \frac{\pi}{2}}\frac{\ln\sin x}{(\pi-2x)^2}$

2. 求下列函数的极限.

(1) $\lim\limits_{x\to +\infty}\frac{x^2+\ln x^2}{x\ln x}$

(2) $\lim\limits_{x\to +\infty}\frac{x^3-1}{e^{2x}}$

(3)$\lim\limits_{x\to \frac{\pi}{2}}\frac{\tan x}{\tan 3x}$

(4) $\lim\limits_{x\to +\infty}\frac{\ln(1+\frac{1}{x})}{\operatorname{arccot} x}$

3. 求下列函数的极限.

(1)$\lim\limits_{x\to 1}(\frac{2}{x^2-1}-\frac{1}{x-1})$

(2) $\lim\limits_{x\to 0^+}x^{\sin x}$

(3)$\lim\limits_{x\to 0}(\cot x-\frac{1}{x})$

(4)$\lim\limits_{x\to \infty}x(e^{\frac{1}{x}}-1)$

(5) $\lim\limits_{x\to 0^+}x^{\ln(1+x)}$

(6) $\lim\limits_{x\to 0^+}(\frac{1}{x})^{\tan x}$

4. 验证极限$\lim\limits_{x\to 0}\frac{x^2\cos\frac{1}{x}}{\sin x}$存在,但不能用洛必达法则求出.

3.3　函数的单调性、极值与最值

3.3.1　函数单调性的判别方法

第一章第一节中已经介绍了函数在区间上的单调性的概念. 下面利用导数来对函数的单调性进行判定.

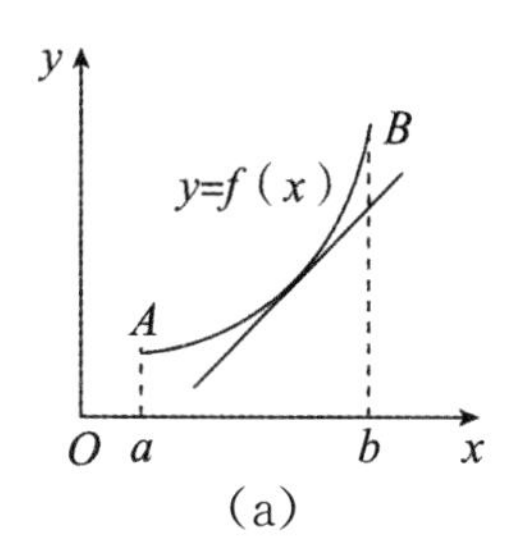

(a)

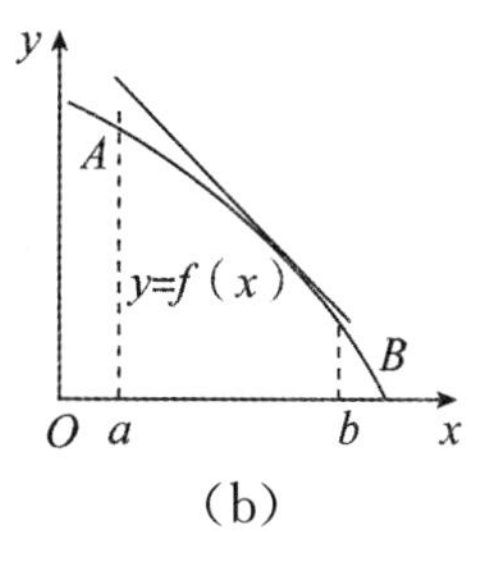

(b)

图 3-3

如果函数 $y=f(x)$在$[a,b]$上单调增加，那么它的图形是沿着 x 轴正向上升的曲线. 如图 3-3(a)所示，曲线上各点处的切线斜率是非负的，即 $f'(x)\geqslant 0$.

如果函数 $y=f(x)$在$[a,b]$上单调减少，那么它的图形是沿着 x 轴正向下降的曲线. 如图 3-3(b)所示，曲线上各点处的切线斜率是非正的，即 $f'(x)\leqslant 0$.

由此可见，函数的单调性与一阶导数的符号有着紧密的联系. 拉格朗日中值定理建立了函数与导数之间的联系，利用中值定理可以证明函数单调性的判别定理.

定理 1　设函数 $y=f(x)$在闭区间$[a,b]$上连续，在开区间(a,b)内可导，则有：

(1)若在(a,b)内 $f'(x)>0$，则函数 $y=f(x)$在区间(a,b)上单调增加；

(2)若在(a,b)内 $f'(x)<0$，则函数 $y=f(x)$在区间(a,b)上单调减少.

证明　在区间$[a,b]$上任取两点 x_1,x_2，不妨设 $x_1<x_2$，由已知条件得，函数 $y=f(x)$在$[x_1,x_2]$上满足拉格朗日中值定理的条件，故至少存在一点 $\xi\in(x_1,x_2)$，使得

$$f(x_2)-f(x_1)=f'(\xi)(x_2-x_1).$$

因为 $x_1<x_2$，则 $x_2-x_1>0$，若在(a,b)内 $f'(x)>0$，则 $f'(\xi)>0$，于是

$$f(x_2)-f(x_1)=f'(\xi)(x_2-x_1)>0,$$

即 $f(x_2)-f(x_1)>0$，这表明函数 $y=f(x)$在区间(a,b)上单调增加.

同理，若在(a,b)内 $f'(x)<0$，则 $f'(\xi)<0$，于是

$$f(x_2)-f(x_1)=f'(\xi)(x_2-x_1)<0,$$

即 $f(x_2)-f(x_1)<0$，这表明函数 $y=f(x)$在区间(a,b)上单调减少.

注意　定理中的闭区间$[a,b]$换成开区间或者半开半闭区间或无穷区间，结论仍然成立.

例 1　讨论函数 $y=2x^3+9x^2-24x+1$ 的单调性.

解　函数在$(-\infty,+\infty)$上有定义，

$$y'=6x^2+18x-24=6(x-1)(x+4),$$

令 $y'=0$，则 $x_1=-4, x_2=1$，这两个根把函数的定义域分成三个区间

$$(-\infty,-4),(-4,1),(1,+\infty)$$

函数在各区间上的单调性如下表所示，

x	$(-\infty,-4)$	-4	$(-4,1)$	1	$(1,+\infty)$
y'	+	0	−	0	+
y	↗		↘		↗

所以函数在 $(-\infty,-4)$ 和 $(1,+\infty)$ 内单调增加，在 $(-4,1)$ 内单调减少.

说明　通常用"↗"表示单调增加，用"↘"表示单调减少. 称使得 $f'(x)=0$ 的点为驻点.

另外，在导数不存在的点的两侧函数的单调性也可能不同，如图 3-4 中，函数 $y=\sqrt[3]{x^2}$ 在点 $x=0$ 处导数不存在，但在原点两侧的单调性却不同，因此在划分单调区间时，我们既要考虑驻点也要考虑不可导点.

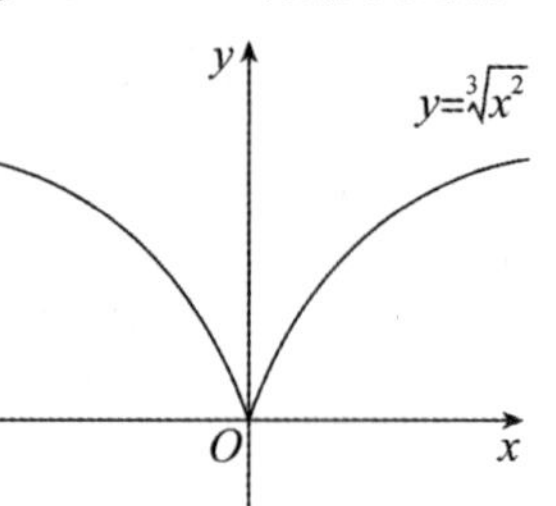

图 3-4

综上所述，**判断函数的单调区间的步骤如下：**

(1) 确定函数的定义域；

(2) 求 $f'(x)$，令 $f'(x)=0$，求出驻点，找出不可导点；

(3) 根据驻点和不可导点，将定义域划分为若干个区间，考察 $f'(x)$ 在每个区间内的正负，根据定理得出结论.

例 2　求函数 $y=(x^3-1)^{\frac{2}{3}}$ 的单调区间.

解　函数的定义域为 $(-\infty,+\infty)$，且 $y'=\frac{2}{3}\cdot(x^3-1)^{-\frac{1}{3}}\cdot 3x^2=\frac{2x^2}{\sqrt[3]{x^3-1}}$.

令 $y'=0$，得驻点 $x=0$，不可导点为 $x=1$，

函数在各区间上的单调性如下表所示，

x	$(-\infty,0)$	0	$(0,1)$	1	$(1,+\infty)$
y'	−	0	−	不存在	+
y	↘		↘		↗

所以，函数在 $(-\infty,1)$ 上单调减少，在 $(1,+\infty)$ 上单调增加.

例 3　证明：当 $x>1$ 时，$2\sqrt{x}>2-\frac{1}{x}$.

证明　令 $f(x)=2\sqrt{x}-(2-\frac{1}{x})$，则

$$f'(x)=\frac{1}{\sqrt{x}}-\frac{1}{x^2}=\frac{1}{x^2}(x\sqrt{x}-1).$$

因为 $f(x)$ 在 $[1,+\infty)$ 上连续，当 $x>1$ 时，$f'(x)>0$，

所以在 $[1,+\infty)$ 上 $f(x)$ 单调增加，从而 $f(x)>f(1)=1$，

即

$$2\sqrt{x}-(2-\frac{1}{x})>0.$$

所以当 $x>1$ 时，$2\sqrt{x}>2-\frac{1}{x}$.

3.3.2 函数的极值

我们学习了函数单调性的判断方法以后,再看如何在此基础上求函数的极值和最值.

定义 设函数 $f(x)$在点 x_0 附近有定义,若对于任一点 $x(x\neq x_0)$,恒有

(1)$f(x)<f(x_0)$,则称 $f(x_0)$是函数的极大值,并称 x_0 为极大值点;

(2)$f(x)>f(x_0)$,则称 $f(x_0)$是函数的极小值,并称 x_0 为极小值点.

函数的极大值与极小值统称为函数的极值,极大值点和极小值点统称为函数的极值点.

注意 (1)极值是一个局部概念,函数在一个区间上可能会有多个极值,且极大值未必比极小值大.如图 3-5,$f(x_0)$,$f(x_2)$均是极大值,$f(x_1)$,$f(x_3)$均是极小值.

(2)最值是针对整个定义域而言的,最值若存在,只可能有一个最大值(如 $f(x_0)$)和一个最小值(如 $f(b)$).极值与最值有本质区别,极值点只能出现在整个区间内部,不会出现在边界处,而最值可能出现在区间内部也可能出现在区间端点处.

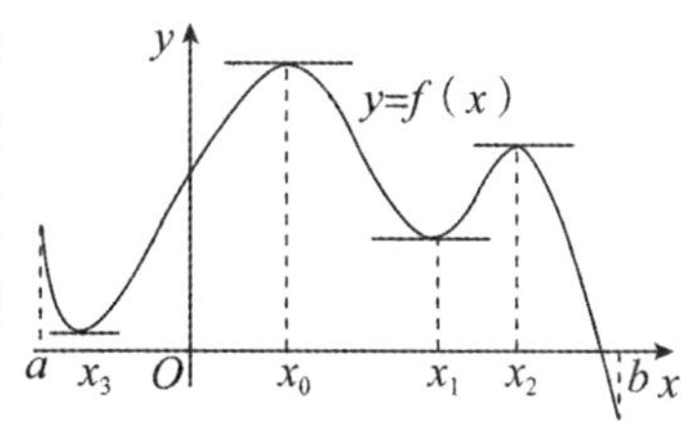

图 3-5

(3)极值点要么是驻点,要么是不可导点,但驻点和不可导点不一定是极值点.

定理 2(极值的第一充分条件) 设函数 $f(x)$在点 x_0 连续,在点 x_0 附近区域$(x\neq x_0)$内可导,则在点 x_0 左右两侧,有

(1)$f'(x)$由正变负,那么 x_0 是 $f(x)$的极大值点;

(2)$f'(x)$由负变正,那么 x_0 是 $f(x)$的极小值点;

(3)$f'(x)$不改变符号,那么 x_0 不是 $f(x)$的极值点.

直观的描述如图 3-6,证明从略.

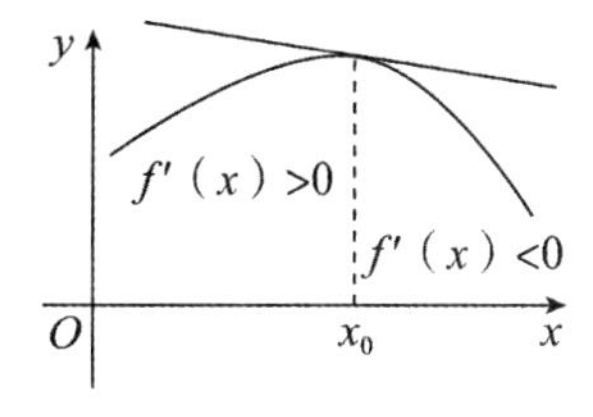

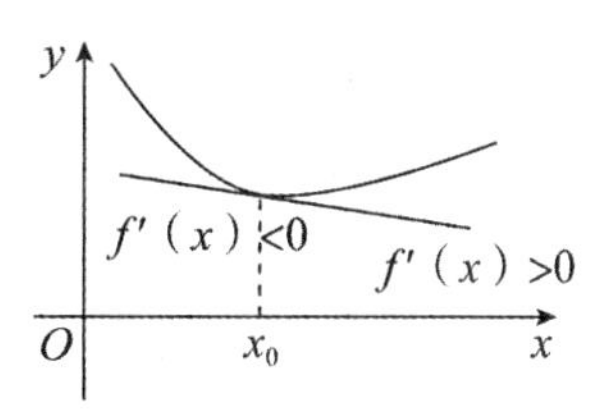

图 3-6

例 4 求函数 $f(x)=(x-4)\sqrt[3]{(x+1)^2}$ 的极值.

解 函数在$(-\infty,+\infty)$内连续,且

$$f'(x)=\sqrt[3]{(x+1)^2}+(x-4)\frac{2}{3}\frac{1}{\sqrt[3]{x+1}}=\frac{3(x+1)+2(x-4)}{3\sqrt[3]{x+1}}=\frac{5(x-1)}{3\sqrt[3]{x+1}},$$

令 $f'(x)=0$,得驻点 $x=1$,不可导点为 $x=-1$.列表分析如下:

x	$(-\infty,-1)$	-1	$(-1,1)$	1	$(1,+\infty)$
y'	+	不存在	−	0	+
y	↗	极大值 0	↘	极小值 $-3\sqrt[3]{4}$	↗

函数的极大值为 $f(-1)=0$，极小值为 $f(1)=-3\sqrt[3]{4}$.

定理 3(极值的第二充分条件)　设函数 $f(x)$ 在点 x_0 处存在二阶导数，x_0 为 $f(x)$ 的驻点，且 $f''(x_0)\neq 0$，则有

(1)如果 $f''(x_0)>0$，则点 x_0 是函数的极小值点；

(2)如果 $f''(x_0)<0$，则点 x_0 是函数的极大值点.

例 5　求函数 $f(x)=x^3+3x^2-9x+1$ 的极值.

解　函数的定义域为 $(-\infty,+\infty)$，

$f'(x)=3x^2+6x-9=3(x^2+2x-3)=3(x+3)(x-1)$，

令 $f'(x)=0$，得驻点 $x_1=-3$，$x_2=1$；

又 $f''(x)=6x+6$，

因为 $f''(-3)=6\times(-3)+6=-12<0$，所以 $x_1=-3$ 为极大值点，且极大值为 $f(-3)=28$；

又因为 $f''(1)=6\times 1+6=12>0$，所以 $x_2=1$ 为极小值点，极小值为 $f(1)=-4$.

3.3.3　函数的最大值与最小值

在工程技术、经济问题及科学实验中，常常会遇到这样一类问题：在一定条件下，怎样使“产品最多”“用料最省”“成本最低”“效率最高”等问题，这类问题在数学上有时可归结为求某一函数的最大值或最小值问题.

在第一章中，我们知道闭区间上的连续函数必存在最大值和最小值. 现在又讨论了极值的判别方法，并且知道最值可能在极值点和不可导点处取得，也可能在区间端点处取得. 因此，可用如下方法求 $f(x)$ 在 $[a,b]$ 上的最大值和最小值.

(1)求出 $f(x)$ 在 (a,b) 内的驻点及不可导点；

(2)计算 $f(x)$ 在上述驻点、不可导点以及区间端点 a、b 处的函数值；

(3)比较这些值的大小，其中最大的就是 $f(x)$ 在 $[a,b]$ 上的最大值，最小的为最小值.

例 6　求函数 $f(x)=2x^3-3x^2$ 在区间 $[-1,4]$ 上的最大值和最小值.

解　$f'(x)=6x^2-6x=6x(x-1)$，

令 $f'(x)=0$ 得驻点 $x_1=0$，$x_2=1$，

因为　$f(0)=0$，$f(1)=-1$，$f(-1)=-5$，$f(4)=80$，

所以函数的最大值为 $f(4)=80$，最小值为 $f(-1)=-5$.

例 7　某工厂生产某种商品 x 千件的成本是 $C(x)=x^3-6x^2+4x$ 万元，出售该产品 x 千件的收入是 $R(x)=19x$ 万元，求该产品生产多少件时所获得的利润最大，最大利润是多少？

解　出售 x 千件的利润是

$$L(x)=R(x)-C(x)=19x-x^3+6x^2-4x=-x^3+6x^2+15x,$$

故　$L'(x)=-3x^2+12x+15=-3(x^2-4x-5)=-3(x+1)(x-5)$，

令 $L'(x)=0$，得 $x_1=5$，$x_2=-1$(舍)，

根据实际意义，函数在 $x_1=5$ 处取得最大值，最大值为 $L(5)=100$，

所以该产品生产 5 千件时所获利润最大，最大是 100 万元.

例 8　某公司需要围建一个面积为 512 m^2 的矩形展厅，一边可以利用原有的墙壁，其他三边需要安装新的挡板，问展厅的长和宽各为多少时，才能使所用挡板最少？

解　设垂直于墙的一边长度为 x 米，则另一边长度为 $\frac{512}{x}$ 米，挡板的总长度：$y=2x+\frac{512}{x}$，

故

$$y'=2-\frac{512}{x^2},$$

令 $y'=0$ 得 $x_1=16$（$x_2=-16$ 舍去），则 $\frac{512}{x}=32$，

由实际问题可得，唯一的极值点一定是最值点，即 $x=16$ 为最小值点.

所以，当展厅的长为 32 米，宽为 16 米时所用挡板最少.

习题 3.3

1. 求下列函数的单调区间，并判定单调性.

(1) $y=2x^3-6x^2-18x+3$

(2) $y=\frac{x^2}{1+x}$

(3) $y=(x-1)(x+1)^3$

(4) $y=2x+\frac{8}{x}(x>0)$

(5) $y=2x^2-\ln x$

(6) $y=\arctan\sqrt{x}+\sqrt{x}$

2. 证明下列不等式.

(1) 当 $x>0$ 时，$1+\frac{x}{2}>\sqrt{1+x}$；

(2) 当 $0<x<\frac{\pi}{2}$ 时，$\sin x+\tan x>2x$；

(3) 当 $0<x<\frac{\pi}{2}$ 时，$\tan x>x+\frac{1}{3}x^3$；

(4) 当 $x>1$ 时，$\ln x>\frac{2(x-1)}{x+1}$.

3. 求下列函数的极值.

(1) $y=2x^3-6x^2-18x+7$

(2) $y=x-\ln(1+x)$

(3) $y=x^3+\frac{3}{x}$

(4) $y=x+\sqrt{1-x}$

(5) $y=\frac{1+3x}{\sqrt{4+5x^2}}$

(6) $y=\sqrt{2x-x^2}$

4. 求下列函数的最值.

(1) $y=x^4-8x^2+2, x\in[-1,3]$

(2) $y=x+\sqrt{1-x}, x\in[-5,1]$

(3) $y=\ln(1+x^2), x\in[1,5]$

(4) $y=\sqrt{x-x^2+2}, x\in[-1,1]$

5. 假设某企业生产的一种产品的市场需求量 Q(件)与其价格 p(万元)之间的关系为 $Q(p)=120-8p$，其总成本函数为 $C(Q)=100+5Q$，当 p 为多少时企业所获利润最大？最大利润是多少？

6. 已知某产品的需求函数为 $Q=28-2p$，总成本函数为 $C(Q)=30+2Q$，其中 Q 为销售量，p 为价格，当 p 为多少时可获得最大利润？

7. 某企业每月生产 x 吨产品的总成本为 $C(x)=\frac{1}{100}x^2+30x+900$(元)，求每月生产多少吨产品时平均成本最低？最低总成本是多少？

8. 要造一圆柱形储油罐，体积为 V，问底面半径 r 和高 h 等于多少时，才能使表面积最小？这时底面直径与高的比是多少？

3.4 函数的凹凸性和渐近线

上一节我们讨论了借助一阶导数确定函数的单调性，那能不能根据导数来判断函数图形的弯曲方向呢？我们通常把曲线的弯曲方向称为凹凸性.

3.4.1 函数的凹凸性与拐点

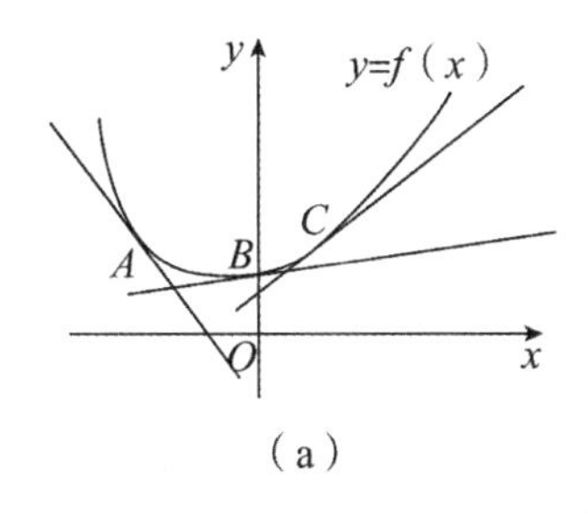

(a)

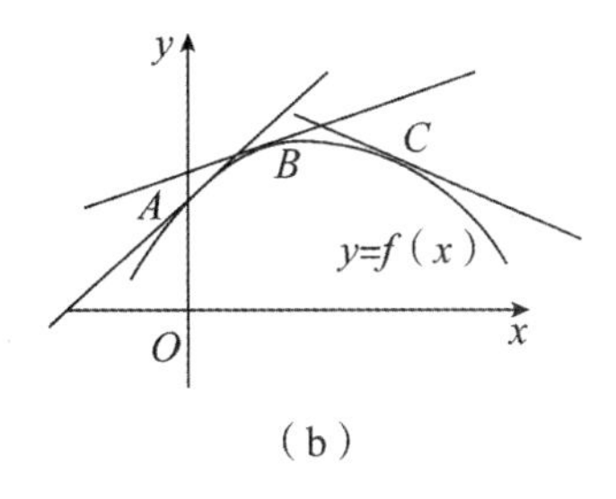

(b)

图 3-7

如图 3-7(a)，在曲线 $y=f(x)$ 上任意一点处作切线，切线均位于曲线下方；如图 3-7(b)，在曲线 $f(x)$ 上任意一点处作切线，切线均位于曲线上方. 切线与曲线的位置不同，能够反映一个函数的弯曲程度. 下面给出定义.

定义 1 **在区间 (a,b) 内，若曲线 $y=f(x)$ 的各点处的切线都位于曲线的下方，则称此曲线在 (a,b) 内是凹的；若曲线 $y=f(x)$ 的各点处的切线都位于曲线的上方，则称此曲线在 (a,b) 内是凸的.**

如图 3-7(a)所示，曲线是凹的，曲线上各点从左至右切线斜率是递增的(如 $k_A<k_B<k_C$)，即 $[f'(x)]'=f''(x)>0$；如图 3-7(b)所示，曲线是凸的，曲线上各点从左至右切线斜率是递减的(如 $k_A>k_B>k_C$)，即 $[f'(x)]'=f''(x)<0$.

因此，我们有如下的判别函数凹凸性的法则.

定理 1 **设函数 $y=f(x)$ 在区间 (a,b) 内具有二阶导数，则**

(1)如果在区间 (a,b) 内 $f''(x)>0$，则曲线 $y=f(x)$ 在 (a,b) 内是凹的；

(2)如果在区间 (a,b) 内 $f''(x)<0$，则曲线 $y=f(x)$ 在 (a,b) 内是凸的.

曲线凹与凸的分界点称为曲线的拐点. 拐点左右两侧近旁 $f''(x)$ 必然异号，并且拐点处 $f''(x)=0$ 或 $f''(x)$ 不存在. 因此，找拐点必须先求 $f''(x)=0$ 或 $f''(x)$ 不存在的点，如果该点两侧 $f''(x)$ 符号不同，那么该点一定是拐点.

例 1 求曲线 $y=3x^4-4x^3+1$ 的凹、凸区间和拐点.

解 函数的定义域为 $(-\infty,+\infty)$，$y'=12x^3-12x^2$，

$$y''=36x^2-24x=36x\left(x-\frac{2}{3}\right),$$

令 $y''=0$ 得 $x_1=0, x_2=\dfrac{2}{3}$，

x	$(-\infty,0)$	0	$(0,\frac{2}{3})$	$\frac{2}{3}$	$(\frac{2}{3},+\infty)$
y''	+	0	−	0	+
y	凹	拐点(0,1)	凸	拐点$(\frac{2}{3},\frac{11}{27})$	凹

所以函数的凹区间为$(-\infty,0)$和$(\frac{2}{3},+\infty)$，凸区间为$(0,\frac{2}{3})$，拐点为(0,1)和$(\frac{2}{3},\frac{11}{27})$.

例 2 判断曲线 $y=3(x-1)\sqrt[3]{x^5}$ 的凹凸性及拐点.

解 函数的定义域为$(-\infty,+\infty)$，$y=3x^{\frac{8}{3}}-3x^{\frac{5}{3}}$，

$y'=8x^{\frac{5}{3}}-5x^{\frac{2}{3}}$，$y''=\frac{40}{3}x^{\frac{2}{3}}-\frac{10}{3}x^{-\frac{1}{3}}=\frac{40x-10}{3\sqrt[3]{x}}$，

令 $y''=0$ 得 $x=\frac{1}{4}$，又当 $x=0$ 时，y''不存在，所以

x	$(-\infty,0)$	0	$(0,\frac{1}{4})$	$\frac{1}{4}$	$(\frac{1}{4},+\infty)$
y''	+	不存在	−	0	+
y	凹	拐点(0,0)	凸	拐点$(\frac{1}{4},-\frac{9}{16\sqrt[3]{16}})$	凹

所以函数的凹区间为$(-\infty,0)$和$(\frac{1}{4},+\infty)$，凸区间为$(0,\frac{1}{4})$；函数的拐点为$(\frac{1}{4},-\frac{9}{16\sqrt[3]{16}})$.

3.4.2 渐近线

我们知道双曲线$\frac{x^2}{a^2}-\frac{y^2}{b^2}=1$ 的渐近线有两条，分别是 $y=\frac{b}{a}x$ 和 $y=-\frac{b}{a}x$. 通过渐近线，我们很容易看出双曲线在无穷远处的伸展状况. 对于一般曲线，我们也希望能利用渐近线知道其在无穷远处的变化趋势.

定义 2 若曲线 C 上的动点 P 沿曲线无限地远离原点时，动点 P 到某一固定直线 L 的距离趋于零，则称直线 L 为曲线 C 的渐近线.

渐近线有三种类型：水平渐近线、垂直渐近线和斜渐近线，本节主要介绍前两种.

(1)**水平渐近线**：对于曲线 $y=f(x)$，若 $\lim\limits_{x\to+\infty}f(x)=A$ 或 $\lim\limits_{x\to-\infty}f(x)=A$，或$\lim\limits_{x\to\infty}f(x)=A$，则直线 $y=A$ 是曲线 $y=f(x)$的水平渐近线(平行于 x 轴)，如图 3-8(a)所示.

(2)**垂直渐近线**：对于曲线 $y=f(x)$，若 $\lim\limits_{x\to x_0^+}f(x)=\infty$或 $\lim\limits_{x\to x_0^-}f(x)=\infty$或 $\lim\limits_{x\to x_0}f(x)=\infty$ (其中的∞也可以仅是$+\infty$或是$-\infty$)，则直线 $x=x_0$ 是曲线 $y=f(x)$的垂直渐近线(垂直于 x 轴)，如图 3-8(b)所示.

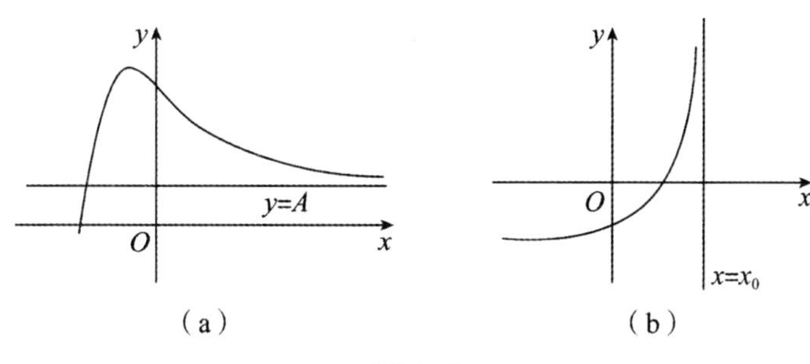

图 3-8

例 3 求曲线 $y=\dfrac{3x}{x^2+x-6}$ 的渐近线.

解 根据定义可知 $\lim\limits_{x\to\infty}\dfrac{3x}{x^2+x-6}=0$,

所以水平渐近线为 $y=0$.

又因为
$$\lim_{x\to-3}\frac{3x}{x^2+x-6}=\lim_{x\to-3}\frac{3x}{(x+3)(x-2)}=\infty,$$
$$\lim_{x\to2}\frac{3x}{x^2+x-6}=\lim_{x\to2}\frac{3x}{(x+3)(x-2)}=\infty,$$

所以垂直渐近线为 $x=-3$ 和 $x=2$.

例 4 求曲线 $y=\dfrac{2x^2}{x-3}$ 的渐近线.

解 根据定义可知 $\lim\limits_{x\to\infty}\dfrac{2x^2}{x-3}=\infty$,所以无水平渐近线.

又因为
$$\lim_{x\to3}\frac{2x^2}{x-3}=\infty,$$

所以垂直渐近线为 $x=3$.

习题 3.4

1. 求下列函数的凹凸区间和拐点.

(1) $y=x^4-6x^2+8$

(2) $y=2x^3+3x^2-12x+14$

(3) $y=\sqrt[3]{x}$

(4) $y=\frac{4x}{1-x^2}$

(5) $y=e^{x^2}$

(6) $y=\ln(x^2+1)$

2. 求下列函数的渐近线.

(1) $y=\frac{1}{x^2-4x-5}$

(2) $y=\frac{2x+1}{3x+2}$

(3) $y=\ln(1+e^x)$

(4) $y=x\ln(2+\frac{1}{x})$

3. 曲线 $y=x^4$ 是否有拐点？并说明理由.

4. 已知曲线 $y=ax^3+bx^2+cx$ 有一拐点 $(1,2)$，且在该点处斜率为 -1，求 a、b、c 的值.

5. 已知曲线 $y=ax^3+bx^2+cx+d$ 有一拐点 $(-1,7)$，且在 $x=0$ 处有极大值 5，求 a、b、c、d 的值.

6. 证明曲线 $y=x\sin x$ 的拐点在曲线 $y^2(x^2+4)=4x^2$ 上.

复习题三

一、选择题

1. 下列函数在区间$[-1,1]$上满足罗尔定理的是(　　)

A. $f(x)=x-\frac{1}{x}$　　B. $f(x)=\frac{1}{x}$　　C. $f(x)=1-x^2$　　D. $f(x)=1-|x|$

2. 在$[-1,2]$上，函数$f(x)=1-x^2$满足拉格朗日中值定理的$\xi=$(　　)

A. 0　　B. 1　　C. $\frac{1}{2}$　　D. 2

3. 函数$y=x^3+2x$在区间$[0,1]$上满足拉格朗日中值定理，则$\xi=$(　　)

A. $\pm\frac{1}{\sqrt{3}}$　　B. $\frac{1}{\sqrt{3}}$　　C. $-\frac{1}{\sqrt{3}}$　　D. $\sqrt{3}$

4. 设$f(0)=1$，且极限$\lim\limits_{x\to 0}\frac{f(x)-1}{x}$存在，则该极限为(　　)

A. 0　　B. 1　　C. $f'(0)$　　D. $f'(1)$

5. 若x_0是函数$f(x)$的极值点，则结论成立的是(　　)

A. $f'(x_0)<0$　　B. $f'(x_0)>0$

C. $f'(x_0)=0$　　D. $f'(x_0)$可能不存在

6. 函数$y=x-\arcsin x$的单减区间为(　　)

A. $(-\infty,+\infty)$　　B. $(0,+\infty)$

C. $(-\infty,0)$　　D. $(-1,1)$

7. 曲线$y=\frac{2x^2+12x-5}{(x-3)^2}$的水平渐近线为(　　)

A. $x=3$　　B. $x=0$　　C. $y=2$　　D. $y=5$

8. 曲线$y=\frac{x^2-2x+5}{x-1}$的垂直渐近线为(　　)

A. $x=1$　　B. $y=1$　　C. $x=0$　　D. $y=0$

9. 设函数$f(x)$在区间(a,b)内有连续的二阶导数，且$f'(x)<0$，$f''(x)<0$，则曲线在区间(a,b)内(　　)

A. 单调增加且凸的　　B. 单调增加且凹的

C. 单调减少且凸的　　D. 单调减少且凹的

10. 曲线$y=x^2\ln x$的拐点为(　　)

A. $x=e^{-\frac{1}{2}}$　　B. $x=e^{-\frac{3}{2}}$

C. $(e^{-\frac{1}{2}},-\frac{1}{2}^{e-1})$　　D. $(e^{-\frac{3}{2}},-\frac{3}{2}e^{-3})$

二、填空题

1. 设函数 $f(x)=x^3+5x^2-8x+1$，则函数单调增加的区间是__________，单调减少的区间为____________.

2. $\lim\limits_{x\to 0}\dfrac{(1+x)^a-1}{x}=$________.

3. 已知 $y=ax^3-x^2-x-1$ 在 $x_0=1$ 处有极小值，则 $a=$________.

4. 曲线 $y=ax^2-2bx$ 过点$(-1,3)$，且驻点为 $x=1$，则 $a=$________，$b=$________.

5. 曲线 $f(x)=2\ln\dfrac{x+3}{x}-3$ 的水平渐近线为__________.

6. 曲线 $f(x)=\dfrac{3x^2}{(x-4)^2}$ 的水平渐近线为________，垂直渐近线为________.

7. 函数 $y=x^3+ax^2+bx+c$ 的图形上有一拐点$(1,-1)$，且在点 $x=0$ 处取得极大值 1，则 $a=$________，$b=$______，$c=$______.

8. $f(x)=(x^2-1)^2+3$ 在$[-2,1]$上的最大值为______，最小值为______.

9. 函数 $f(x)=3x-x^2$ 的极值点是__________.

三、求下列函数的极限.

1. $\lim\limits_{h\to 0}\dfrac{\sqrt{x+h}-\sqrt{x}}{h}$

2. $\lim\limits_{x\to 0}\dfrac{e^x-1}{x^2-x}$

3. $\lim\limits_{x\to 0}\dfrac{\sqrt{1+x^3}-1}{x}$

4. $\lim\limits_{x\to 0}\dfrac{\tan x-x}{\sin x-x}$

5. $\lim\limits_{x\to 0}\dfrac{x-\sin x}{x^2}$

6. $\lim\limits_{x\to 0}\dfrac{x^2}{\sec x-\cos x}$

7. $\lim\limits_{x\to 0}\dfrac{e^x-x-1}{x(e^x-1)}$

8. $\lim\limits_{x\to 0}\dfrac{xe^x-\ln(1+x)}{x^2}$

9. $\lim\limits_{x\to +\infty}\dfrac{\ln(1+x^2)}{\ln(1+x)}$

10. $\lim\limits_{x\to 0}\dfrac{x-\arctan x}{x^3}$

四、利用函数的单调性证明：当 $x\neq 0$ 时，$x^2>\ln(1+x^2)$.

五、现有边长为 96 cm 的正方形纸板，将其四角各剪去一个大小相同的小正方形，折成无盖纸盒，问剪去的小正方形边长为多少时，做成的纸盒容积最大？

六、试在椭圆$\dfrac{x^2}{9}+\dfrac{y^2}{4}=1$ 上求一点 M，使它与定点$(1,0)$的距离最短.

七、某工厂每月生产某种商品的个数 x 与需要的总费用的函数关系为 $10+2x+\dfrac{x^2}{4}$（万元）.

若将这些商品以每个 9 万元售出，问每月生产多少个商品时利润最大？最大利润是多少？

第四章 不定积分

在前面的章节中，我们学习了如何求一个函数的导数问题，本章中我们将讨论它的反问题，即寻找一个函数，使它的导数等于已知函数，这是积分学的基本问题之一.

【学习目标】

1. 理解原函数与不定积分的概念，了解原函数存在定理，掌握不定积分的性质.
2. 熟练掌握不定积分的基本公式.
3. 掌握不定积分的第一类、第二类换元积分法和分部积分法.

4.1 不定积分的概念

1. 原函数与不定积分的概念

如果已知 $F'(x)=f(x)$，那么如何求 $F(x)$呢？为此引入原函数的概念.

定义 1　如果在区间 I 上，可导函数 $F(x)$的导函数为 $f(x)$，即对任一 $x\in I$，都有

$$F'(x)=f(x)\text{或 } \mathrm{d}F(x)=f(x)\mathrm{d}x,$$

那么函数 $F(x)$称为 $f(x)$在区间 I 上的一个原函数.

例如，因为$(\sin x)'=\cos x$，所以 $\sin x$ 是 $\cos x$ 的一个原函数.

定理 1　如果函数 $f(x)$在区间 I 上连续，那么在区间 I 上，存在可导函数 $F(x)$，使对任一 $x\in I$，都有

$$F'(x)=f(x).$$

简单地说，**连续函数一定有原函数.**

由于$(\sin x+3)'=(\sin x+5)'=(\sin x-6)'=\cos x$，所以 $\sin x+3$、$\sin x+5$、$\sin x-6$ 都是 $\cos x$ 的原函数. 那么 $\cos x$ 的原函数有多少个呢？

如果 $f(x)$在区间 I 上有原函数，即有一个函数 $F(x)$，使对任一 $x\in I$，都有 $F'(x)=f(x)$，那么，对任意常数 C，显然也有

$$[F(x)+C]'=f(x),$$

即函数 $F(x)+C$ 也是 $f(x)$的原函数，也就是 $f(x)$有无数多个原函数，这无数多个原函

数彼此之间差一个常数.我们把 $F(x)+C$ 叫做 $f(x)$ 的**原函数族**.

定义 2 在区间 I 上,函数 $f(x)$ 的原函数族 $F(x)+C$ 称为 $f(x)$ 的不定积分,记作

$$\int f(x)\mathrm{d}x = F(x)+C.$$

其中,$\int$ 称为积分号,$f(x)$ 称为被积函数,$f(x)\mathrm{d}x$ 称为被积表达式,x 称为积分变量,C 称为积分常数.求原函数或者不定积分的运算称为积分法.

例 1 求 $\int 2x\mathrm{d}x$.

解 因为 $(x^2)'=2x$,所以

$$\int 2x\mathrm{d}x = x^2+C.$$

2. 不定积分的性质

依据不定积分的概念,可以推得以下性质:

(1)$[\int f(x)\mathrm{d}x]' = f(x)$ 或 $\mathrm{d}\int f(x)\mathrm{d}x = f(x)\mathrm{d}x$;

(2)$\int f'(x)\mathrm{d}x = f(x)+C$ 或 $\int \mathrm{d}f(x) = \int f'(x)\mathrm{d}x = f(x)+C$;

由性质(1)和(2)可知,求导数或微分运算与求不定积分运算是互逆的.

(3)$\int [f(x)\pm g(x)]\mathrm{d}x = \int f(x)\mathrm{d}x \pm \int g(x)\mathrm{d}x$;

(4)$\int kf(x)\mathrm{d}x = k\int f(x)\mathrm{d}x$($k$ 为常数).

3. 不定积分的几何意义

函数 $f(x)$ 的原函数的图像称为 $f(x)$ 的积分曲线.由 $f(x)$ 的原函数族所确定的无数多条曲线 $y=F(x)+C$ 称为 $f(x)$ 的**积分曲线族**.在 $f(x)$ 的积分曲线族上,对应同一 x_0 的点,所有曲线都有相同的切线斜率,这就是不定积分的几何意义.如图 4-1 所示.

4. 基本积分公式

求原函数是求导的逆运算,把初等函数的导数公式反过来,就得到不定积分的基本公式:

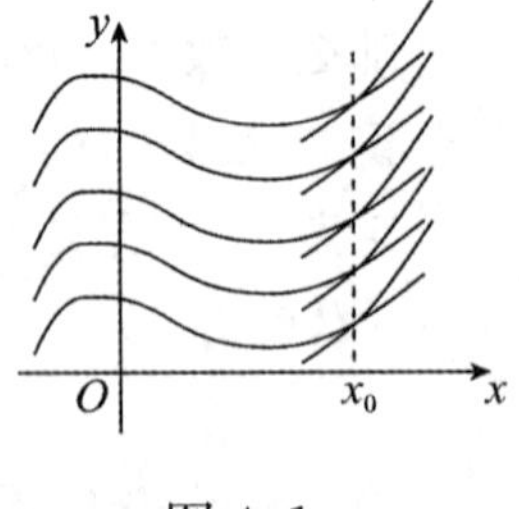

图 4-1

(1)$\int k\mathrm{d}x = kx+C$;

(2)$\int x^\alpha \mathrm{d}x = \dfrac{x^{\alpha+1}}{\alpha+1}+C(\alpha \neq -1)$;

(3)$\int \mathrm{e}^x \mathrm{d}x = \mathrm{e}^x+C$;

(4)$\int a^x \mathrm{d}x = \dfrac{1}{\ln a}a^x+C(a>0$,且 $a\neq 1)$;

(5)$\int \dfrac{1}{x}\mathrm{d}x = \ln|x|+C$;

(6) $\int \cos x \mathrm{d}x = \sin x + C$；

(7) $\int \sin x \mathrm{d}x = -\cos x + C$；

(8) $\int \sec^2 x \mathrm{d}x = \tan x + C$；

(9) $\int \csc^2 x \mathrm{d}x = -\cot x + C$；

(10) $\int \sec x \tan x \mathrm{d}x = \sec x + C$；

(11) $\int \csc x \cot x \mathrm{d}x = -\csc x + C$；

(12) $\int \frac{\mathrm{d}x}{\sqrt{1-x^2}} = \arcsin x + C = -\arccos x + C$；

(13) $\int \frac{1}{1+x^2}\mathrm{d}x = \arctan x + C = -\operatorname{arccot} x + C$.

利用基本积分公式和不定积分的性质，可求一些简单的不定积分.

例 2　求不定积分 $\int (x^2+3x-2)\mathrm{d}x$.

解　$\int (x^2+3x-2)\mathrm{d}x = \int x^2 \mathrm{d}x + 3\int x\mathrm{d}x - \int 2\mathrm{d}x = \frac{1}{3}x^3 + \frac{3}{2}x^2 - 2x + C$.

例 3　求不定积分 $\int (2x-\sin x)\mathrm{d}x$.

解　$\int (2x-\sin x)\mathrm{d}x = 2\int x\mathrm{d}x - \int \sin x\mathrm{d}x = x^2 + \cos x + C$.

例 4　求 $\int \frac{x^2}{1+x^2}\mathrm{d}x$.

解　
$$\int \frac{x^2}{1+x^2}\mathrm{d}x = \int \frac{x^2+1-1}{1+x^2}\mathrm{d}x = \int (1-\frac{1}{1+x^2})\mathrm{d}x$$
$$= \int 1\mathrm{d}x - \int \frac{1}{1+x^2}\mathrm{d}x = x - \arctan x + C.$$

例 5　求 $\int \tan^2 x\mathrm{d}x$.

解　$\int \tan^2 x\mathrm{d}x = \int (\sec^2 x - 1)\mathrm{d}x = \int \sec^2 x\mathrm{d}x - \int 1\mathrm{d}x = \tan x - x + C$.

习题 4.1

1. 求下列不定积分.

(1) $\int (x^2+\frac{1}{x})\mathrm{d}x$

(2) $\int \frac{1}{x^2\sqrt{x}}\mathrm{d}x$

(3) $\int \frac{3}{1+x^2}\mathrm{d}x$

(4) $\int 3ax^5\mathrm{d}x$

(5) $\int (\frac{1}{x^2}+\frac{1}{x^3})\mathrm{d}x$

(6) $\int \sqrt[n]{x^m}\mathrm{d}x$

(7) $\int \frac{(x+1)^2}{x}\mathrm{d}x$

(8) $\int \frac{x^2-1}{x+1}\mathrm{d}x$

2. 解答下列各题.

(1) 已知在曲线上任意一点的切线斜率为 $2x$，且曲线过点 $(1,-2)$，求该曲线方程.

(2) 一条曲线过点 $(\frac{\pi}{6},\frac{1}{2})$，且在任意一点的切线斜率为 $\cos x$，求该曲线方程.

(3) 已知质点在时刻 t 的速度为 $v=3t-2$，且 $t=0$ 时，$s=5$，求该质点的运动方程.

3. 求下列不定积分.

(1) $\int 5^x \mathrm{e}^x\mathrm{d}x$

(2) $\int \cos^2\frac{x}{2}\mathrm{d}x$

(3) $\int \frac{x^2}{1+x}\mathrm{d}x$

(4) $\int \cot^2 x\mathrm{d}x$

(5) $\int \frac{1+x+x^2}{x(1+x^2)}\mathrm{d}x$

(6) $\int \frac{(x-1)^3}{x^2}\mathrm{d}x$

(7) $\int \frac{1}{\sin^2 x\cos^2 x}\mathrm{d}x$

(8) $\int \sec x(\sec x-\tan x)\mathrm{d}x$

4.2　第一类换元积分法(凑微分)

如果不定积分$\int f(x)\mathrm{d}x$用直接积分法不易求得,但被积函数可凑成

$$f(x)=g[\varphi(x)]\varphi'(x)$$

作变量代换$u=\varphi(x)$,并注意到$\varphi'(x)\mathrm{d}x=\mathrm{d}\varphi(x)$,则可将关于变量$x$的积分转换为关于变量$u$的积分,于是有

$$\int f(x)\mathrm{d}x=\int g[\varphi(x)]\varphi'(x)\mathrm{d}x=\int g(u)\mathrm{d}u$$

如果$\int g(u)\mathrm{d}u$可以求出,不定积分$\int f(x)\mathrm{d}x$的计算问题就解决了,这就是**第一类换元积分法**,又称**凑微分法**.

定理1　设$f(u)$存在原函数,$u=\varphi(x)$可导,则有换元公式

$$\int f[\varphi(x)]\varphi'(x)\mathrm{d}x=\left[\int f(u)\mathrm{d}u\right]_{u=\varphi(x)}$$

第一类换元积分法又称凑微分法,解题过程中一般不需要作出变量代换$u=\varphi(x)$,而是把因子$\varphi(x)$看成一个整体,默记为u.

例1　求$\int 2\sin 2x\mathrm{d}x$.

分析　被积函数中把$2x$看成u,d后面要凑成u,因此相当于把系数2积分放到d后面,然后用基本公式求解.

解　$\int 2\sin 2x\mathrm{d}x=\int \sin 2x\mathrm{d}(2x)=-\cos 2x+C$.

例2　求$\int \frac{3x}{1+x^2}\mathrm{d}x$.

分析　把$1+x^2$看成u,d后面要凑成$1+x^2$,因为$\mathrm{d}(1+x^2)=2x\mathrm{d}x$,所以需要添加系数$\frac{1}{2}$.

解　$\int \frac{3x}{1+x^2}\mathrm{d}x=\frac{3}{2}\int \frac{2x}{1+x^2}\mathrm{d}x=\frac{3}{2}\int \frac{1}{1+x^2}\mathrm{d}(1+x^2)=\frac{3}{2}\ln(1+x^2)+C$.

例3　求$\int 2x\mathrm{e}^{-x^2}\mathrm{d}x$.

解　因为$(-x^2)'=-2x$,所以

$$\int 2x\mathrm{e}^{-x^2}\mathrm{d}x=-\int \mathrm{e}^{-x^2}\mathrm{d}(-x^2)=-\mathrm{e}^{-x^2}+C.$$

例4　求$\int x\cos(1+2x^2)\mathrm{d}x$.

解　把$1+2x^2$看成u,$1+2x^2$的导数为$4x$,因此把x化为$4x$积分凑到d后面再调整系数,即

$$\int x\cos(1+2x^2)\mathrm{d}x=\frac{1}{4}\int\cos(1+2x^2)\mathrm{d}(1+2x^2)=\frac{1}{4}\sin(1+2x^2)+C.$$

三角函数的问题,通常需要借助同角三角函数的关系式、倍角公式等来解决,需要根据题目的特点选择合适的公式,下面举几个例子说明.

例 5 求$\int\cos^2x\mathrm{d}x$.

解 $$\int\cos^2x\mathrm{d}x=\int\frac{1+\cos2x}{2}\mathrm{d}x=\frac{1}{2}\left(\int1\mathrm{d}x+\int\cos2x\mathrm{d}x\right)$$
$$=\frac{1}{2}\int1\mathrm{d}x+\frac{1}{4}\int\cos2x\mathrm{d}(2x)=\frac{1}{2}x+\frac{1}{4}\sin2x+C.$$

例 6 求$\int\tan x\mathrm{d}x$.

解 $$\int\tan x\mathrm{d}x=\int\frac{\sin x}{\cos x}\mathrm{d}x=-\int\frac{1}{\cos x}\mathrm{d}(\cos x)=-\ln|\cos x|+C.$$

类似地可得:$\int\cot x\mathrm{d}x=\ln|\sin x|+C$.

例 7 求$\int\sin^5x\cos x\mathrm{d}x$.

解 $$\int\sin^5x\cos x\mathrm{d}x=\int\sin^5x\mathrm{d}(\sin x)=\frac{1}{6}\sin^6x+C.$$

例 8 求$\int\tan^3x\sec x\mathrm{d}x$.

解 $$\int\tan^3x\sec x\mathrm{d}x=\int\tan^2x\tan x\sec x\mathrm{d}x$$
$$=\int\tan^2x\mathrm{d}\sec x=\int(\sec^2x-1)\mathrm{d}\sec x$$
$$=\frac{1}{3}\sec^3x-\sec x+C.$$

例 9 求$\int\frac{\cos x}{\sin x+\cos x}\mathrm{d}x$.

解 $$\int\frac{\cos x}{\sin x+\cos x}\mathrm{d}x=\frac{1}{2}\int\frac{(\sin x+\cos x)+(\cos x-\sin x)}{\sin x+\cos x}\mathrm{d}x$$
$$=\frac{1}{2}\left(\int\mathrm{d}x+\int\frac{\mathrm{d}(\sin x+\cos x)}{\sin x+\cos x}\right)$$
$$=\frac{1}{2}(x+\ln|\sin x+\cos x|)+C.$$

例 10 求$\int\sin3x\sin5x\mathrm{d}x$.

解 利用三角函数的积化和差公式:$2\sin\alpha\sin\beta=\cos(\alpha-\beta)-\cos(\alpha+\beta)$

得 $$\int\sin3x\sin5x\mathrm{d}x=\frac{1}{2}\int(\cos2x-\cos8x)\mathrm{d}x$$
$$=\frac{1}{4}\int\cos2x\mathrm{d}2x-\frac{1}{16}\int\cos8x\mathrm{d}8x$$
$$=\frac{1}{4}\sin2x-\frac{1}{16}\sin8x+C.$$

例 11　求$\int \frac{1}{1+2e^x}dx$.

解　$\int \frac{1}{1+2e^x}dx = \int \frac{1+2e^x-2e^x}{1+2e^x}dx = \int 1dx - \int \frac{2e^x}{1+2e^x}dx$

$$= \int 1dx - \int \frac{d(1+2e^x)}{1+2e^x} = x - \ln(1+2e^x) + C.$$

例 12　求$\int \frac{1}{x(1+3\ln x)}dx$.

解　$\int \frac{1}{x(1+3\ln x)}dx = \frac{1}{3}\int \frac{1}{1+3\ln x}d(1+3\ln x)$

$$= \frac{1}{3}\ln|1+3\ln x| + C.$$

例 13　求$\int \frac{1}{\sqrt{9-x^2}}dx$.

解　$\int \frac{1}{\sqrt{9-x^2}}dx = \int \frac{1}{3\sqrt{1-(\frac{x}{3})^2}}dx = \int \frac{d(\frac{x}{3})}{\sqrt{1-(\frac{x}{3})^2}} = \arcsin\frac{x}{3} + C.$

例 14　求$\int \frac{1}{4+x^2}dx$.

解　$\int \frac{1}{4+x^2}dx = \frac{1}{4}\int \frac{1}{1+(\frac{x}{2})^2}dx = \frac{1}{2}\int \frac{d(\frac{x}{2})}{1+(\frac{x}{2})^2} = \frac{1}{2}\arctan\frac{x}{2} + C.$

例 15　求$\int \sqrt{\frac{\arccos x}{1-x^2}}dx$.

解　$\int \sqrt{\frac{\arccos x}{1-x^2}}dx = -\int \sqrt{\arccos x}\,d(\arccos x) = -\frac{2}{3}\sqrt{(\arccos x)^3} + C.$

总之，在求不定积分时，应多观察被积函数的结构，看跟哪个基本公式相似，尽量通过凑微分的方法求解.

习题 4.2

1. 利用凑微分法求下列不定积分.

(1) $\int \frac{1}{3x+4}\mathrm{d}x$ (2) $\int \sqrt{1+2x}\,\mathrm{d}x$

(3) $\int \mathrm{e}^{5t}\,\mathrm{d}t$ (4) $\int \cos^3 x\,\mathrm{d}x$

(5) $\int x\mathrm{e}^{-x^2}\,\mathrm{d}x$ (6) $\int \frac{x}{\sqrt{2-3x^2}}\mathrm{d}x$

(7) $\int x\cos x^2\,\mathrm{d}x$ (8) $\int \frac{3x^3}{1-x^4}\mathrm{d}x$

(9) $\int \frac{x}{\sqrt{4-9x^2}}\mathrm{d}x$ (10) $\int x\sqrt{x^2+1}\,\mathrm{d}x$

(11) $\int \frac{1}{x^2}\sin\frac{1}{x}\mathrm{d}x$ (12) $\int \frac{\ln x}{x}\mathrm{d}x$

(13) $\int \sin x\cos^2 x\,\mathrm{d}x$ (14) $\int \frac{\sin\sqrt{x}}{\sqrt{x}}\mathrm{d}x$

(15) $\int \frac{\arctan x}{1+x^2}\mathrm{d}x$ (16) $\int \tan x\sec^2 x\,\mathrm{d}x$

2. 利用凑微分法求下列不定积分.

(1) $\int \frac{\cos x}{1+\sin x}\mathrm{d}x$ (2) $\int \frac{\mathrm{e}^x}{1+2\mathrm{e}^x}\mathrm{d}x$

(3) $\int \frac{x}{1-x^2}\mathrm{d}x$ (4) $\int \frac{1}{1-x^2}\mathrm{d}x$

(5) $\int \frac{1}{a^2-x^2}\mathrm{d}x$ (6) $\int \frac{x-3}{1+x^2}\mathrm{d}x$

(7) $\int \frac{1}{a^2+x^2}\mathrm{d}x$ (8) $\int \frac{x+1}{x^2+2x+5}\mathrm{d}x$

(9) $\int \frac{1}{x\ln x\ln\ln x}\mathrm{d}x$ (10) $\int \frac{\mathrm{d}x}{x(1+x^2)}$

(11) $\int \frac{(3\ln x+2)^4}{x}\mathrm{d}x$ (12) $\int \tan^3 x\sec x\,\mathrm{d}x$

3. 利用凑微分法求下列不定积分.

(1) $\int \frac{f'(x)}{\sqrt{f(x)}}\mathrm{d}x$ (2) $\int \frac{1}{\sin x}\mathrm{d}x$

(3) $\int \frac{1}{1+\cos x}\mathrm{d}x$ (4) $\int \frac{\ln\tan x}{\cos x\sin x}\mathrm{d}x$

(5) $\int \frac{1}{\sqrt{x}\cdot\sqrt{1+\sqrt{x}}}\mathrm{d}x$ (6) $\int \sec^6 x\,\mathrm{d}x$

4.3　第二类换元积分法(变量代换法)

4.3.1　变量代换的概念

在求不定积分时,如果被积函数中没有合适的因子凑微分,可通过变量代换法解决,例如$\int\sqrt{4-x^2}\,\mathrm{d}x$就不能用凑微分法求解,我们可以通过代换$x=2\sin t$把根式去掉,然后再求解.一般地,对于积分$\int f(x)\,\mathrm{d}x$选择适当的代换,使得

$$\int f(x)\,\mathrm{d}x=\int f[\varphi(t)]\varphi'(t)\,\mathrm{d}t$$

的右端比较容易找到原函数.

定理1　**设$x=\varphi(t)$是单调的可导函数,并且$\varphi'(t)\neq 0$,又设$f[\varphi(t)]\varphi'(t)$具有原函数,则有换元公式**

$$\int f(x)\,\mathrm{d}x=\left[\int f[\varphi(t)]\varphi'(t)\,\mathrm{d}t\right]_{t=\varphi^{-1}(x)},$$

其中,$\varphi^{-1}(x)$是$x=\varphi(t)$的反函数.

4.3.2　三角代换

例1　求$\int\sqrt{a^2-x^2}\,\mathrm{d}x(a>0)$.

解　这个积分含有根式$\sqrt{a^2-x^2}$,可以利用三角函数公式$\sin^2t+\cos^2t=1$来化去根式.设$x=a\sin t,t\in(-\frac{\pi}{2},\frac{\pi}{2})$,则$\mathrm{d}x=a\cos t\mathrm{d}t$,且

$$\sqrt{a^2-x^2}=\sqrt{a^2-a^2\sin^2t}=a\cos t,$$

于是,所求积分为

$$\begin{aligned}\int\sqrt{a^2-x^2}\,\mathrm{d}x&=\int a\cos t\cdot a\cos t\mathrm{d}t=a^2\int\cos^2t\mathrm{d}t\\&=a^2\int\frac{1+\cos2t}{2}\mathrm{d}t=a^2(\frac{t}{2}+\frac{1}{4}\sin2t)+C.\end{aligned}$$

由于$x=a\sin t,t\in(-\frac{\pi}{2},\frac{\pi}{2})$,所以

$$\sin t=\frac{x}{a},t=\arcsin\frac{x}{a}.$$

作辅助三角形(如图4-2),得$\cos t=\frac{\sqrt{a^2-x^2}}{a}$,

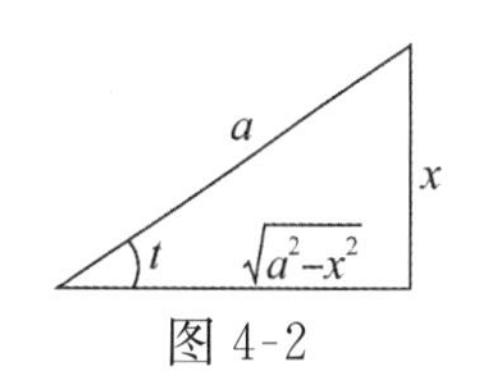

图4-2

所以$\int\sqrt{a^2-x^2}\,\mathrm{d}x=a^2(\frac{1}{2}\arcsin\frac{x}{a}+\frac{1}{2}\cdot\frac{x}{a}\cdot\frac{\sqrt{a^2-x^2}}{a})+C$

$$= \frac{a^2}{2}\arcsin\frac{x}{a} + \frac{x\sqrt{a^2-x^2}}{2} + C.$$

例 2 求$\int\frac{\mathrm{d}x}{\sqrt{x^2+a^2}}(a>0)$.

解 和上题类似,可以利用三角函数公式 $1+\tan^2 t=\sec^2 t$ 来化去根式.

设 $x=a\tan t, t\in(-\frac{\pi}{2},\frac{\pi}{2})$,则 $\mathrm{d}x=a\sec^2 t\mathrm{d}t$,且

$$\sqrt{x^2+a^2}=\sqrt{a^2\tan^2 t+a^2}=a\sqrt{\tan^2 t+1}=a\sec t,$$

于是,所求积分为

$$\int\frac{\mathrm{d}x}{\sqrt{x^2+a^2}}=\int\frac{a\sec^2 t}{a\sec t}\mathrm{d}t=\int\sec t\mathrm{d}t$$

$$=\int\frac{\sec t(\sec t+\tan t)}{\sec t+\tan t}\mathrm{d}t=\int\frac{\sec^2 t+\sec t\tan t}{\sec t+\tan t}\mathrm{d}t$$

$$=\int\frac{\mathrm{d}(\tan t+\sec t)}{\tan t+\sec t}=\ln(\tan t+\sec t)+C.$$

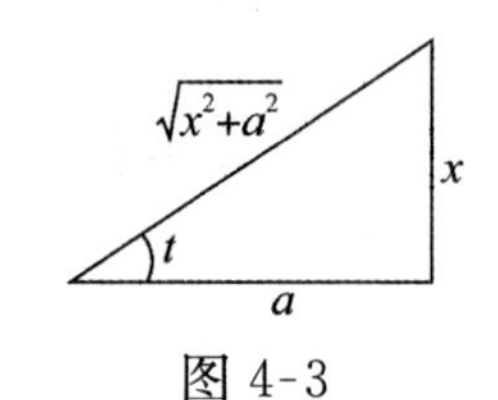

图 4-3

由 $x=a\tan t, t\in(-\frac{\pi}{2},\frac{\pi}{2})$,得 $\tan t=\frac{x}{a}$,

作辅助三角形(如图 4-3),得 $\sec t=\frac{\sqrt{a^2+x^2}}{a}$,

所以

$$\int\frac{\mathrm{d}x}{\sqrt{x^2+a^2}}=\ln(\frac{x}{a}+\frac{\sqrt{a^2+x^2}}{a})+C_1=\ln(x+\sqrt{a^2+x^2})+C,$$

其中,$C=C_1-\ln a$.

例 3 求$\int\frac{\mathrm{d}x}{\sqrt{x^2-a^2}}(a>0)$.

解 利用公式 $\sec^2 t-1=\tan^2 t$.

当 $x>a$ 时,设 $x=a\sec t, t\in(0,\frac{\pi}{2})$,则 $\mathrm{d}x=a\sec t\tan t\mathrm{d}t$,

$$\sqrt{x^2-a^2}=\sqrt{a^2\sec^2 t-a^2}=a\sqrt{\sec^2 t-1}=a\tan t,$$

于是,$\int\frac{\mathrm{d}x}{\sqrt{x^2-a^2}}=\int\frac{a\sec t\tan t}{a\tan t}\mathrm{d}t=\int\sec t\mathrm{d}t$

$$=\ln(\sec t+\tan t)+C_1.$$

根据 $\sec t=\frac{x}{a}$ 作辅助三角形(如图 4-4),得

$$\tan t=\frac{\sqrt{x^2-a^2}}{a},$$

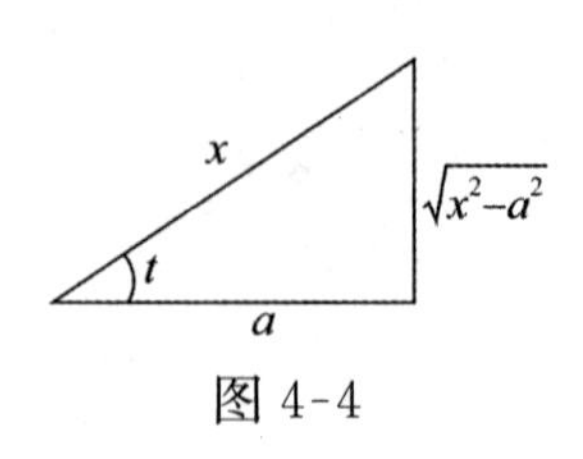

图 4-4

因此
$$\int\frac{\mathrm{d}x}{\sqrt{x^2-a^2}}=\ln(\frac{x}{a}+\frac{\sqrt{x^2-a^2}}{a})+C_1$$

$$= \ln(x + \sqrt{x^2 - a^2}) + C.$$

其中，$C = C_1 - \ln a$.

当 $x < -a$ 时，令 $x = -u$，那么 $u > a$. 由上段结果，有

$$\int \frac{dx}{\sqrt{x^2 - a^2}} = -\int \frac{du}{\sqrt{u^2 - a^2}} = -\ln(u + \sqrt{u^2 - a^2}) + C_1$$

$$= -\ln(-x + \sqrt{x^2 - a^2}) + C_1 = \ln \frac{1}{-x + \sqrt{x^2 - a^2}} + C_1$$

$$= \ln \frac{-x - \sqrt{x^2 - a^2}}{a^2} + C_1 = \ln(-x - \sqrt{x^2 - a^2}) + C,$$

其中，$C = C_1 - 2\ln a$.

把 $x > a$ 及 $x < -a$ 的结果合起来，可写作

$$\int \frac{dx}{\sqrt{x^2 - a^2}} = \ln\left| x + \sqrt{x^2 - a^2} \right| + C.$$

总结　从上面的三个例子可以看出：

(1) 如果被积函数含有 $\sqrt{a^2 - x^2}$，可以作代换 $x = a\sin t$ 或 $x = a\cos t$；

(2) 如果被积函数含有 $\sqrt{x^2 + a^2}$，可以作代换 $x = a\tan t$ 或 $x = a\cot t$；

(3) 如果被积函数含有 $\sqrt{x^2 - a^2}$，可以作代换 $x = a\sec t$ 或 $x = a\csc t$.

但是具体解题时要分析被积函数的具体情况，选取尽可能简捷的代换，不要拘泥于上述的变量代换.（如 4.2 例 13、例 15）

常用的积分公式，还有如下九个：

(14) $\int \tan x dx = -\ln|\cos x| + C$；

(15) $\int \cot x dx = \ln|\sin x| + C$；

(16) $\int \sec x dx = \ln|\sec x + \tan x| + C$；

(17) $\int \csc x dx = \ln|\csc x - \cot x| + C$；

(18) $\int \frac{dx}{a^2 + x^2} = \frac{1}{a}\arctan \frac{x}{a} + C$；

(19) $\int \frac{dx}{x^2 - a^2} = \frac{1}{2a}\ln\left|\frac{x - a}{x + a}\right| + C$；

(20) $\int \frac{dx}{\sqrt{a^2 - x^2}} = \arcsin \frac{x}{a} + C$；

(21) $\int \frac{dx}{\sqrt{x^2 + a^2}} = \ln(x + \sqrt{x^2 + a^2}) + C$；

(22) $\int \frac{dx}{\sqrt{x^2 - a^2}} = \ln(x + \sqrt{x^2 - a^2}) + C$.

例 4 求$\int \frac{\mathrm{d}x}{\sqrt{4x^2+9}}$.

解 $\int \frac{\mathrm{d}x}{\sqrt{4x^2+9}} = \int \frac{\mathrm{d}x}{\sqrt{(2x)^2+3^2}} = \frac{1}{2}\int \frac{\mathrm{d}(2x)}{\sqrt{(2x)^2+3^2}}$,

利用公式(21) 得$\int \frac{\mathrm{d}x}{\sqrt{4x^2+9}} = \frac{1}{2}\ln(2x+\sqrt{4x^2+9})+C$.

4.3.3 有理代换

当被积函数中含有 x 的 n 次根式 $\sqrt[n]{ax+b}$ 时,一般可以作代换 $t=\sqrt[n]{ax+b}$ 来去掉根式,从而求得积分,这种代换称为**有理代换**.

例 5 求$\int \frac{\mathrm{d}x}{3+\sqrt{x-1}}$.

解 令 $t=\sqrt{x-1}$,则 $x=t^2+1$,$\mathrm{d}x=2t\mathrm{d}t$,则

$$\begin{aligned}\int \frac{\mathrm{d}x}{3+\sqrt{x-1}} &= \int \frac{1}{3+t}\cdot 2t\mathrm{d}t = 2\int \frac{t+3-3}{3+t}\mathrm{d}t \\ &= 2\int 1\mathrm{d}t - 6\int \frac{\mathrm{d}t}{3+t} = 2t-6\ln(3+t)+C \\ &= 2\sqrt{x-1}-6\ln(3+\sqrt{x-1})+C.\end{aligned}$$

例 6 求$\int \frac{\mathrm{d}x}{\sqrt{x}-\sqrt[3]{x}}$.

解 令 $t=\sqrt[6]{x}$,则 $x=t^6$(可代换掉两个根式),$\mathrm{d}x=6t^5\mathrm{d}t$,得

$$\begin{aligned}\int \frac{\mathrm{d}x}{\sqrt{x}-\sqrt[3]{x}} &= \int \frac{6t^5}{t^3-t^2}\mathrm{d}t = 6\int \frac{t^3}{t-1}\mathrm{d}t = 6\int \frac{t^3-1+1}{t-1}\mathrm{d}t \\ &= 6\int (t^2+t+1)\mathrm{d}t + 6\int \frac{1}{t-1}\mathrm{d}t \\ &= 2t^3+3t^2+6t+6\ln|t-1|+C \\ &= 2\sqrt{x}+3\sqrt[3]{x}+6\sqrt[6]{x}+6\ln|\sqrt[6]{x}-1|+C.\end{aligned}$$

习题 4.3

1. 求下列不定积分.

(1) $\int \frac{x^2}{\sqrt{1-x^2}}dx$

(2) $\int \frac{\sqrt{1-x^2}}{x}dx$

(3) $\int \frac{1}{\sqrt{(1-x^2)^3}}dx$

(4) $\int \frac{1}{x\sqrt{1+x^2}}dx$

(5) $\int \frac{1}{x\sqrt{x^2-1}}dx$

(6) $\int \frac{\sqrt{x^2-9}}{x}dx$

2. 求下列不定积分.

(1) $\int \frac{1}{1+\sqrt{2x}}dx$

(2) $\int \frac{\sqrt{x-1}}{x}dx$

(3) $\int \frac{x\mathrm{d}x}{(3-x)^7}$

(4) $\int \frac{\mathrm{d}x}{(x^2+1)^{\frac{3}{2}}}$

(5) $\int \frac{x^3+1}{(x^2+1)^2}dx$

(6) $\int \frac{1-x}{\sqrt{9-4x^2}}dx$

4.4 分部积分法

前面我们在复合函数求导法则的基础上，得到了换元积分法. 现在我们利用两个函数乘积的求导法则，来推得另一个求积分的基本方法 —— 分部积分法.

设函数 $u=u(x)$ 及 $v=v(x)$ 具有连续导数，则两个函数乘积的导数公式为

$$(uv)'=u'v+uv',$$

移项，得

$$uv'=(uv)'-u'v,$$

对这个等式两边求不定积分，得

$$\int uv'\mathrm{d}x=uv-\int u'v\mathrm{d}x,$$

即

$$\int u\mathrm{d}v=uv-\int v\mathrm{d}u,$$

这就是分部积分公式.

如果求$\int uv'\mathrm{d}x$ 有困难，而求$\int u'v\mathrm{d}x$ 比较容易时，可以用分部积分公式.

分部积分公式适合以下几种情形，我们举例说明.

1. 被积函数为幂函数与指数函数或者正(余) 弦函数的乘积

如果被积函数是幂函数和指数函数或幂函数和正(余) 弦函数的乘积，考虑用分部积分法，并设幂函数为 u，其余函数积分放到 d 的后面. 这样用一次分部积分法就可以使幂函数的幂指数降低一次. 这里假定幂指数是正整数.

例 1 求$\int x\mathrm{e}^x\mathrm{d}x$.

解 设 $u=x,\mathrm{d}v=\mathrm{e}^x\mathrm{d}x$，则

$$\begin{aligned}\int x\mathrm{e}^x\mathrm{d}x&=\int x\mathrm{d}\mathrm{e}^x=x\mathrm{e}^x-\int\mathrm{e}^x\mathrm{d}x\\&=x\mathrm{e}^x-\mathrm{e}^x+C.\end{aligned}$$

例 2 求$\int x\sin x\mathrm{d}x$.

解
$$\begin{aligned}\int x\sin x\mathrm{d}x&=\int x\mathrm{d}(-\cos x)\\&=x(-\cos x)+\int\cos x\mathrm{d}x=-x\cos x+\sin x+C.\end{aligned}$$

例 3 求$\int x^2\mathrm{e}^{3x}\mathrm{d}x$.

解
$$\begin{aligned}\int x^2\mathrm{e}^{3x}\mathrm{d}x&=\frac{1}{3}\int x^2\mathrm{d}\mathrm{e}^{3x}=\frac{1}{3}(x^2\mathrm{e}^{3x}-\int\mathrm{e}^{3x}\mathrm{d}x^2)\\&=\frac{1}{3}x^2\mathrm{e}^{3x}-\frac{2}{3}\int\mathrm{e}^{3x}x\mathrm{d}x=\frac{1}{3}x^2\mathrm{e}^{3x}-\frac{2}{9}\int x\mathrm{d}\mathrm{e}^{3x}\\&=\frac{1}{3}x^2\mathrm{e}^{3x}-\frac{2}{9}(x\mathrm{e}^{3x}-\int\mathrm{e}^{3x}\mathrm{d}x)\\&=\frac{1}{3}x^2\mathrm{e}^{3x}-\frac{2}{9}x\mathrm{e}^{3x}+\frac{2}{27}\mathrm{e}^{3x}+C=\frac{\mathrm{e}^{3x}}{3}(x^2-\frac{2}{3}x+\frac{2}{9})+C.\end{aligned}$$

例 4 求$\int(x^2-1)\cos x\mathrm{d}x$.

解 $\int(x^2-1)\cos x\mathrm{d}x=\int(x^2-1)\mathrm{d}\sin x$

$$=(x^2-1)\sin x-\int\sin x\mathrm{d}(x^2-1)$$

$$=(x^2-1)\sin x-2\int x\sin x\mathrm{d}x$$

$$=(x^2-1)\sin x+2\int x\mathrm{d}\cos x$$

$$=(x^2-1)\sin x+2x\cos x-2\int\cos x\mathrm{d}x$$

$$=(x^2-1)\sin x+2x\cos x-2\sin x+C.$$

2. 被积函数为幂函数与对数函数或者反三角函数的乘积

如果被积函数是幂函数和对数函数或幂函数和反三角函数的乘积，考虑用分部积分法，并设对数函数或者反三角函数为 u，其余函数积分放到 d 后面.

例 5 求$\int x\ln x\mathrm{d}x$.

解 $\int x\ln x\mathrm{d}x=\int\ln x\mathrm{d}\frac{x^2}{2}=\frac{x^2}{2}\ln x-\int\frac{x^2}{2}\mathrm{d}\ln x$

$$=\frac{x^2}{2}\ln x-\int\frac{x^2}{2}\frac{1}{x}\mathrm{d}x=\frac{x^2}{2}\ln x-\frac{1}{2}\int x\mathrm{d}x$$

$$=\frac{x^2}{2}\ln x-\frac{1}{4}x^2+C.$$

例 6 求$\int x\arctan x\mathrm{d}x$.

解 $\int x\arctan x\mathrm{d}x=\frac{1}{2}\int\arctan x\mathrm{d}x^2$

$$=\frac{x^2}{2}\arctan x-\frac{1}{2}\int x^2\mathrm{d}\arctan x$$

$$=\frac{x^2}{2}\arctan x-\frac{1}{2}\int\frac{x^2}{1+x^2}\mathrm{d}x$$

$$=\frac{x^2}{2}\arctan x-\frac{1}{2}\int\frac{1+x^2-1}{1+x^2}\mathrm{d}x$$

$$=\frac{x^2}{2}\arctan x-\frac{1}{2}\int(1-\frac{1}{1+x^2})\mathrm{d}x$$

$$=\frac{x^2}{2}\arctan x-\frac{1}{2}(x-\arctan x)+C$$

$$=\frac{1}{2}(x^2+1)\arctan x-\frac{1}{2}x+C.$$

例 7 求$\int \arccos x\mathrm{d}x$.

解
$$\int \arccos x\mathrm{d}x = x\arccos x - \int x\mathrm{d}\arccos x$$
$$= x\arccos x + \int \frac{x}{\sqrt{1-x^2}}\mathrm{d}x$$
$$= x\arccos x - \frac{1}{2}\int \frac{1}{\sqrt{1-x^2}}\mathrm{d}(1-x^2)$$
$$= x\arccos x - \sqrt{1-x^2} + C.$$

此例说明当被积函数只有对数函数或反三角函数时,把对数函数或反三角函数看成 u,把 d 后面的自变量看成 v,直接套用分部积分公式即可求解.

3. 指数函数与正(余)弦函数的乘积

如果被积函数是指数函数与正(余)弦函数的乘积,考虑用分部积分法,设哪个函数为 u 都可以,但两次要设同一类函数为 u.

例 8 求$\int \mathrm{e}^x\sin x\mathrm{d}x$.

解法一
$$\int \mathrm{e}^x\sin x\mathrm{d}x = \int \sin x\mathrm{d}\mathrm{e}^x = \mathrm{e}^x\sin x - \int \mathrm{e}^x\mathrm{d}\sin x \qquad \text{(设三角函数为 } u\text{)}$$
$$= \mathrm{e}^x\sin x - \int \mathrm{e}^x\cos x\mathrm{d}x$$
$$= \mathrm{e}^x\sin x - \int \cos x\mathrm{d}\mathrm{e}^x \qquad \text{(仍然设三角函数为 } u\text{)}$$
$$= \mathrm{e}^x\sin x - \mathrm{e}^x\cos x + \int \mathrm{e}^x\mathrm{d}\cos x$$
$$= \mathrm{e}^x\sin x - \mathrm{e}^x\cos x - \int \mathrm{e}^x\sin x\mathrm{d}x,$$

由于上式的第三项就是所求积分,把它移到等式左端,解得
$$\int \mathrm{e}^x\sin x\mathrm{d}x = \frac{1}{2}\mathrm{e}^x(\sin x - \cos x) + C.$$

解法二
$$\int \mathrm{e}^x\sin x\mathrm{d}x = -\int \mathrm{e}^x\mathrm{d}\cos x = -\mathrm{e}^x\cos x + \int \cos x\mathrm{d}\mathrm{e}^x \qquad \text{(设指数函数为 } u\text{)}$$
$$= -\mathrm{e}^x\cos x + \int \mathrm{e}^x\cos x\mathrm{d}x$$
$$= -\mathrm{e}^x\cos x + \int \mathrm{e}^x\mathrm{d}\sin x \qquad \text{(仍设指数函数为 } u\text{)}$$
$$= -\mathrm{e}^x\cos x + \mathrm{e}^x\sin x - \int \sin x\mathrm{e}^x\mathrm{d}x,$$

移项,解得
$$\int \mathrm{e}^x\sin x\mathrm{d}x = \frac{1}{2}\mathrm{e}^x(\sin x - \cos x) + C.$$

例 9 求$\int e^{2x}\sin 3x\mathrm{d}x$.

解 $$\begin{aligned}\int e^{2x}\sin 3x\mathrm{d}x &= \frac{1}{2}\int \sin 3x\mathrm{d}e^{2x}\\ &= \frac{1}{2}e^{2x}\sin 3x-\frac{1}{2}\int e^{2x}\mathrm{d}\sin 3x\\ &= \frac{1}{2}e^{2x}\sin 3x-\frac{3}{2}\int e^{2x}\cos 3x\mathrm{d}x\\ &= \frac{1}{2}e^{2x}\sin 3x-\frac{3}{4}\int \cos 3x\mathrm{d}e^{2x}\\ &= \frac{1}{2}e^{2x}\sin 3x-\frac{3}{4}e^{2x}\cos 3x+\frac{3}{4}\int e^{2x}\mathrm{d}\cos 3x\\ &= \frac{1}{2}e^{2x}\sin 3x-\frac{3}{4}e^{2x}\cos 3x-\frac{9}{4}\int e^{2x}\sin 3x\mathrm{d}x,\end{aligned}$$

移项,得 $\frac{13}{4}\int e^{2x}\sin 3x\mathrm{d}x=\frac{1}{2}e^{2x}\sin 3x-\frac{3}{4}e^{2x}\cos 3x$,

所以

$$\int e^{2x}\sin 3x\mathrm{d}x=\frac{2}{13}e^{2x}\sin 3x-\frac{3}{13}e^{2x}\cos 3x+C.$$

4. 被积函数由某些复合函数构成

被积函数是由三角函数、反三角函数、对数函数等函数构成的复合函数,可以考虑直接用公式.

例 10 求$\int \cos\ln x\mathrm{d}x$.

解 $$\begin{aligned}\int \cos\ln x\mathrm{d}x &= x\cos\ln x-\int x\mathrm{d}\cos\ln x\\ &= x\cos\ln x+\int x\cdot\sin\ln x\cdot\frac{1}{x}\mathrm{d}x\\ &= x\cos\ln x+\int \sin\ln x\mathrm{d}x\\ &= x\cos\ln x+x\sin\ln x-\int x\mathrm{d}\sin\ln x\\ &= x\cos\ln x+x\sin\ln x-\int x\cdot\cos\ln x\cdot\frac{1}{x}\mathrm{d}x\\ &= x\cos\ln x+x\sin\ln x-\int \cos\ln x\mathrm{d}x,\end{aligned}$$

移项,解得

$$\int \cos\ln x\mathrm{d}x=\frac{1}{2}x(\sin\ln x+\cos\ln x)+C.$$

例 11 求$\int \ln(x+\sqrt{1+x^2})\mathrm{d}x$.

解 $\int \ln(x+\sqrt{1+x^2})\mathrm{d}x=x\ln(x+\sqrt{1+x^2})-\int x\mathrm{d}\ln(x+\sqrt{1+x^2})$

$$= x\ln(x+\sqrt{1+x^2}) - \int x \cdot \frac{1+\dfrac{2x}{2\sqrt{1+x^2}}}{x+\sqrt{1+x^2}}\mathrm{d}x$$

$$= x\ln(x+\sqrt{1+x^2}) - \int \frac{x}{\sqrt{1+x^2}}\mathrm{d}x$$

$$= x\ln(x+\sqrt{1+x^2}) - \frac{1}{2}\int \frac{1}{\sqrt{1+x^2}}\mathrm{d}x(1+x^2)$$

$$= x\ln(x+\sqrt{1+x^2}) - \sqrt{1+x^2} + C.$$

在积分的过程中往往要兼用换元积分法和分部积分法，如下例：

例 12 求$\int \mathrm{e}^{\sqrt{x}}\mathrm{d}x$.

解 令$\sqrt{x}=t$，则 $x=t^2$，$\mathrm{d}x=2t\mathrm{d}t$，于是

$$\int \mathrm{e}^{\sqrt{x}}\mathrm{d}x = 2\int t\mathrm{e}^t\mathrm{d}t = 2\int t\mathrm{d}\mathrm{e}^t$$

$$= 2t\mathrm{e}^t - 2\int \mathrm{e}^t\mathrm{d}t = 2t\mathrm{e}^t - 2\mathrm{e}^t + C$$

$$= 2\mathrm{e}^t(t-1) + C = 2\mathrm{e}^{\sqrt{x}}(\sqrt{x}-1) + C.$$

习题 4.4

1. 求下列不定积分.

(1) $\int x\sin x\,\mathrm{d}x$

(2) $\int x\mathrm{e}^{-x}\,\mathrm{d}x$

(3) $\int \ln x\,\mathrm{d}x$

(4) $\int x^2\ln x\,\mathrm{d}x$

(5) $\int \arcsin x\,\mathrm{d}x$

(6) $\int \arctan x\,\mathrm{d}x$

(7) $\int \frac{\ln x}{\sqrt{x}}\mathrm{d}x$

(8) $\int x\cos 3x\,\mathrm{d}x$

2. 求下列不定积分.

(1) $\int x\cos\frac{x}{2}\mathrm{d}x$

(2) $\int x\arctan x\,\mathrm{d}x$

(3) $\int \ln^2 x\,\mathrm{d}x$

(4) $\int x\sin x\cos x\,\mathrm{d}x$

(5) $\int \mathrm{e}^{-x}\cos x\,\mathrm{d}x$

(6) $\int \mathrm{e}^{x}\sin^2 x\,\mathrm{d}x$

3. 求下列不定积分.

(1) $\int \sin\ln x\,\mathrm{d}x$

(2) $\int \sin x\ln\tan x\,\mathrm{d}x$

(3) $\int \ln(x+\sqrt{a+x^2})\,\mathrm{d}x$

(4) $\int x\arcsin x\,\mathrm{d}x$

(5) $\int \frac{x\ln(x+\sqrt{1+x^2})}{\sqrt{1+x^2}}\mathrm{d}x$

(6) $\int \frac{\ln(1+x)}{\sqrt{x}}\mathrm{d}x$

复习题四

一、选择题

1. 如果$\int \mathrm{d}f(x)=\int \mathrm{d}g(x)$，则下列各式中不一定成立的是(　　)

A. $f(x)=g(x)$　　B. $f'(x)=g'(x)$

C. $\mathrm{d}f(x)=\mathrm{d}g(x)$　　D. $\mathrm{d}\int f'(x)\mathrm{d}x=\mathrm{d}\int g'(x)\mathrm{d}x$

2. $\mathrm{d}(\int a^{x^2-3x}\mathrm{d}x)=$(　　)

A. a^{x^2-3x}　　B. $a^{x^2-3x}(2x-3)\ln a\mathrm{d}x$

C. $a^{x^2-3x}\mathrm{d}x$　　D. $a^{x^2-3x}+C$

3. 设$a>0$，则$\int \frac{1}{\sqrt{a^2-x^2}}\mathrm{d}x=$(　　)

A. $\arctan x+1$　　B. $\arctan x+C$

C. $\arcsin \frac{x}{a}+1$　　D. $\arcsin \frac{x}{a}+C$

4. 若$\int f(x)\mathrm{d}x=F(x)+C$，则$\int \sin x f(\cos x)\mathrm{d}x=$(　　)

A. $F(\sin x)+C$　　B. $-F(\sin x)+C$

C. $F(\cos x)+C$　　D. $-F(\cos x)+C$

5. 若$\int f(x)\mathrm{e}^{-\frac{1}{x}}\mathrm{d}x=-\mathrm{e}^{-\frac{1}{x}}+C$，则$f(x)$为(　　)

A. $-\frac{1}{x}$　　B. $-\frac{1}{x^2}$　　C. $\frac{1}{x}$　　D. $\frac{1}{x^2}$

二、填空题

1. $\int \cos^3 x\mathrm{d}x=$________.

2. $\int \frac{1}{\sqrt{x}}\mathrm{e}^{\sqrt{x}}\mathrm{d}x=$________.

3. $\int x\ln(1+x^2)\mathrm{d}x=$________.

4. $\int x^3\mathrm{e}^{x^2}\mathrm{d}x=$________.

5. 设$f(x)=\mathrm{e}^{-x}$，则$\int \frac{f'(\ln x)}{x}\mathrm{d}x=$________.

6. $\int \frac{\mathrm{e}^x}{2+\mathrm{e}^x}\mathrm{d}x=$________.

7. $\int xf(x^2)f'(x^2)\mathrm{d}x=$________.

8. $\int \frac{\ln x - 1}{x^2}\mathrm{d}x =$ ________.

9. 已知$\int f(x)\mathrm{d}x = x^2 \mathrm{e}^{2x} + C$,则 $f(x) =$ ________.

10. 若$\int f(x)\mathrm{d}x = \sqrt{x} + C$,则$\int x^2 f(1 - x^3)\mathrm{d}x =$ ________.

三、求下列不定积分.

1. $\int \frac{\ln\ln x}{x}\mathrm{d}x$

2. $\int \frac{1 + \cos x}{x + \sin x}\mathrm{d}x$

3. $\int x \cos^2 x\mathrm{d}x$

4. $\int \frac{x + (\arctan x)^2}{1 + x^2}\mathrm{d}x$

5. $\int \ln(1 + x)\mathrm{d}x$

6. $\int \frac{x + \ln^3 x}{(x\ln x)^2}\mathrm{d}x$

7. $\int \arctan\sqrt{x}\,\mathrm{d}x$

8. $\int \tan^4 x\mathrm{d}x$

9. $\int \frac{x}{\sqrt{2 - 3x^2}}\mathrm{d}x$

10. $\int (\arcsin x)^2\mathrm{d}x$

四、求下列各组函数的不定积分,并比较积分方法.

1. $\int \sin x\mathrm{d}x, \int \sin^2 x\mathrm{d}x, \int \sin^3 x\mathrm{d}x, \int \sin^4 x\mathrm{d}x$;

2. $\int \cos x\mathrm{d}x, \int \cos^2 x\mathrm{d}x, \int \cos^3 x\mathrm{d}x, \int \cos^4 x\mathrm{d}x$;

3. $\int \tan x\mathrm{d}x, \int \tan^2 x\mathrm{d}x, \int \tan^3 x\mathrm{d}x, \int \tan^4 x\mathrm{d}x$;

4. $\int \sec x\mathrm{d}x, \int \sec^2 x\mathrm{d}x, \int \sec^3 x\mathrm{d}x, \int \sec^4 x\mathrm{d}x$;

5. $\int \mathrm{e}^x\mathrm{d}x, \int x\mathrm{e}^x\mathrm{d}x, \int x\mathrm{e}^{x^2}\mathrm{d}x$;

6. $\int \sqrt{a^2 - x^2}\mathrm{d}x, \int \sqrt{a^2 + x^2}\mathrm{d}x, \int \sqrt{x^2 - a^2}\mathrm{d}x, \int x\sqrt{x^2 - a^2}\mathrm{d}x$;

7. $\int \frac{1}{1 + x^2}\mathrm{d}x, \int \frac{x}{1 + x^2}\mathrm{d}x, \int \frac{x^2}{1 + x^2}\mathrm{d}x, \int \frac{x^3}{1 + x^2}\mathrm{d}x, \int \frac{x^4}{1 + x^2}\mathrm{d}x$;

8. $\int \frac{1}{x^2 + 2x + 2}\mathrm{d}x, \int \frac{x}{x^2 + 2x + 2}\mathrm{d}x, \int \frac{x^2}{x^2 + 2x + 2}\mathrm{d}x$.

第五章 定积分及其应用

【学习目标】

1. 理解定积分的概念与几何意义，了解可积的条件.
2. 掌握定积分的基本性质.
3. 理解积分上限函数，会求它的导数，掌握牛顿—莱布尼茨公式.
4. 掌握定积分的换元积分法与分部积分法.
5. 会利用定积分计算平面图形的面积，会利用定积分求解简单的应用问题.

5.1 定积分的概念与性质

引例 曲边梯形的面积

在直角坐标系中，设 $y=f(x)$ 在区间$[a,b]$上连续，且 $f(x)>0$，由曲线 $y=f(x)$、直线 $x=a$ 和 $x=b$ 以及 x 轴(即 $y=0$) 所围成的平面图形称为曲边梯形(如图 5-1). 该如何计算该曲边梯形的面积 A?

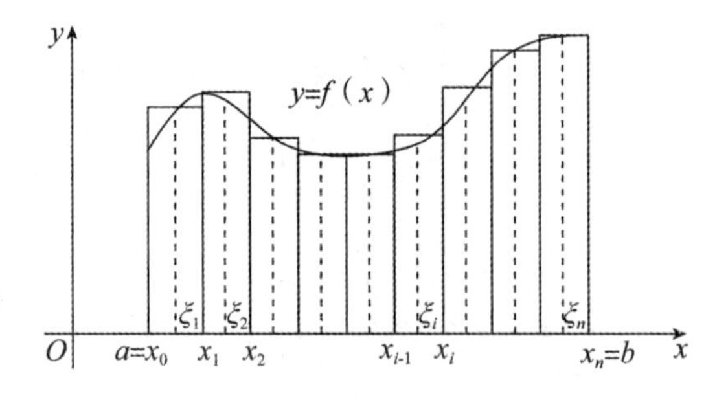

图 5-1

首先将曲边梯形分割成若干个小曲边梯形，考虑到 $f(x)$ 的连续性，当自变量变化很小时，函数值的变化也很小，所以小曲边梯形的面积可以用小矩形的面积近似代替，把这些小矩形的面积累加起来，就得到曲边梯形的近似值.

显然，分割越细，所求出的面积的近似程度就越高，无限分下去，每一个小曲边梯形的底边长度都趋近于零，这时所有小矩形面积和的极限就是所求曲边梯形的面积.

根据以上分析，可按照以下四个步骤计算曲边梯形面积.

(1) 分割　将曲边梯形分割为 n 个小曲边梯形

在区间$[a,b]$中任意插入 $n-1$ 个分点，即 $a=x_0<x_1<x_2<\cdots<x_{n-1}<x_n=b$，把区间$[a,b]$分成$n$个小区间$[x_0,x_1]$，$[x_1,x_2]$，$\cdots$，$[x_{n-1},x_n]$，每个小区间的长度为$\Delta x_i=x_i-x_{i-1}$，记$\lambda=\max\{\Delta x_1,\Delta x_2,\cdots,\Delta x_n\}$，过每一分点作平行于 y 轴的直线段，将曲边梯形分成 n 个小曲边梯形，面积分别记为 ΔA_i.

(2) 近似　用小矩形面积近似代替小曲边梯形面积

在每个小区间$[x_{i-1},x_i]$上任取一点ξ_i，则可近似用长为Δx_i、高为$f(\xi_i)$的小矩形面积代替小曲边梯形的面积，即

$$\Delta A_i\approx f(\xi_i)\Delta x_i.$$

(3) 求和　把每个小矩形的面积相加即可得到整个曲边梯形面积的近似值

$$A=\sum_{i=1}^{n}\Delta A_i\approx\sum_{i=1}^{n}f(\xi_i)\Delta x_i.$$

(4) 取极限　曲边梯形面积的近似值的极限就是精确值

为了保证所有小区间的长度都无限缩小，我们要求小区间长度中间最大者趋于零，即$\lambda\to 0$，则曲边梯形面积的精确值为

$$A=\lim_{\lambda\to 0}\sum_{i=1}^{n}f(\xi_i)\Delta x_i.$$

5.1.1　定积分的概念

1. 定积分的定义

定义 1　**设函数 $f(x)$ 在$[a,b]$上有定义，在$[a,b]$中任意插入若干个分点 $a=x_0<x_1<x_2<\cdots<x_{n-1}<x_n=b$ 把区间$[a,b]$分成 n 个小区间，每个小区间的长度记为 Δx_i，在每个小区间$[x_{i-1},x_i]$上任取一点 ξ_i，作函数值 $f(\xi_i)$ 与小区间长度 Δx_i 的乘积 $f(\xi_i)\Delta x_i$，并作和 $\sum\limits_{i=1}^{n}f(\xi_i)\Delta x_i$. 记$\lambda=\max\{\Delta x_1,\Delta x_2,\cdots,\Delta x_n\}$. 如果当 $\lambda\to 0$ 时，这个和的极限总存在，且与闭区间$[a,b]$的分法及 ξ_i 的取法无关，那么称这个极限 I 为函数 $f(x)$ 在区间$[a,b]$上的定积分(又称为 $f(x)$ 在$[a,b]$上可积)，记作$\int_a^b f(x)\mathrm{d}x$，即**

$$\int_a^b f(x)\mathrm{d}x=I=\lim_{\lambda\to 0}\sum_{i=1}^{n}f(\xi_i)\Delta x_i.$$

其中，$f(x)$ 称为被积函数，$f(x)\mathrm{d}x$ 称为被积表达式，x 称为积分变量，a 称为积分下限，b 称为积分上限，$[a,b]$ 称为积分区间.

根据定积分的定义，引例中曲边梯形的面积可以用定积分表示为 $A=\int_a^b f(x)\mathrm{d}x$.

注意　(1) 定积分是一个数值，这个值取决于被积函数和积分区间，而与积分变量用什么字母无关. 即$\int_a^b f(x)\mathrm{d}x=\int_a^b f(t)\mathrm{d}t=\int_a^b f(u)\mathrm{d}u$.

(2) 我们规定,当 $a=b$ 时,$\int_a^b f(x)\mathrm{d}x=0$;当 $a<b$ 时,$\int_a^b f(x)\mathrm{d}x=-\int_b^a f(x)\mathrm{d}x$.

2. 定积分存在的条件

定理 1 **若 $f(x)$ 在区间 $[a,b]$ 上连续,则 $f(x)$ 在 $[a,b]$ 上可积.**

定理 2 **若 $f(x)$ 在 $[a,b]$ 上有界,且只有有限个间断点(第一类间断点),则 $f(x)$ 在 $[a,b]$ 上可积.**

5.1.2 定积分的几何意义

在求曲边梯形的面积中,如果 $f(x)>0$,图形在 x 轴上方,积分值为正,有 $\int_a^b f(x)\mathrm{d}x=A$.

如果 $f(x)\leqslant 0$,图形在 x 轴下方,积分值为负,定积分 $\int_a^b f(x)\mathrm{d}x$ 代表该面积的负值,即有 $\int_a^b f(x)\mathrm{d}x=-A$.

如果 $f(x)$ 在区间 $[a,b]$ 上有正有负时,则积分值就等于曲线在 x 轴上方部分面积与 x 轴下方部分面积的代数和,如图 5-2 所示,有

$$\int_a^b f(x)\mathrm{d}x=A_1-A_2+A_3$$

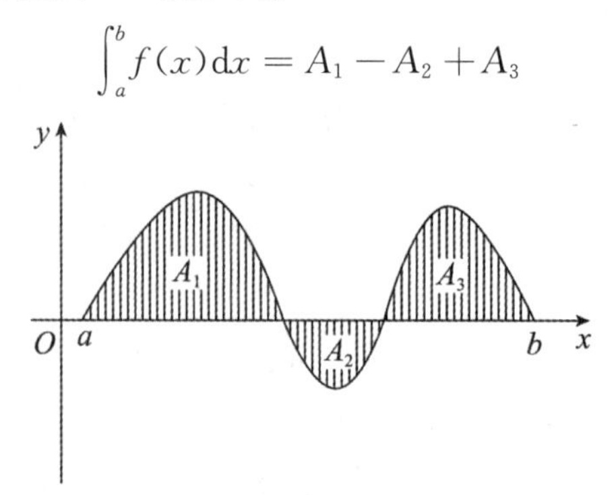

图 5-2

例 1 用定积分的定义计算 $\int_0^1 x^2\mathrm{d}x$.

解 因为被积函数在区间 $[0,1]$ 上连续,故可积.由于定积分与区间的分割及点的取法无关,依照定积分的定义,我们把区间 $[0,1]$ 分成 n 等份,分点为 $x_i=\frac{i}{n}(i=1,2,\cdots,n-1)$,每个小区间长度均为 $\Delta x_i=\frac{1}{n}(i=1,2,\cdots,n)$,取每个小区间的右端点 $\frac{i}{n}$ 为 $\xi_i(i=1,2,\cdots,n)$,作乘积 $f(\xi_i)\Delta x_i=\left(\frac{i}{n}\right)^2\frac{1}{n}$.则

$$\begin{aligned}\sum_{i=1}^{n}f(\xi_i)\Delta x_i&=\sum_{i=1}^{n}\left(\frac{i}{n}\right)^2\frac{1}{n}=\sum_{i=1}^{n}\frac{i^2}{n^3}=\frac{1}{n^3}(1^2+2^2+\cdots+n^2)\\&=\frac{1}{n^3}\times\frac{1}{6}n(n+1)(2n+1)=\frac{1}{6}\left(1+\frac{1}{n}\right)\left(2+\frac{1}{n}\right),\end{aligned}$$

当 $\lambda=\frac{1}{n}\to 0$ 时，得 $\int_0^1 x^2\mathrm{d}x=\lim\limits_{n\to\infty}\frac{1}{6}(1+\frac{1}{n})(2+\frac{1}{n})=\frac{1}{3}$.

例 2　如图 5-3 至图 5-5，根据定积分的几何意义，直接写出下列积分的值.

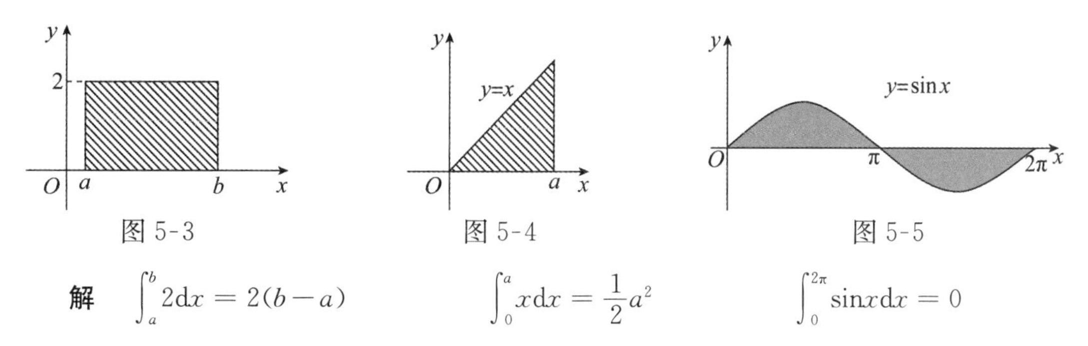

图 5-3　　图 5-4　　图 5-5

解　$\int_a^b 2\mathrm{d}x=2(b-a)$　　$\int_0^a x\mathrm{d}x=\frac{1}{2}a^2$　　$\int_0^{2\pi}\sin x\mathrm{d}x=0$

5.1.3　定积分的性质

设函数 $f(x),g(x)$ 在区间 $[a,b](a<b)$ 上可积，则定积分具有以下性质：

性质 1　函数的和、差的定积分等于定积分的和、差，即

$$\int_a^b[f(x)\pm g(x)]\mathrm{d}x=\int_a^b f(x)\mathrm{d}x\pm\int_a^b g(x)\mathrm{d}x.$$

性质 2　被积函数中的常数因子可以提到积分号的前面，即

$$\int_a^b kf(x)\mathrm{d}x=k\int_a^b f(x)\mathrm{d}x(k\text{ 为常数}).$$

性质 3　定积分对于积分区间具有可加性，即如 $a<c<b$，则

$$\int_a^b f(x)\mathrm{d}x=\int_a^c f(x)\mathrm{d}x+\int_c^b f(x)\mathrm{d}x.$$

不仅如此，当 $c<a<b$(或 $a<b<c$) 时，上式仍然成立.

性质 4　如果在区间 $[a,b]$ 上 $f(x)\equiv 1$，那么

$$\int_a^b 1\mathrm{d}x=\int_a^b\mathrm{d}x=b-a.$$

性质 5　如果 $f(x)\geqslant 0$，则 $\int_a^b f(x)\mathrm{d}x\geqslant 0$.

推论 1　如果在区间 $[a,b]$ 上恒有 $f(x)\leqslant g(x)$，则 $\int_a^b f(x)\mathrm{d}x\leqslant\int_a^b g(x)\mathrm{d}x$.

推论 2　$\left|\int_a^b f(x)\mathrm{d}x\right|\leqslant\int_a^b|f(x)|\mathrm{d}x$.

性质 6(定积分估值定理)　设 M 及 m 是函数 $f(x)$ 在区间 $[a,b]$ 上的最大值和最小值，则

$$m(b-a)\leqslant\int_a^b f(x)\mathrm{d}x\leqslant M(b-a).$$

性质 7(定积分中值定理)　如果函数 $f(x)$ 在区间 $[a,b]$ 上连续，那么至少存在一点 $\xi\in$

$[a,b]$,使$\int_a^b f(x)\mathrm{d}x = f(\xi)(b-a)$.(如图 5-6 所示)

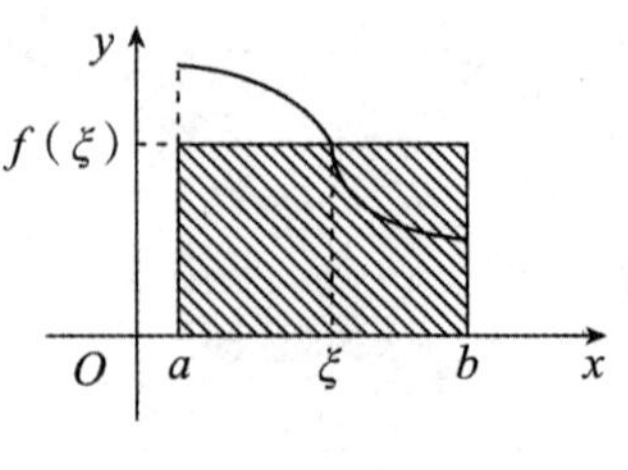

图 5-6

例 3 估计积分$\int_{\frac{\pi}{4}}^{\frac{5\pi}{4}}(1+\sin^2 x)\mathrm{d}x$的值.

解 在区间$[\frac{\pi}{4},\frac{5\pi}{4}]$上,$1\leqslant 1+\sin^2 x\leqslant 2$,$b-a=\frac{5\pi}{4}-\frac{\pi}{4}=\pi$,所以

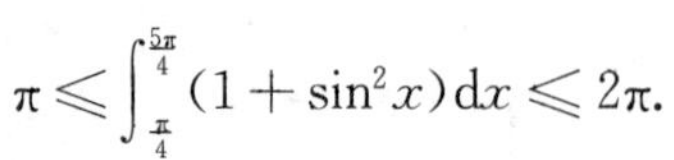

$$\pi\leqslant\int_{\frac{\pi}{4}}^{\frac{5\pi}{4}}(1+\sin^2 x)\mathrm{d}x\leqslant 2\pi.$$

例 4 试比较下列积分的大小.

(1) $\int_0^1 x\mathrm{d}x$ 与 $\int_0^1 x^2\mathrm{d}x$ (2) $\int_2^3 x^2\mathrm{d}x$ 与 $\int_2^3 x^3\mathrm{d}x$

解 (1) 因为 $0\leqslant x\leqslant 1$,所以 $x>x^2$,故$\int_0^1 x\mathrm{d}x>\int_0^1 x^2\mathrm{d}x$.

(2) 因为 $2\leqslant x\leqslant 3$,所以 $x^2<x^3$,故$\int_2^3 x^2\mathrm{d}x<\int_2^3 x^3\mathrm{d}x$.

习题 5.1

1. 由定积分的几何意义求值.

(1) $\int_0^{\pi}\cos x\mathrm{d}x$　　(2) $\int_{-2}^{2}\sqrt{4-x^2}\,\mathrm{d}x$

2. 估计下列定积分的值.

(1) $\int_0^1 2\mathrm{e}^x\,\mathrm{d}x$　　(2) $\int_1^3(x^3+1)\mathrm{d}x$

(2) $\int_1^2\frac{1}{1+x^2}\mathrm{d}x$　　(4) $\int_0^{\frac{\pi}{2}}(1+\cos^4 x)\mathrm{d}x$

3. 试比较定积分的大小.

(1) $\int_0^{\pi}\sin x\mathrm{d}x$ ________ $\int_0^{\pi}\cos x\mathrm{d}x$　　(2) $\int_1^2\ln x\mathrm{d}x$ ________ $\int_1^2\ln^2 x\mathrm{d}x$

4. 若 $f(x)$ 在区间$[3,5]$上是连续的,且$\int_3^4 f(x)\mathrm{d}x=2$ 和$\int_3^5 f(x)\mathrm{d}x=6$,求$\int_4^5 f(x)\mathrm{d}x$ 的值.

5. 证明:$\frac{2}{\mathrm{e}^4}\leqslant\int_0^2\mathrm{e}^{-x^2}\,\mathrm{d}x\leqslant 2$.

5.2 微积分基本定理

5.2.1 积分上限函数及其导数

设 $f(x)$ 在区间$[a,b]$上连续，则对$[a,b]$上的任意一点 x，$f(x)$ 在$[a,x]$上连续，因此 $f(x)$ 在$[a,x]$上可积，即积分$\int_a^x f(x)\mathrm{d}x$ 存在. 又因为定积分与积分变量无关，所以可用 t 表示积分变量，即$\int_a^x f(t)\mathrm{d}t$. 当 x 在区间$[a,b]$变动时，对应于每个取定的 x 值，积分$\int_a^x f(x)\mathrm{d}x$ 必有唯一确定的对应值，因此它是一个定义在$[a,b]$上的函数，记作:$\Phi(x)$，即 $\Phi(x)=\int_a^x f(t)\mathrm{d}t$.

$\Phi(x)$ 称为积分上限函数(也称变上限的积分). 几何意义如图 5-7，对 x 的每一个取值，$\Phi(x)$ 都表示一块平面区域的面积，所以又叫面积函数.

定理 1　设 $f(x)$ 在闭区间$[a,b]$上连续，则积分上限函数 $\Phi(x)=\int_a^x f(t)\mathrm{d}t$ 在其上可导，且

$$\Phi'(x)=\frac{\mathrm{d}}{\mathrm{d}x}\left[\int_a^x f(t)\mathrm{d}t\right]=f(x).$$

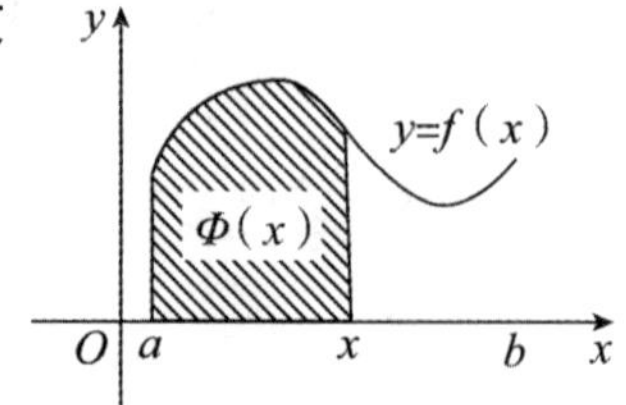

图 5-7

定理 2　设 $\varphi(x)$ 在$[a,b]$上可导，$f(\varphi(x))$ 在$[a,b]$上连续，则在$[a,b]$上

$$\frac{\mathrm{d}}{\mathrm{d}x}\left[\int_a^{\varphi(x)} f(t)\mathrm{d}t\right]=f[\varphi(x)]\varphi'(x).$$

证明　(略)　可通过复合函数求导法则求证.

例 1　求$\dfrac{\mathrm{d}}{\mathrm{d}x}\int_a^x \sin t^2\mathrm{d}t$.

解　$\dfrac{\mathrm{d}}{\mathrm{d}x}\int_a^x \sin t^2\mathrm{d}t=\sin x^2$.

例 2　求$\dfrac{\mathrm{d}}{\mathrm{d}x}\int_x^2 \ln t\mathrm{d}t$.

解　$\dfrac{\mathrm{d}}{\mathrm{d}x}\int_x^2 \ln t\mathrm{d}t=\dfrac{\mathrm{d}}{\mathrm{d}x}\left(-\int_2^x \ln t\mathrm{d}t\right)=-\dfrac{\mathrm{d}}{\mathrm{d}x}\int_2^x \ln t\mathrm{d}t=-\ln x$.

例 3　求$\dfrac{\mathrm{d}}{\mathrm{d}x}\int_1^{x^2} \dfrac{\mathrm{e}^t}{t}\mathrm{d}t$.

解　$\dfrac{\mathrm{d}}{\mathrm{d}x}\int_1^{x^2} \dfrac{\mathrm{e}^t}{t}\mathrm{d}t=\dfrac{\mathrm{e}^{x^2}}{x^2}\cdot(x^2)'=\dfrac{2\mathrm{e}^{x^2}}{x}$.

例 4　求$\dfrac{\mathrm{d}}{\mathrm{d}x}\int_{x^2}^{x^3} \dfrac{1}{1+t}\mathrm{d}t$.

解　$\dfrac{\mathrm{d}}{\mathrm{d}x}\int_{x^2}^{x^3} \dfrac{1}{1+t}\mathrm{d}t=\dfrac{\mathrm{d}}{\mathrm{d}x}\left(\int_{x^2}^{0} \dfrac{1}{1+t}\mathrm{d}t+\int_0^{x^3} \dfrac{1}{1+t}\mathrm{d}t\right)$

$$= \frac{\mathrm{d}}{\mathrm{d}x}\left(\int_0^{x^3} \frac{1}{1+t}\mathrm{d}t - \int_0^{x^2} \frac{1}{1+t}\mathrm{d}t\right)$$

$$= \frac{1}{1+x^3} \cdot (x^3)' - \frac{1}{1+x^2} \cdot (x^2)'$$

$$= \frac{3x^2}{1+x^3} - \frac{2x}{1+x^2}.$$

例 5　若$\int_1^x f(t)\mathrm{d}t = x^2 + \ln x - 1$，求 $f(x)$.

解　对等式两边求导，得

$$f(x) = 2x + \frac{1}{x}.$$

例 6　求极限$\lim\limits_{x \to 0} \frac{\int_1^{\cos x} \mathrm{e}^{t^2}\mathrm{d}t}{x^2}$.

解　由洛必达法则得$\lim\limits_{x \to 0} \frac{\int_1^{\cos x} \mathrm{e}^{t^2}\mathrm{d}t}{x^2} = \lim\limits_{x \to 0} \frac{\mathrm{e}^{(\cos x)^2}(-\sin x)}{2x}$

$= \lim\limits_{x \to 0} \frac{\sin x}{x} \cdot \lim\limits_{x \to 0}\left(\frac{-\mathrm{e}^{\cos^2 x}}{2}\right) = 1 \cdot \frac{-\mathrm{e}^{\cos^2 0}}{2} = -\frac{\mathrm{e}}{2}$.

5.2.2　牛顿－莱布尼茨公式

定理 3　**设 $f(x)$ 在闭区间$[a,b]$上连续，如果 $F(x)$ 是 $f(x)$ 在$[a,b]$上的一个原函数，则**

$$\int_a^b f(x)\mathrm{d}x = F(b) - F(a).$$

证明　$F(x)$ 是连续函数 $f(x)$ 的一个原函数，根据定理 1 可知，积分上限的函数

$$\Phi(x) = \int_a^x f(t)\mathrm{d}t \text{ 也是 } f(x) \text{ 的一个原函数，}$$

于是这两个原函数之差 $F(x) - \Phi(x)$ 在区间$[a,b]$上必定是某一个常数 C，即

$$F(x) - \Phi(x) = C(a \leqslant x \leqslant b),$$

得到

$$\Phi(x) = \int_a^x f(t)\mathrm{d}t = F(x) + C.$$

令 $x = a$，得$\int_a^a f(t)\mathrm{d}t = F(a) + C$，即 $0 = F(a) + C$，得 $C = -F(a)$；

令 $x = b$，得$\int_a^b f(t)\mathrm{d}t = F(b) + C$，即$\int_a^b f(t)\mathrm{d}t = F(b) - F(a)$.

为方便起见，该公式还可以写成

$$\int_a^b f(x)\mathrm{d}x = F(x)\big|_a^b \quad \text{或} \int_a^b f(x)\mathrm{d}x = [F(x)]_a^b.$$

该公式就是著名的牛顿－莱布尼茨公式，又称为微积分基本公式.

它表明：一个连续函数 $f(x)$ 在区间$[a,b]$上的定积分等于它的任一原函数 $F(x)$ 在区间$[a,b]$上的增量. 揭示了定积分与不定积分之间的内在关系，即连续函数定积分的计算可转化为不定积分的计算.

例 7 计算 5.1.2 例 1 中的积分$\int_0^1 x^2 \mathrm{d}x$.

解 因为$\frac{1}{3}x^3$ 是 x^2 的一个原函数,由牛顿—莱布尼茨公式得

$$\int_0^1 x^2 \mathrm{d}x = \left[\frac{1}{3}x^3\right]_0^1 = \frac{1}{3}.$$

这比运用定积分的定义要简单得多,今后我们不再用定义计算定积分,而用牛顿—莱布尼茨公式计算.

例 8 求定积分$\int_0^1 \frac{\mathrm{d}x}{\sqrt{1-x^2}}$.

解 因为 $\arcsin x$ 是$\frac{1}{\sqrt{1-x^2}}$的一个原函数,由牛顿—莱布尼茨公式得

$$\int_0^1 \frac{\mathrm{d}x}{\sqrt{1-x^2}} = (\arcsin x)\big|_0^1 = \frac{\pi}{2} - 0 = \frac{\pi}{2}.$$

例 9 求$\int_{-1}^2 |x| \mathrm{d}x$.

解 $\int_{-1}^2 |x| \mathrm{d}x = \int_{-1}^0 (-x)\mathrm{d}x + \int_0^2 x\mathrm{d}x = -\frac{1}{2}x^2\Big|_{-1}^0 + \frac{1}{2}x^2\Big|_0^2 = \frac{5}{2}.$

习题　5.2

1. 计算下列定积分.

(1) $\int_{1}^{2}(2x+\frac{1}{x})\mathrm{d}x$

(2) $\int_{\frac{1}{\sqrt{3}}}^{\sqrt{3}}\frac{1}{1+x^{2}}\mathrm{d}x$

(3) $\int_{0}^{2}\mathrm{e}^{x}\mathrm{d}x$

(4) $\int_{0}^{\pi}(\cos x+\sin x)\mathrm{d}x$

(5) $\int_{-1}^{1}|x|x^{2}\mathrm{d}x$

(6) $\int_{-\pi}^{\pi}(1-\sin^{2}x)\mathrm{d}x$

2. 求下列函数的导数.

(1) $y=\int_{1}^{x}\sqrt{1+t^{2}}\,\mathrm{d}t$

(2) $y=\int_{x}^{0}\cos t^{2}\,\mathrm{d}t$

(3) $y=\int_{0}^{\mathrm{e}^{x}}\ln t\,\mathrm{d}t$

(4) $y=\int_{-1}^{x^{2}}\arctan\sqrt{t}\,\mathrm{d}t$

3. 求下列极限.

(1) $\lim\limits_{x\to 0}\frac{\int_{0}^{x}(t-\sin t)\mathrm{d}t}{x^{4}}$

(2) $\lim\limits_{x\to 0}\frac{\int_{0}^{x}\ln(\cos t)\mathrm{d}t}{x^{2}}$

4. 设函数 $f(x)$ 连续，且$\int_{0}^{2x}f(t)\mathrm{d}t=1+x^{3}$，求 $f(8)$.

5. 设 $f(x)=\int_{-x}^{\sin x}\arctan(1+t^{2})\mathrm{d}t$，求 $f'(0)$.

6. 设 $f(x)$ 为连续函数，且 $f(x)=x-\int_{0}^{1}f(x)\mathrm{d}x$，求 $f(x)$.

7. 设 $f(x)=\int_{0}^{x}t\mathrm{e}^{-t^{2}}\mathrm{d}t$，求 $f(x)$ 的极值.

5.3 定积分的换元积分法与分部积分法

由牛顿－莱布尼茨公式可知,连续函数的定积分计算可转化为不定积分的计算.不定积分计算中有换元积分法和分部积分法,所以在一定条件下,定积分也可应用换元积分法和分部积分法.

5.3.1 第一类换元积分法(凑微分法)

当用凑微分法求定积分时,由于并不是用新的变量替换原变量,因此,用凑微分法求定积分时,不需要换积分的上、下限.

例 1 计算$\int_1^e \frac{\ln x}{x}dx$.

解 $\int_1^e \frac{\ln x}{x}dx = \int_1^e \ln x d\ln x = \frac{1}{2}(\ln x)^2 \Big|_1^e = \frac{1}{2}$.

例 2 计算$\int_0^1 e^{2x}dx$.

解 $\int_0^1 e^{2x}dx = \frac{1}{2}\int_0^1 e^{2x}d2x = \frac{1}{2}e^{2x}\Big|_0^1 = \frac{1}{2}(e^2-1)$.

例 3 计算$\int_0^2 \frac{dx}{4+x^2}$.

解 $\int_0^2 \frac{dx}{4+x^2} = \frac{1}{2}\int_0^2 \frac{d\frac{x}{2}}{1+\left(\frac{x}{2}\right)^2} = \frac{1}{2}\arctan\frac{x}{2}\Big|_0^2 = \frac{\pi}{8}$.

5.3.2 第二类换元积分法(变量代换法)

定理 1 设 $f(x)$ 在区间$[a,b]$上连续,$x=\varphi(t)$,

(1)$x=\varphi(t)$ 在区间$[\alpha,\beta]$上单调且有连续导数 $\varphi'(t)$;

(2) 当 t 从 α 变到 β 时,$\varphi(t)$ 从 $\varphi(\alpha)=a$ 单调变到 $\varphi(\beta)=b$,则

$$\int_a^b f(x)dx = \int_\alpha^\beta f[\varphi(t)]\varphi'(t)dt.$$

注意 (1) 换元必换积分限.上下限对应不变即 $a\to\alpha, b\to\beta$.

(2) 求出新被积函数 $f[\varphi(t)]\varphi'(t)$ 的原函数,不必进行变量还原,将新变量的积分上下限代入,求出差值即可.

例 4 计算$\int_1^2 \frac{\sqrt{x-1}}{x}dx$.

解 令$\sqrt{x-1}=t$,则 $x=1+t^2$,$dx=2tdt$. 当 $x=1$ 时,$t=\sqrt{1-1}=0$;当 $x=2$ 时,$t=\sqrt{2-1}=1$. 于是

$$\int_1^2 \frac{\sqrt{x-1}}{x}\mathrm{d}x = \int_0^1 \frac{2t^2\,\mathrm{d}t}{1+t^2} = 2\int_0^1 (1-\frac{1}{1+t^2})\mathrm{d}t = 2(t-\arctan t)\Big|_0^1 = 2-\frac{\pi}{2}.$$

例 5 计算$\int_0^{\frac{1}{2}} \frac{x^2\,\mathrm{d}x}{\sqrt{1-x^2}}$.

解 令 $x=\sin t$, $\mathrm{d}x=\cos t\mathrm{d}t$. 当 $x=0$ 时, $\sin t=0$, $t=0$; 当 $x=\frac{1}{2}$ 时, $\sin t=\frac{1}{2}$, $t=\frac{\pi}{6}$.

$$\int_0^{\frac{1}{2}} \frac{x^2\,\mathrm{d}x}{\sqrt{1-x^2}} = \int_0^{\frac{\pi}{6}} \frac{\sin^2 t}{\cos t}\cos t\mathrm{d}t = (\frac{t}{2}-\frac{\sin 2t}{4})\Big|_0^{\frac{\pi}{6}} = \frac{\pi}{12}-\frac{\sqrt{3}}{8}.$$

例 6 证明:若 $f(x)$ 在$[-a,a]$上连续,则

(1) 当 $f(x)$ 为奇函数时,$\int_{-a}^{a} f(x)\mathrm{d}x=0$;

(2) 当 $f(x)$ 为偶函数时,$\int_{-a}^{a} f(x)\mathrm{d}x = 2\int_0^a f(x)\mathrm{d}x$.

证明 因为$\int_{-a}^{a} f(x)\mathrm{d}x = \int_{-a}^{0} f(x)\mathrm{d}x + \int_0^a f(x)\mathrm{d}x$,

对积分$\int_{-a}^{0} f(x)\mathrm{d}x$ 作代换 $x=-t$,则得

$$\int_{-a}^{0} f(x)\mathrm{d}x = -\int_a^0 f(-t)\mathrm{d}t = \int_0^a f(-t)\mathrm{d}t = \int_0^a f(-x)\mathrm{d}x,$$

于是

$$\int_{-a}^{a} f(x)\mathrm{d}x = \int_0^a f(-x)\mathrm{d}x + \int_0^a f(x)\mathrm{d}x = \int_0^a [f(x)+f(-x)]\mathrm{d}x.$$

(1) 当 $f(x)$ 为奇函数时,则 $f(x)+f(-x)=0$,从而$\int_{-a}^{a} f(x)\mathrm{d}x=0$.

(2) 当 $f(x)$ 为偶函数时,则 $f(x)+f(-x)=2f(x)$,从而$\int_{-a}^{a} f(x)\mathrm{d}x = 2\int_0^a f(x)\mathrm{d}x$,

所以有结论

$$\int_{-a}^{a} f(x)\mathrm{d}x = \begin{cases} 0 & f(-x)=-f(x), \\ 2\int_0^a f(x)\mathrm{d}x & f(-x)=f(x). \end{cases}$$

注意 此类函数的积分区间是关于原点对称的.

例 7 求$\int_{-\frac{1}{2}}^{\frac{1}{2}} \frac{x^3\tan^2 x}{4+4x^4}\mathrm{d}x$.

解 因为被积函数在$[-\frac{1}{2},\frac{1}{2}]$上连续且为奇函数,故

$$\int_{-\frac{1}{2}}^{\frac{1}{2}} \frac{x^3\tan^2 x}{4+4x^4}\mathrm{d}x = 0.$$

5.3.3 分部积分法

定理 2 设 $u=u(x)$, $v=v(x)$ 分别在区间$[a,b]$上具有连续的导数 $u'(x)$ 和 $v'(x)$,则

$$\int_a^b u(x)v'(x)\mathrm{d}x = u(x)v(x)\big|_a^b - \int_a^b v(x)u'(x)\mathrm{d}x.$$

这个公式叫做定积分的分部积分公式，也可写为$\int_a^b u\mathrm{d}v = uv\big|_a^b - \int_a^b v\mathrm{d}u$.

例 8 求$\int_0^1 x\mathrm{e}^x\mathrm{d}x$.

解 $\int_0^1 x\mathrm{e}^x\mathrm{d}x = \int_0^1 x\mathrm{d}\mathrm{e}^x = x\mathrm{e}^x\big|_0^1 - \int_0^1 \mathrm{e}^x\mathrm{d}x = \mathrm{e} - (\mathrm{e}-1) = 1$.

例 9 求$\int_0^\pi x\sin x\mathrm{d}x$.

解
$$\begin{aligned}\int_0^\pi x\sin x\mathrm{d}x &= -\int_0^\pi x\mathrm{d}\cos x\\ &= -x\cos x\big|_0^\pi + \int_0^\pi \cos x\mathrm{d}x\\ &= -\pi\cos\pi + \sin x\big|_0^\pi = \pi.\end{aligned}$$

例 10 求$\int_0^{\frac{\pi}{2}} \mathrm{e}^{2x}\cos x\mathrm{d}x$.

解
$$\begin{aligned}\int_0^{\frac{\pi}{2}} \mathrm{e}^{2x}\cos x\mathrm{d}x &= \int_0^{\frac{\pi}{2}} \mathrm{e}^{2x}\mathrm{d}\sin x\\ &= (\mathrm{e}^{2x}\sin x)\big|_0^{\frac{\pi}{2}} - \int_0^{\frac{\pi}{2}} \sin x\mathrm{d}(\mathrm{e}^{2x})\\ &= \mathrm{e}^\pi - 2\int_0^{\frac{\pi}{2}} \mathrm{e}^{2x}\sin x\mathrm{d}x = \mathrm{e}^\pi - 2\int_0^{\frac{\pi}{2}} \mathrm{e}^{2x}\mathrm{d}(-\cos x)\\ &= \mathrm{e}^\pi + 2\int_0^{\frac{\pi}{2}} \mathrm{e}^{2x}\mathrm{d}\cos x\\ &= \mathrm{e}^\pi + 2\left[\mathrm{e}^{2x}\cos x\big|_0^{\frac{\pi}{2}} - \int_0^{\frac{\pi}{2}} \cos x\mathrm{d}(\mathrm{e}^{2x})\right]\\ &= \mathrm{e}^\pi - 2 - 4\int_0^{\frac{\pi}{2}} \mathrm{e}^{2x}\cos x\mathrm{d}x,\end{aligned}$$

于是得$\int_0^{\frac{\pi}{2}} \mathrm{e}^{2x}\cos x\mathrm{d}x = \frac{1}{5}(\mathrm{e}^\pi - 2)$.

习题 5.3

1. 计算下列定积分.

(1) $\int_0^1 (x+1)^2 \mathrm{d}x$

(2) $\int_0^{\frac{\pi}{2}} \sin^2 x\cos x\mathrm{d}x$

(3) $\int_0^1 \mathrm{e}^{2x}\mathrm{d}x$

(4) $\int_1^{\mathrm{e}} \frac{2+\ln x}{x}\mathrm{d}x$

2. 计算下列定积分.

(1) $\int_1^{\mathrm{e}} \frac{\mathrm{d}x}{x\sqrt{1+\ln x}}$

(2) $\int_0^1 \frac{\mathrm{d}x}{\mathrm{e}^x+\mathrm{e}^{-x}}$

(3) $\int_1^5 \frac{x-1}{1+\sqrt{2x-1}}\mathrm{d}x$

(4) $\int_0^{\frac{1}{2}} \arcsin x\mathrm{d}x$

(5) $\int_0^{\pi} x\cos x\mathrm{d}x$

(6) $\int_1^{\mathrm{e}} \frac{\ln x}{x^2}\mathrm{d}x$

3. 计算下列定积分.

(1) $\int_{-\frac{\pi}{2}}^{\frac{\pi}{2}} \frac{x^5\cos x^3}{\sqrt{1+x^4}}\mathrm{d}x$

(2) $\int_{-1}^1 \frac{1+x^5\cos x^3}{1+x^2}\mathrm{d}x$

4. 已知 $f(x)$ 是连续函数,证明:$\int_a^b f(a+b-x)\mathrm{d}x=\int_a^b f(x)\mathrm{d}x$.

5. 证明:$\int_0^a x^3 f(x^2)\mathrm{d}x=\frac{1}{2}\int_0^{a^2} xf(x)\mathrm{d}x(a>0)$.

6. 设函数 $f(x)$ 是连续函数,且 $F(x)=\int_0^x f(t)\mathrm{d}t$,证明:$\int_0^1 F(x)\mathrm{d}x=\int_0^1 (1-x)f(x)\mathrm{d}x$.

5.4 广义积分

5.4.1 无穷区间上的广义积分

定义 1 设函数 $f(x)$ 在区间 $[a,+\infty)$ 上连续，如果极限 $\lim\limits_{b\to+\infty}\int_a^b f(x)\mathrm{d}x\,(b>a)$ 存在，则称此极限为函数 $f(x)$ 在无穷区间 $[a,+\infty)$ 上的广义积分，记作 $\int_a^{+\infty}f(x)\mathrm{d}x$，即

$$\int_a^{+\infty}f(x)\mathrm{d}x=\lim_{b\to+\infty}\int_a^b f(x)\mathrm{d}x.$$

这时也称该广义积分收敛；如果上述极限不存在，就称广义积分 $\int_a^{+\infty}f(x)\mathrm{d}x$ 发散.

类似地，可定义函数 $f(x)$ 在区间 $(-\infty,b]$ 上的广义积分 $\int_{-\infty}^b f(x)\mathrm{d}x=\lim\limits_{a\to-\infty}\int_a^b f(x)\mathrm{d}x$；在区间 $(-\infty,+\infty)$ 上的广义积分 $\int_{-\infty}^{+\infty}f(x)\mathrm{d}x=\int_{-\infty}^0 f(x)\mathrm{d}x+\int_0^{+\infty}f(x)\mathrm{d}x$.

上式等号右侧两个广义积分都收敛时，才称 $\int_{-\infty}^{+\infty}f(x)\mathrm{d}x$ 收敛，否则称它发散.

例 1 证明广义积分 $\int_a^{+\infty}\frac{\mathrm{d}x}{x^p}(a>0)$，当 $p>1$ 时收敛；当 $p\leqslant 1$ 时发散.

证明 当 $p=1$ 时

$$\int_a^{+\infty}\frac{\mathrm{d}x}{x}=\lim_{b\to+\infty}\int_a^b\frac{\mathrm{d}x}{x}=\lim_{b\to+\infty}[\ln x]\big|_a^b=\lim_{b\to+\infty}\ln\frac{b}{a}=+\infty;$$

当 $p\neq 1$ 时，

$$\int_a^{+\infty}\frac{\mathrm{d}x}{x^p}=\lim_{b\to+\infty}\int_a^b\frac{\mathrm{d}x}{x^p}=\lim_{b\to+\infty}\left[\frac{x^{1-p}}{1-p}\right]\Big|_a^b=\begin{cases}+\infty, p<1,\\ \dfrac{a^{1-p}}{p-1}, p>1.\end{cases}$$

所以，当 $p>1$ 时，该广义积分收敛，当 $p\leqslant 1$ 时，该广义积分发散.

例 2 求 $\int_{-\infty}^{+\infty}\frac{1}{1+x^2}\mathrm{d}x$.

解 $\int_{-\infty}^{+\infty}\frac{1}{1+x^2}\mathrm{d}x=\arctan x\big|_{-\infty}^{+\infty}=\frac{\pi}{2}-(-\frac{\pi}{2})=\pi.$

例 3 计算 $\int_0^{+\infty}\frac{1}{x^2+4x+8}\mathrm{d}x$.

解 $\int_0^{+\infty}\frac{1}{x^2+4x+8}\mathrm{d}x=\int_0^{+\infty}\frac{1}{(x+2)^2+4}\mathrm{d}x=\frac{1}{2}\arctan\frac{x+2}{2}\big|_0^{+\infty}=\frac{\pi}{8}.$

例 4 判断 $\int_1^{+\infty}\frac{1}{x}\mathrm{d}x$ 的敛散性.

解 任取 $b\in(1,+\infty)$，则 $\int_1^b\frac{1}{x}\mathrm{d}x=\ln|x|\big|_1^b=\ln b$,

$$\int_1^{+\infty} \frac{1}{x}\mathrm{d}x = \lim_{b\to+\infty}\int_1^b \frac{1}{x}\mathrm{d}x = \lim_{b\to+\infty}\ln b = +\infty,$$

因为极限不存在,所以该广义积分发散.

5.4.2 无界函数的广义积分

定义 2 设函数 $f(x)$ 在区间 $(a,b]$ 上连续且 $\lim\limits_{x\to a^+}f(x) = \infty$, 取 $\varepsilon > 0$, 如果 $\lim\limits_{\varepsilon\to0^+}\int_{a+\varepsilon}^b f(x)\mathrm{d}x$ 存在,则称此极限为 $f(x)$ 在区间 $(a,b]$ 上的广义积分,记作 $\int_a^b f(x)\mathrm{d}x$,即

$$\int_a^b f(x)\mathrm{d}x = \lim_{\varepsilon\to0^+}\int_{a+\varepsilon}^b f(x)\mathrm{d}x.$$

此时称该广义积分收敛. 若上述极限不存在,则称广义积分 $\int_a^b f(x)\mathrm{d}x$ 发散.

如果 $f(x)$ 在区间 $[a,b)$ 上连续,且 $\lim\limits_{x\to b^-}f(x) = \infty$,类似地可定义

$$\int_a^b f(x)\mathrm{d}x = \lim_{\varepsilon\to0^+}\int_a^{b-\varepsilon} f(x)\mathrm{d}x.$$

当 $a < c < b$,且 $\lim\limits_{x\to c}f(x) = \infty$ 时,可定义

$$\int_a^b f(x)\mathrm{d}x = \int_a^c f(x)\mathrm{d}x + \int_c^b f(x)\mathrm{d}x = \lim_{\varepsilon\to0^+}\int_a^{c-\varepsilon} f(x)\mathrm{d}x + \lim_{\varepsilon\to0^+}\int_{c+\varepsilon}^b f(x)\mathrm{d}x.$$

在上式中,只要右边的两个广义积分有一个发散,就称左边的广义积分发散.

例 5 计算 $\int_0^1 \frac{1}{\sqrt{1-x^2}}\mathrm{d}x$.

解 因为 $\lim\limits_{x\to1^-}\frac{1}{\sqrt{1-x^2}} = \infty$,所以

$$\int_0^1 \frac{1}{\sqrt{1-x^2}}\mathrm{d}x = \arcsin x\Big|_0^{1^-} = \lim_{x\to1^-}\arcsin x - 0 = \frac{\pi}{2}.$$

例 6 计算 $\int_{-1}^1 \frac{1}{x^2}\mathrm{d}x$.

解 被积函数 $f(x) = \frac{1}{x^2}$ 在积分区间 $[-1,1]$ 上除 $x = 0$ 外连续,且 $\lim\limits_{x\to0}\frac{1}{x^2} = \infty$.

由于

$$\int_{-1}^1 \frac{1}{x^2}\mathrm{d}x = \int_{-1}^0 \frac{1}{x^2}\mathrm{d}x + \int_0^1 \frac{1}{x^2}\mathrm{d}x,$$

而 $\int_{-1}^0 \frac{1}{x^2}\mathrm{d}x = \lim\limits_{\varepsilon\to0^+}\int_{-1}^{-\varepsilon} \frac{1}{x^2}\mathrm{d}x = \lim\limits_{\varepsilon\to0^+}(-\frac{1}{x})\Big|_{-1}^{-\varepsilon} = \lim\limits_{\varepsilon\to0^+}(\frac{1}{\varepsilon} - 1) = +\infty$,

即广义积分 $\int_{-1}^0 \frac{1}{x^2}\mathrm{d}x$ 发散,所以广义积分 $\int_{-1}^1 \frac{1}{x^2}\mathrm{d}x$ 发散.

例 7 研究 $\int_0^1 \frac{1}{x(x+2)}\mathrm{d}x$ 的敛散性.

解 $\int_0^1 \frac{1}{x(x+2)}\mathrm{d}x = \int_0^1 \frac{1}{2}(\frac{1}{x} - \frac{1}{x+2})\mathrm{d}x = (\frac{1}{2}\ln|x|)\Big|_0^1 - \frac{1}{2}(\ln|x+2|)\Big|_0^1 = -\infty$,

所以广义积分发散.

习题 5.4

1. 判断下列广义积分的敛散性,若收敛,求广义积分的值.

(1) $\int_{1}^{+\infty} \frac{1}{x^3} dx$

(2) $\int_{0}^{+\infty} e^{-3x} dx$

(3) $\int_{0}^{\pi} \tan x dx$

(4) $\int_{2}^{+\infty} \frac{1}{\sqrt{x}} dx$

(5) $\int_{0}^{\frac{1}{2}} \frac{1}{\sqrt{x(1-x)}} dx$

(6) $\int_{-1}^{1} \frac{1}{x} dx$

2. 计算广义积分$\int_{1}^{+\infty} \frac{\arctan x}{1+x^2} dx$.

5.5　定积分在几何中的应用

5.5.1　平面图形的面积

根据定积分的几何意义，我们不但可以用定积分来计算只有一条曲边的曲边梯形的面积，还可以计算一些比较复杂的平面图形的面积. 为此我们介绍直角坐标系下的两种类型曲边梯形.

(1)X－型

由直线 $x=a, x=b(a<b)$ 及两条连续曲线 $y=f_1(x), y=f_2(x)(f_1(x)\leqslant f_2(x))$ 所围成的平面图形称为 X－型(如图 5-8 所示).

一般选择 x 为积分变量，积分区间为$[a,b]$，在区间$[a,b]$上任取一微小区间$[x,x+\mathrm{d}x]$，该微小区间上的图形面积可以用高为 $f_2(x)-f_1(x)$、底为 $\mathrm{d}x$ 的矩形面积来近似代替(如图 5-8 所示中阴影部分的面积). 我们称该矩形面积为面积微元，用 $\mathrm{d}A$ 表示，即

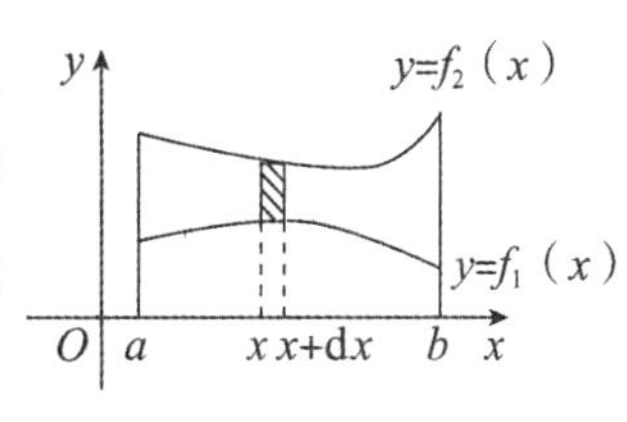

图 5-8

$$\mathrm{d}A=[f_2(x)-f_1(x)]\mathrm{d}x,$$

从而

$$A=\int_a^b[f_2(x)-f_1(x)]\mathrm{d}x.$$

(2)Y－型

由直线 $y=c, y=d(c<d)$ 及两条连续曲线 $x=g_1(y), x=g_2(y)(g_1(y)\leqslant g_2(y))$ 所围成的平面图形称为 Y－型图形(如图 5-9 所示).

一般选择 y 为积分变量，积分区间为$[c,d]$，在区间$[c,d]$上任取一微小区间$[y,y+\mathrm{d}y]$，该微小区间上图形的面积可以用高为 $g_2(y)-g_1(y)$、底为 $\mathrm{d}y$ 的矩形的面积(面积微元)近似代替(图 5-9 所示中阴影部分的面积). 将面积微元(面积元素)用 $\mathrm{d}A^*$ 表示，则

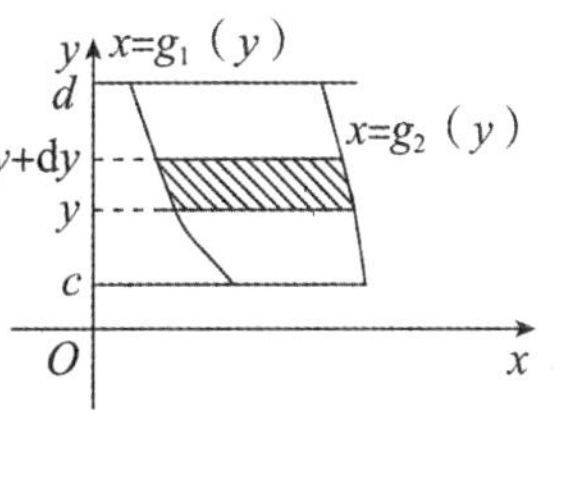

图 5-9

$$\mathrm{d}A^*=[g_2(y)-g_1(y)]\mathrm{d}y,$$

从而

$$A^*=\int_c^d[g_2(y)-g_1(y)]\mathrm{d}y.$$

对于非 X－型、非 Y－型平面图形，我们可以进行适当的分割，划分成若干个 X－型图形和 Y－型图形，然后利用前面介绍的方法去求面积.

例 1 求由两曲线 $x-y=0, y=x^2-2x$ 所围成图形的面积.

解 如图 5-10 所示，两条曲线的交点为 $(0,0)$ 和 $(3,3)$.

这是一个 $X-$ 型区域图形，在 $[0,3]$ 上作一个定积分，就得到所求平面图形的面积，即

$$A=\int_0^3(3x-x^2)\mathrm{d}x=\left(\frac{3}{2}x^2-\frac{1}{3}x^3\right)\Big|_0^3=\frac{9}{2}.$$

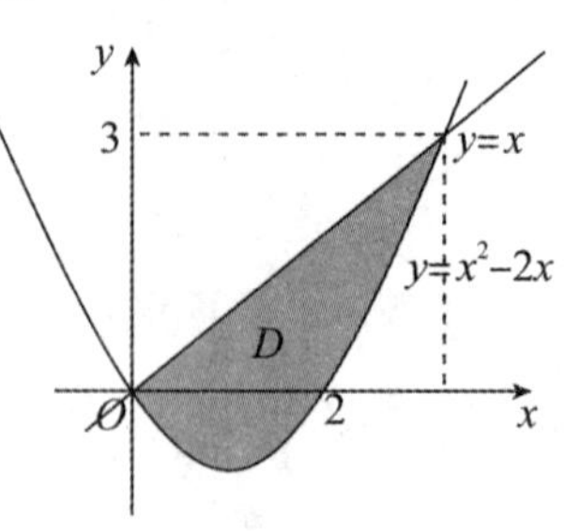

图 5-10

例 2 求椭圆 $\frac{x^2}{a^2}+\frac{y^2}{b^2}=1(a>b>0)$ 所围成的图形的面积.

解 此椭圆图形关于坐标轴对称，如图 5-11 所示，设图形在第一象限的面积为 A_1，则整个椭圆的面积为 $A=4A_1$. 将第一象限图形视为 $X-$ 型图形，确定积分变量为 x，积分区间为 $[0,a]$，因此

$$A=4A_1=4\int_0^a b\sqrt{1-\frac{x^2}{a^2}}\,\mathrm{d}x \xlongequal{x=a\cos t} 4\int_{\frac{\pi}{2}}^0 b\sin t\,\mathrm{d}(a\cos t)=$$

$$-4ab\int_{\frac{\pi}{2}}^0\sin^2 t\,\mathrm{d}t=\pi ab.$$

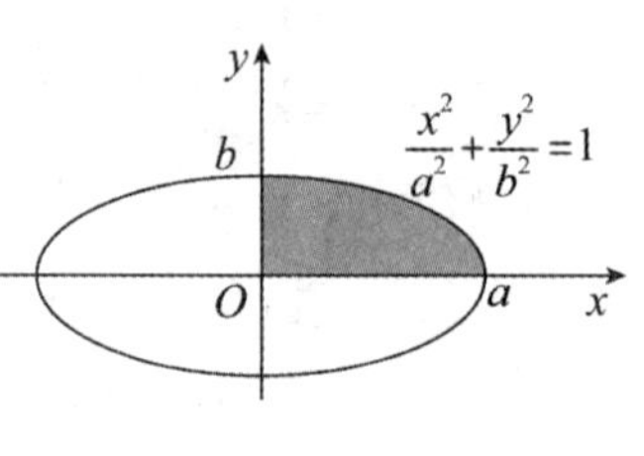

图 5-11

例 3 求由抛物线 $y^2=2x$ 与直线 $y=x-4$ 所围成的图形的面积.

解法一 如图 5-12 所示，视为 $Y-$ 型区域图形，则

$$A=\int_{-2}^4\left(y+4-\frac{y^2}{2}\right)\mathrm{d}y=\left(\frac{y^2}{2}+4y-\frac{y^3}{6}\right)\Big|_{-2}^4=18.$$

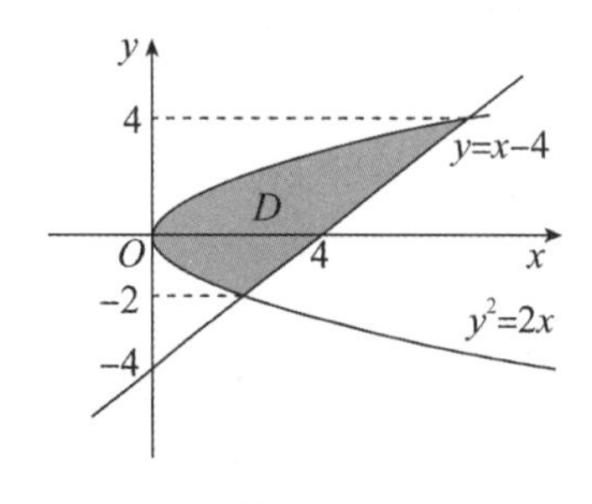

图 5-12

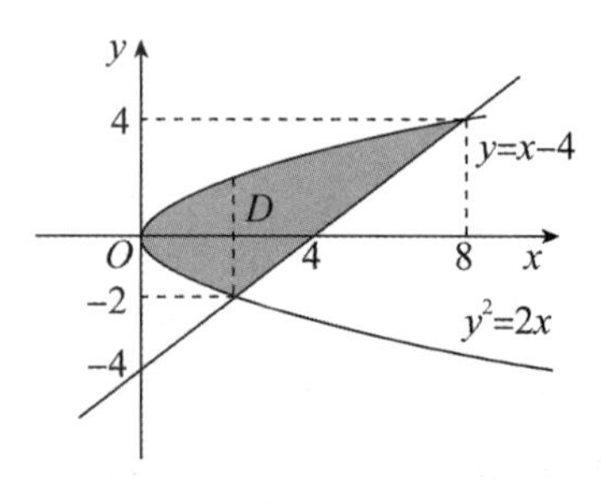

图 5-13

解法二 解方程组 $\begin{cases}y^2=2x,\\y=x-4\end{cases}$ 得两曲线交点为 $(2,-2)$ 和 $(8,4)$. 取 x 为积分变量，如图 5-13 所示，则

$$A=\int_0^2[\sqrt{2x}-(-\sqrt{2x})]\mathrm{d}x+\int_2^8[\sqrt{2x}-(x-4)]\mathrm{d}x$$

$$=\frac{4\sqrt{2}}{3}x^{\frac{3}{2}}\Big|_0^2+\left(\frac{2\sqrt{2}}{3}x^{\frac{3}{2}}-\frac{x^2}{2}+4x\right)\Big|_2^8=18.$$

5.5.2 旋转体的体积

旋转体是由一个平面图形绕这个平面内的一条直线 l 旋转一周而成的空间立体，这条直线称为旋转轴. 如矩形绕它的一边所在直线旋转便得到圆柱体，直角三角形绕它的直角边所

在直线旋转便得到圆锥等.

下面讨论由曲线 $y=f(x)$，直线 $x=a$，$x=b(a<b)$ 及 x 轴所围成的曲边梯形绕 x 轴所在直线旋转一周而成的旋转体的体积. 如图 5-14 所示.

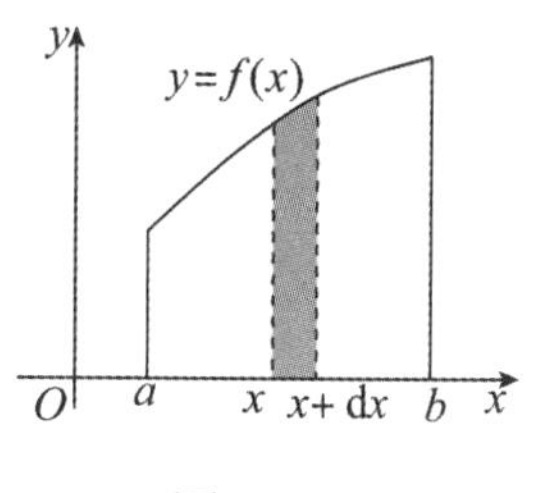

图 5-14

取横坐标 x 为积分变量，积分区间为$[a,b]$，区间上的任一小区间$[x,x+\mathrm{d}x]$ 的窄曲边梯形绕 x 轴所在直线旋转而成的薄片的体积近似等于以 $f(x)$ 为半径的圆底面、$\mathrm{d}x$ 为高的扁圆柱体的体积，其中圆柱体的底面面积为 A，且 $A=\pi[f(x)]^2$. 则扁圆柱体的体积，即体积元素 $\mathrm{d}V=\pi[f(x)]^2\mathrm{d}x$.

以 $\mathrm{d}V$ 为被积表达式，在$[a,b]$ 上作定积分，得所求旋转体的体积为

$$V=\int_a^b \pi[f(x)]^2\mathrm{d}x.$$

用与上面类似的方法可以推出：由曲线 $x=\varphi(y)$，直线 $y=c$，$y=d(c<d)$ 及 y 轴所围成的曲边梯形绕 y 轴所在直线旋转一周而成的旋转体的体积为

$$V=\pi\int_c^d [\varphi(y)]^2\mathrm{d}y.$$

证明略.

例 4　求由椭圆$\dfrac{x^2}{a^2}+\dfrac{y^2}{b^2}=1(a>b>0)$ 分别绕 x 轴、y 轴所在直线旋转而成的旋转椭球体的体积.

解　选 x 为积分变量，则 $-a\leqslant x\leqslant a$，$y=\dfrac{b}{a}\sqrt{a^2-x^2}$，所以绕 x 轴所在直线旋转所得旋转体的体积为

$$V_x=\pi\int_{-a}^{a}\frac{b^2}{a^2}(a^2-x^2)\mathrm{d}x=\pi\frac{b^2}{a^2}(a^2x-\frac{x^3}{3})\Big|_{-a}^{a}=\frac{4}{3}\pi ab^2.$$

同理，选 y 为积分变量，则 $-b\leqslant x\leqslant b$，$x=\dfrac{a}{b}\sqrt{b^2-y^2}$，所以绕 y 轴所在直线旋转所得旋转体的体积为

$$V_y=\pi\int_{-b}^{b}(\frac{a}{b}\sqrt{b^2-y^2})^2\mathrm{d}y=\pi\int_{-b}^{b}\frac{a^2}{b^2}(b^2-y^2)\mathrm{d}y=\pi\frac{a^2}{b^2}(b^2y-\frac{y^3}{3})\Big|_{-b}^{b}=\frac{4}{3}\pi a^2b.$$

例 5　证明半径为 R 的球体体积为 $V=\dfrac{4}{3}\pi R^3$.

证明　此球体可看做半径为 R 的圆 $x^2+y^2=R^2$，绕 x 轴所在直线旋转而成的旋转体. 其中 $-R\leqslant x\leqslant R$，$y=\sqrt{R^2-x^2}$，则

$$\begin{aligned}V_x&=\pi\int_{-R}^{R}(\sqrt{R^2-x^2})^2\mathrm{d}x\\&=\pi\int_{-R}^{R}(R^2-x^2)\mathrm{d}x\\&=\pi(R^2x-\frac{1}{3}x^3)\Big|_{-R}^{R}\\&=\pi\Big[\Big(R^3-\frac{1}{3}R^3\Big)-\Big(-R^3+\frac{1}{3}R^3\Big)\Big]\\&=\frac{4\pi}{3}R^3.\end{aligned}$$

习题 5.5

1. 求下列各组曲线所围平面图形的面积.

(1) $y = x^2, y = 2x$;

(2) $y = 3 - x^2, y = 2x$;

(3) $y = \frac{1}{x}, y = x, x = 2$;

(4) $y^2 = x, y = x$.

2. 求抛物线 $y = x^2$,直线 $y = x, y = 2x$ 所围图形的面积.

3. 求 $y = \sin x, y = \cos x, x = 0, x = \frac{\pi}{2}$ 所围图形的面积.

4. 求 $y = \sin x, x \in [0, \pi]$ 与 x 轴围成图形绕 x 轴所在直线旋转一周所得旋转体的体积.

5. 求由 $y = x^2 + 1, y = 0, x = 0, x = 1$ 所围图形绕 x 轴所在直线旋转一周所得旋转体的体积.

6. 求 $y = x$ 和 $y^2 = x$ 所围图形绕 y 轴所在直线旋转一周所得的旋转体的体积.

复习题五

一、选择题

1. 设 $f(x)$ 在$(-\infty,+\infty)$ 上连续，且 $F'(x)=f(x)$，下面(　　) 不是 $f(x)$ 的原函数.

A. $\int_0^x f(x)\mathrm{d}x$　　B. $\int_0^x f(t)\mathrm{d}t$　　C. $F(x)$　　D. $\int_0^t f(t)\mathrm{d}t$

2. 定积分$\int_0^2 \sqrt{4-x^2}\,\mathrm{d}x$ 的值是(　　)

A. 2π　　B. π　　C. $\dfrac{\pi}{2}$　　D. 4π

3. 下列不等式成立的是(　　)

A. $\int_1^2 x^3\mathrm{d}x \leqslant \int_1^2 x^2\mathrm{d}x$　　B. $\int_0^1 x^2\mathrm{d}x \leqslant \int_0^1 x^3\mathrm{d}x$

C. $\int_0^1 x^2\mathrm{d}x \geqslant \int_0^1 x^3\mathrm{d}x$　　D. $\int_1^2 \ln x\mathrm{d}x \leqslant \int_1^2 (\ln x)^2\mathrm{d}x$

4. 估计积分$\int_{-\frac{\pi}{4}}^{\frac{\pi}{4}}(1+\sin^2 x)\mathrm{d}x$ 的值，结论正确的是(　　)

A. $\dfrac{\pi}{2}\leqslant\int_{-\frac{\pi}{4}}^{\frac{\pi}{4}}(1+\sin^2 x)\mathrm{d}x\leqslant\dfrac{3\pi}{4}$　　B. $0\leqslant\int_{-\frac{\pi}{4}}^{\frac{\pi}{4}}(1+\sin^2 x)\mathrm{d}x\leqslant\pi$

C. $\dfrac{\pi}{2}\leqslant\int_{-\frac{\pi}{4}}^{\frac{\pi}{4}}(1+\sin^2 x)\mathrm{d}x\leqslant 2\pi$　　D. $0\leqslant\int_{-\frac{\pi}{4}}^{\frac{\pi}{4}}(1+\sin^2 x)\mathrm{d}x\leqslant 2\pi$

5. $\dfrac{\mathrm{d}}{\mathrm{d}x}\left(\int_0^{x^2}\dfrac{\mathrm{e}^t}{\sqrt{1+t^2}}\mathrm{d}t\right)=$(　　)

A. $\dfrac{\mathrm{e}^t}{\sqrt{1+t^2}}$　　B. $\dfrac{\mathrm{e}^{x^2}}{\sqrt{1+x^4}}$　　C. $\dfrac{2x\mathrm{e}^{x^2}}{\sqrt{1+x^4}}$　　D. $\dfrac{\mathrm{e}^{t^2}}{\sqrt{1+t^4}}$

6. 设 $f(x)$ 是连续函数，则$\dfrac{\mathrm{d}}{\mathrm{d}x}\int_{2x}^{-1}f(t)\mathrm{d}t=$(　　)

A. $f(2x)$　　B. $2f(2x)$　　C. $-f(2x)$　　D. $-2f(2x)$

7. 函数$f(x)$在$[a,b]$上可导，且$f(a)=0$，$f'(x)\leqslant 0$，若$F(x)=\int_a^x f(t)\mathrm{d}t$，则$F'(x)$在$(a,b)$内是(　　)

A. 单调增加且大于零　　B. 单调增加且小于零

C. 单调减少且大于零　　D. 单调减少且小于零

8. 设函数 $f(x)$ 在$[a,b]$ 上可导，且 $f'(x)>0$，若 $\varphi(x)=\int_0^x f(t)\mathrm{d}t$，则下列说法中正确的是(　　)

A. $\varphi(x)$ 在$[a,b]$ 上单调减少　　B. $\varphi(x)$ 在$[a,b]$ 上单调增加

C. $\varphi(x)$ 在$[a,b]$ 上为凹函数　　D. $\varphi(x)$ 在$[a,b]$ 上为凸函数

9. 下列定积分为零的是(　　)

A. $\int_{-\frac{\pi}{4}}^{\frac{\pi}{4}} \frac{\arctan x}{1+x^2}\mathrm{d}x$　　B. $\int_{-\frac{\pi}{4}}^{\frac{\pi}{4}} x\arcsin x\mathrm{d}x$

C. $\int_{-1}^{1} \frac{\mathrm{e}^x+\mathrm{e}^{-x}}{2}\mathrm{d}x$　　D. $\int_{-1}^{1} (x^2+x)\sin x\mathrm{d}x$

10. 设$\int_1^x f(t)\mathrm{d}t = \frac{x^4}{2}-\frac{1}{2}$,则$\int_1^4 \frac{1}{\sqrt{x}}f(\sqrt{x})\mathrm{d}x =$(　　)

A. 2　　B. 7　　C. 12　　D. 15

11. 广义积分$\int_0^{+\infty} \mathrm{e}^{-2x}\mathrm{d}x =$(　　)

A. 不存在　　B. $\frac{1}{2}$　　C. $-\frac{1}{2}$　　D. 2

12. 如果$\lim\limits_{x\to\infty}\left(\frac{1+x}{x}\right)^{ax} = \int_{-\infty}^{a} t\mathrm{e}^t\mathrm{d}t$,则$a =$(　　)

A. 0　　B. 1　　C. 2　　D. 3

13. 曲线$y=-x^3+x^2+2x$与x轴所围成的图形的面积为(　　)

A. $\frac{1}{2}$　　B. $\frac{37}{2}$　　C. $\frac{37}{12}$　　D. $\frac{7}{12}$

14. 曲线$y=x^2$与$y^2=x$所围成的平面图形绕y轴所在直线旋转一周生成的立体体积为(　　)

A. $\frac{3\pi}{10}$　　B. $\frac{\pi}{2}$　　C. $\frac{1}{2}$　　D. $\frac{4}{3}$

二、填空题

1. 设$\int_1^x f(t)\mathrm{d}t = x^2+\ln x+1$,则$f(x) =$________.

2. $\int_a^b \mathrm{d}x =$________.

3. 函数$f(x)=\ln x$在区间$[1,3]$上连续,并在该区间上的平均值是6,则$\int_1^3 f(x)\mathrm{d}x$ $=$________.

4. $\int_0^{\pi}\sin x\mathrm{d}x =$________.

5. 设$f(x)=\begin{cases}2x, 0\leqslant x<1,\\ 1, 1\leqslant x\leqslant 4,\end{cases}$则$\int_0^4 f(x)\mathrm{d}x =$________.

6. 函数$f(x)$连续,且$\int_0^{2x} f(t)\mathrm{d}t = 1+x^3$,则$f(8) =$________.

7. 设$0<p<1$,则$\int_0^1 \frac{1}{x^p}\mathrm{d}x =$________.

8. 广义积分$\int_0^1 \frac{100}{x^p}\mathrm{d}x (p>0)$,当________时收敛,当________时发散.

三、计算定积分

(1) $\int_1^2 \frac{\sqrt{x-1}}{x}dx$　　(2) $\int_1^{e^3} \frac{dx}{x\sqrt{1+\ln x}}$　　(3) $\int_0^1 \sqrt{1-x^2}\,dx$

(4) $\int_0^4 \frac{x+2}{\sqrt{2x+1}}dx$　　(5) $\int_0^{\sqrt{3}} \arctan x\,dx$　　(6) $\int_0^{\pi} x\sin x\,dx$

(7) $\int_0^1 x\ln(1+x)\,dx$　　(8) $\int_0^{+\infty} \frac{1}{x^2+4x+8}dx$

四、x 为何值时，$y=\int_0^x te^{-t^2}dt$ 有极值？极值是多少？

五、设函数 $f(x)$ 在$[a,b]$上连续，且单调增加，证明$\int_a^b tf(t)dt \geqslant \frac{a+b}{2}\int_a^b f(t)dt$.

六、若函数 $f(x)$ 连续，证明$\int_0^{\pi} xf(\sin x)dx = \frac{\pi}{2}\int_0^{\pi} f(\sin x)dx$.

七、设函数 $f(x)$ 在$[a,b]$上连续，在$(0,1)$可导，且 $2\int_{\frac{1}{2}}^1 f(x)dx = f(0)$，证明：存在 $\xi \in (0,1)$，使 $f'(\xi)=0$.

八、证明$\int_0^x \frac{2+\sin t}{1+t}dt = \int_x^1 \frac{1+t}{2+\sin t}dt$ 在$(0,1)$内至少有一个实根.

九、设 $f(x)=\int_1^{x^2} \frac{\sin t}{t}dt$，求$\int_0^1 xf(x)dt$.

十、已知 $f(x)=e^{x^2}$，求$\int_0^1 f'(x)f''(x)dx$.

十一、设 $a>0$，且$\lim\limits_{h\to 0}\frac{a^h-1}{h}=\int_0^{+\infty} x^2e^{-x}dx$，求 a.

十二、设平面图形是由 $y=x^2$、$y=x$、$y=2x$ 所围成的区域.

(1) 求此平面图形的面积.

(2) 将此平面图形绕 x 轴所在直线旋转，求旋转体的体积.

第六章 常微分方程

微分方程差不多是和微积分同时产生的，常微分方程的形成与发展是和力学、天文学、物理学，以及其他科学技术的发展密切相关的. 本章主要介绍常微分方程的一些基本概念和几种常见的常微分方程的解法.

【学习目标】

1. 了解常微分方程的定义，了解常微分方程的阶、解、通解、初始条件和特解.
2. 掌握可分离变量微分方程和一阶线性微分方程的解法.
3. 了解用降阶法求解 $y^{(n)}=f(x)$ 型、$y''=f(x,y')$、$y''=f(y,y')$ 型方程.
4. 了解二阶线性微分方程解的结构，掌握二阶常系数齐次线性微分方程的解法，了解二阶常系数非齐次线性微分方程的解法.
5. 会用常微分方程求解简单的应用问题.

6.1 常微分方程的基本概念与可分离变量方程

6.1.1 常微分方程的基本概念

下面通过几个具体例子说明微分方程的基本概念.

引例 一曲线通过点(3,0)且该曲线上任意点 $M(x,y)$ 处的切线垂直于该点与原点的连线，求该曲线的方程.

解 设所求曲线方程为 $y=f(x)$，点 $M(x,y)$ 处的切线 MT 的斜率为 y'，OM 连线的斜率为 $\dfrac{y}{x}$，由题意可知(如图 6-1)，

所求的曲线应满足关系式

$$y'\cdot\frac{y}{x}=-1, \tag{6-1}$$

即
$$\frac{\mathrm{d}y}{\mathrm{d}x}=-\frac{x}{y}.$$

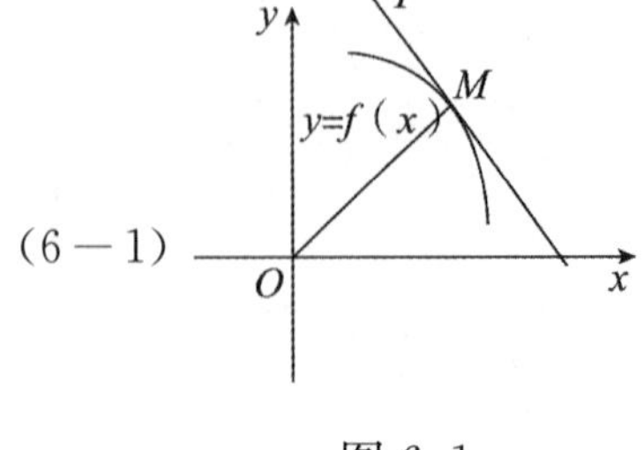

图 6-1

整理，得 $y\mathrm{d}y=-x\mathrm{d}x$.

两边积分，得　$\frac{1}{2}y^2=-\frac{1}{2}x^2+C_0$（其中 C_0 为任意常数），

即　$$x^2+y^2=C（其中 C=2C_0，为任意常数）. \tag{6-2}$$

式(6－2)表示了曲线上任意一点处的切线垂直于该点与原点的连线的所有曲线，即图 6-2 所示的一族同心圆.

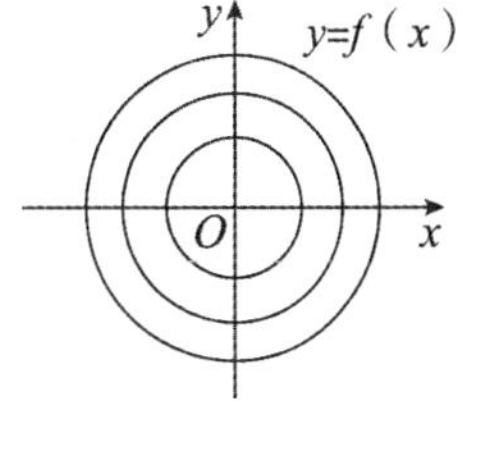

图 6-2

要求的曲线通过点(3,0)，即曲线需满足

$$y|_{x=3}=0. \tag{6-3}$$

将式(6－3)代入式(6－2)，得 $C=9$. 把 $C=9$ 代入式(6－2)即得所求的曲线方程为

$$x^2+y^2=9. \tag{6-4}$$

定义 1　含有未知函数及其导数(或微分)的方程叫做微分方程. 未知函数为一元函数的微分方程称为**常微分方程**，未知函数是多元函数的微分方程称为**偏微分方程**.

微分方程中所含未知函数的导数(或微分)的最高阶数，叫做微分方程的阶.

n 阶微分方程的一般形式可以表示为

$$F(x,y,y',y'',\cdots,y^{(n)})=0,$$

其中 x 是自变量，y 是 x 的函数，而 $y',y'',\cdots,y^{(n)}$ 依次是函数 y 对 x 的一阶，二阶，…，n 阶导数. 二阶及二阶以上的微分方程叫做**高阶微分方程**. 这里只讨论一阶、二阶常微分方程.

定义 2　能使微分方程成为恒等式的函数，叫做微分方程的解. 如果微分方程的解中含有任意常数，且任意常数的个数与微分方程的阶数相同，这样的解叫做微分方程的**通解**. 题目中给定的附加条件叫做**初始条件**. 根据初始条件确定的通解中的任意常数的解叫做微分方程的**特解**.

如式(6－1)是常微分方程，式(6－2)是微分方程的通解，式(6－3)是给定的初始条件，式(6－4)是微分方程的特解.

通常把求微分方程解的过程叫做**解微分方程**，微分方程通解的图形是一族积分曲线(如图 6-2)，特解的图形是积分曲线族中的某一条积分曲线.

6.1.2　可分离变量的微分方程

定义 3　如果一阶微分方程

$$F(x,y,y')=0, \tag{6-5}$$

经过整理后能写成如下形式，

$$g(y)\mathrm{d}y=f(x)\mathrm{d}x. \tag{6-6}$$

则称(6－5)为**可分离变量的微分方程**.

可分离变量的微分方程的解法是，对变量分离方程式(6－6)两边取不定积分，即

$$\int g(y)\mathrm{d}y=\int f(x)\mathrm{d}x.$$

设 $G(y)$，$F(x)$ 分别是 $g(y)$，$f(x)$ 的原函数，则可得式(6－6)的通解

$$G(y)=F(x)+C.$$

例 1 求微分方程$(1+e^x)dy = ye^x dx$的通解.

解 当$y \neq 0$时,分离变量,得

$$\frac{dy}{y} = \frac{e^x}{1+e^x}dx,$$

两端积分,得

$$\int \frac{1}{y}dy = \int \frac{1}{1+e^x}d(1+e^x)$$

$$\ln|y| = \ln|1+e^x| + C_1,$$

$$\ln|y| = \ln|1+e^x| + \ln C_2,$$

$$\ln|y| = \ln C_2|1+e^x|,$$

$$y = \pm C_2(1+e^x),$$

得到通解 $y = C(1+e^x)(C \neq 0)$.

显然,$y=0$也是方程的解.所以,方程的通解为$y = C(1+e^x)$,C为任意常数.

以后为了计算方便,约定把$\ln|y|$写成$\ln y$.

例 2 求微分方程$\dfrac{dy}{dx} = \dfrac{xy}{1+x^2}$的通解.

解 这是可分离变量方程.分离变量,得

$$\frac{dy}{y} = \frac{x}{1+x^2}dx,$$

两边积分

$$\int \frac{dy}{y} = \int \frac{x}{1+x^2}dx,$$

得

$$\ln y = \frac{1}{2}\ln(1+x^2) + \ln C,$$

即得原微分方程的通解

$$y = C\sqrt{1+x^2}.$$

例 3 求微分方程$ydx + x^2dy = 0$,满足初始条件$y|_{x=1} = 5$的特解.

解 先求出通解.分离变量,得

$$\frac{dy}{y} = -\frac{dx}{x^2},$$

两边积分,得

$$\ln y = \frac{1}{x} + C_1,$$

该微分方程的通解

$$y = Ce^{\frac{1}{x}} \quad (其中 C = e^{C_1}).$$

将$y|_{x=1} = 5$代入通解中,得$C = \dfrac{5}{e}$,于是所求微分方程的特解为$y = \dfrac{5}{e}e^{\frac{1}{x}}$.

习题 6.1

1. 指出下列微分方程的阶数.

(1) $\frac{dy}{dx}=2x+3y$

(2) $(y'')^5+2(y')^3+xy^6=0$

(3) $\frac{d^2y}{dx^2}=x+\sin x$

(4) $(\frac{dy}{dx})^2+x\frac{dy}{dx}-y=0$

2. 验证给出的函数是否为相应微分方程的解,并指出是通解还是特解(C 为任意常数).

(1) $xy'=2y, y=5x^2$;

(2) $y''=x^2+y^2, y=\frac{1}{x}$;

(3) $5\frac{dy}{dx}=3x^2+5x, y=\frac{x^3}{5}+\frac{x^2}{2}+C$.

3. 求下列微分方程的通解.

(1) $\frac{dy}{dx}=\frac{x}{y}$

(2) $\frac{dy}{dx}=y\ln y$

(3) $xy'-y\ln y=0$

(4) $\frac{dy}{dx}=e^{x-y}$

4. 求下列方程的特解.

(1) $\frac{dy}{dx}=y(y+1), y|_{x=0}=1$;

(2) $x\frac{dy}{dx}=2y, y|_{x=1}=2$;

(3) $y'\sin x=y\ln y$,　$y|_{x=\frac{\pi}{2}}=e$;

(4) $3x^2+5x-5y'=0, y|_{x=2}=2$.

6.2 一阶线性微分方程

定义 形如
$$\frac{dy}{dx}+p(x)y=q(x) \tag{6-7}$$
的方程,称为**一阶非齐次线性微分方程**. 其中 $p(x)$、$q(x)$ 为已知函数. 当 $q(x)=0$ 时,称
$$\frac{dy}{dx}+p(x)y=0 \tag{6-8}$$
为一阶线性**齐次微分方程,简称式(6-7)对应的齐次方程.**

下面我们来求式(6-7)的通解. 为此,先考虑(6-8)的通解:

方程(6-8)是可分离变量的方程,用前面的方法可求通解.
$$\frac{dy}{dx}=-p(x)y,$$
$$\frac{dy}{y}=-p(x)dx,(y\neq 0)$$
两端积分,得 $\int\frac{dy}{y}=-\int p(x)dx$,即
$$\ln y=-\int p(x)dx+\ln C.$$
从而得**齐次微分方程**(6-8)的**通解**为:
$$y=Ce^{-\int p(x)dx}(C\text{ 为任意常数}). \tag{6-9}$$
下面用**常数变易法**来求线性非齐次方程(6-7)的解,我们将(6-9)中的常数 C 改为函数 $C(x)$,即假定(6-7)有形如
$$y=C(x)e^{-\int p(x)dx} \tag{6-10}$$
的解,式(6-10)两边关于 x 求导得
$$y'=C'(x)e^{-\int p(x)dx}-C(x)p(x)e^{-\int p(x)dx},$$
代入(6-7)得
$$C'(x)e^{-\int p(x)dx}-C(x)p(x)e^{-\int p(x)dx}+p(x)C(x)e^{-\int p(x)dx}=q(x),$$
化简后得
$$C'(x)=q(x)e^{\int p(x)dx},$$
于是
$$C(x)=\int q(x)e^{\int p(x)dx}dx+C. \tag{6-11}$$
将(6-11)代入(6-10)得到**非齐次微分方程**(6-7)的**通解的一般形式:**
$$y=e^{-\int p(x)dx}\left(\int q(x)e^{\int p(x)dx}dx+C\right). \tag{6-12}$$

例 1 求微分方程 $\frac{dy}{dx}-\frac{2}{x}y=\frac{1}{2}x$ 的通解.

解法一(公式法) 这是一阶非齐次线性微分方程,其中

$$p(x)=-\frac{2}{x},q(x)=\frac{1}{2}x,$$

由公式(6－12)得

$$\begin{aligned}y&=e^{\int\frac{2}{x}dx}[\int\frac{1}{2}xe^{\int-\frac{2}{x}dx}dx+C]\\&=e^{2\ln x}[\int\frac{1}{2}xe^{-2\ln x}dx+C]=e^{\ln x^2}[\int\frac{1}{2}xe^{\ln x^{-2}}dx+C]\\&=x^2[\int\frac{1}{2}x\cdot x^{-2}dx+C]=x^2[\frac{1}{2}\int\frac{1}{x}dx+C]=x^2(\frac{1}{2}\ln|x|+C).\end{aligned}$$

解法二(常数变易法)　先解齐次方程$\frac{dy}{dx}-\frac{2}{x}y=0$,

变形得　$$\frac{dy}{y}=\frac{2dx}{x},$$

解得　$$\ln y=2\ln x,$$

得通解为　$$y=Cx^2.$$

用常数变易法,令非齐次方程的通解为

$$y=C(x)x^2,\tag{1}$$

代入原方程,化简后可得　$$C'(x)=\frac{1}{2x},$$

积分得到　$$C(x)=\frac{1}{2}\ln|x|+C,\tag{2}$$

将(2)代入(1)即得原方程的通解为

$$y=x^2(\frac{1}{2}\ln|x|+C).$$

我们不主张在求解每一道题时都用常数变易法,而是提倡直接用公式(6－12)求解.

例2　求微分方程$\frac{dy}{dx}=\frac{y}{x+y^2}$的通解.

解　原方程不是未知函数y的线性方程,但我们可将它改写成

$$\frac{dx}{dy}=\frac{x+y^2}{y},$$

即　$$x'-\frac{1}{y}x=y,$$

把x看成未知函数,y看做自变量,则这是一个线性非齐次微分方程,由公式(6－12)所求通解为

$$\begin{aligned}x&=e^{\int\frac{1}{y}dy}(\int ye^{\int-\frac{1}{y}dy}dy+C)=e^{\ln y}(\int ye^{-\ln y}dy+C)\\&=y(\int ye^{\ln y^{-1}}dy+C)=y(\int y\cdot y^{-1}dy+C)\\&=y(\int 1dy+C)=y(y+C)=y^2+Cy.\end{aligned}$$

例 3 求微分方程 $x^2y'+xy=1$ 满足初始条件 $y|_{x=2}=1$ 的特解.

解 原方程可变形为 $y'+\frac{1}{x}y=\frac{1}{x^2}$,

由公式(6－12),得原方程的通解

$$
\begin{aligned}
y&=\mathrm{e}^{-\int\frac{1}{x}\mathrm{d}x}\left(\int\frac{1}{x^2}\mathrm{e}^{\int\frac{1}{x}\mathrm{d}x}\mathrm{d}x+C\right)\\
&=\mathrm{e}^{-\ln x}\left(\int\frac{1}{x^2}\mathrm{e}^{\ln x}\mathrm{d}x+C\right)=x^{-1}\left(\int\frac{1}{x^2}x\mathrm{d}x+C\right)\\
&=\frac{1}{x}\left(\int\frac{1}{x}\mathrm{d}x+C\right)=\frac{1}{x}(\ln x+C),
\end{aligned}
$$

将初始条件 $y|_{x=2}=1$ 代入通解中,得 $C=2-\ln 2$,

于是所求特解为 $y=\frac{1}{x}(\ln x+2-\ln 2)$.

例 4 已知曲线上任意一点 (x,y) 处的切线在 y 轴上的截距都等于该点横坐标的三次方,且曲线过点 $(2,0)$,求该曲线的方程.

解 设所求曲线方程为 $y=y(x)$,曲线在任意一点 (x,y) 处的切线斜率为 y',则曲线在点 (x,y) 处的切线方程为

$$Y-y=y'(X-x).$$

令 $X=0$,则切线在 y 轴上的截距为 $Y=y-xy'$,

由题设,可得初值问题 $y-xy'=x^3, y|_{x=2}=0$,

将 $y-xy'=x^3$ 变形为 $y'-\frac{1}{x}y=-x^2$,

这是一阶线性微分方程,通解为

$$
\begin{aligned}
y&=\mathrm{e}^{\int\frac{1}{x}\mathrm{d}x}\left(\int-x^2\mathrm{e}^{\int-\frac{1}{x}\mathrm{d}x}\mathrm{d}x+C\right)\\
&=\mathrm{e}^{\ln x}\left(\int-x^2\mathrm{e}^{-\ln x}\mathrm{d}x+C\right)\\
&=x\left(\int-x^2\cdot\frac{1}{x}\mathrm{d}x+C\right)
\end{aligned}
$$

解得 $y=x\left(-\frac{x^2}{2}+C\right)$,

由 $y|_{x=2}=0$,得 $C=2$. 故所求曲线的方程为

$$y=x\left(2-\frac{x^2}{2}\right)=2x-\frac{1}{2}x^3.$$

习题 6.2

1. 求下列微分方程的通解.

(1) $y' + 2xy = 4x$

(2) $xy' + y = x^2 + 3x + 2$

(3) $xyy' = 1 - x^2$

(4) $y' + y\tan x = \cos x$

(5) $xy' + y - e^x = 0$

(6) $\frac{dy}{dx} - \frac{y}{x+1} = (x+1)^{\frac{3}{2}}$

2. 求下列微分方程的特解.

(1) $y' + 2xy = xe^{-x^2}, y|_{x=0} = 1$;

(2) $y' - y\tan x = \frac{1}{\cos x}, y|_{x=0} = 1$;

(3) $y' + 3y = e^{-2x}, y|_{x=0} = 0$;

(4) $y' = \frac{y}{x}, y|_{x=1} = 2$.

6.3 可降阶的高阶微分方程

本节要介绍几种高阶微分方程的解法，这些解法的主要思想就是把高阶方程通过某些变换降为较低阶的方程.

1. $y^{(n)}=f(x)$ 型微分方程

这类微分方程的特点是右端仅是自变量的函数，通过 n 次积分就可以得到通解，若初始条件已知，还可以求得满足初始条件的特解.

例 1 求微分方程$\frac{d^5y}{dx^5}-\frac{1}{x}\frac{d^4y}{dx^4}=0$的通解.

解 令 $z=\frac{d^4y}{dx^4}$，则有 $\frac{dz}{dx}-\frac{z}{x}=0$，

所以 $\frac{dz}{z}=\frac{dx}{x}$，

通解为 $z=Cx$，即 $z=\frac{d^4y}{dx^4}=y^{(4)}=Cx$，

$$y'''=\int Cx\,dx=\frac{1}{2}Cx^2+C_1,$$

$$y''=\int(\frac{C}{2}x^2+C_1)dx=\frac{C}{6}x^3+C_1x+C_2,$$

$$y'=\int(\frac{C}{6}x^3+C_1x+C_2)dx=\frac{C}{24}x^4+\frac{C_1}{2}x^2+C_2x+C_3,$$

$$y=\int(\frac{C}{24}x^4+\frac{C_1}{2}x^2+C_2x+C_3)dx$$

$$=\frac{C}{120}x^5+\frac{C_1}{6}x^3+\frac{C_2}{2}x^2+C_3x+C_4.$$

积分四次，得原方程的通解为

$$y=C_1x^5+C_2x^3+C_3x^2+C_4x+C_5.\ (C_i \text{ 是任意常数})$$

例 2 求微分方程 $y'''=\sin x-\cos x$ 满足初始条件 $y(0)=2, y'(0)=1, y''(0)=0$ 的特解.

解 两端同时积分，得

$$y''=-\cos x-\sin x+C_1,$$

$$y'=-\sin x+\cos x+C_1x+C_2,$$

$$y=\cos x+\sin x+\frac{C_1}{2}x^2+C_2x+C_3,$$

将初始条件 $y(0)=2, y'(0)=1, y''(0)=0$ 分别代入，得

$$C_1=1, C_2=0, C_3=1.$$

于是，所求通解为 $y=\cos x+\sin x+\frac{1}{2}x^2+1.$

2. $y''=f(x,y')$ 型微分方程

这类微分方程的特点是**右端不显含未知函数**y,此时可令$y'=p(x)$,则$y''=\frac{\mathrm{d}p}{\mathrm{d}x}$,代入方程得$\frac{\mathrm{d}p}{\mathrm{d}x}=f(x,p)$,变为$p$的一阶微分方程,解出$p$后,再积分一次即可得到$y$.

例3 求微分方程$xy''+y'+x=0$的通解.

解 令$y'=p(x)$,则$y''=p'$,代入微分方程,得

$$xp'+p+x=0,$$

即 $p'+\frac{1}{x}p=-1$,

这是以x为自变量,以p为未知函数的一阶线性非齐次微分方程,由通解公式,其通解为

$$p=\mathrm{e}^{-\int\frac{1}{x}\mathrm{d}x}\left(\int-\mathrm{e}^{\int\frac{1}{x}\mathrm{d}x}\mathrm{d}x+C_1\right)=-\frac{1}{2}x+\frac{C_1}{x},$$

$$即\quad y'=-\frac{1}{2}x+\frac{C_1}{x},$$

两边积分,得通解

$$y=-\frac{1}{4}x^2+C_1\ln|x|+C_2.$$

例4 求微分方程$xy''=y'$满足初始条件$y|_{x=0}=2,y'|_{x=1}=1$的特解.

解 令$y'=p(x)$,则$y''=p'$,代入微分方程,得

$$xp'=p,$$

$$即\quad \frac{\mathrm{d}p}{p}=\frac{\mathrm{d}x}{x},$$

$$\ln p=\ln x+\ln C_1,$$

得 $p=C_1x$,

即 $y'=C_1x$,

积分得 $y=\frac{1}{2}C_1x^2+C_2$,

将初始条件$y|_{x=0}=2,y'|_{x=1}=1$,代入得$C_1=1,C_2=2$,

所以原方程的特解为 $y=\frac{1}{2}x^2+2$.

3. $y''=f(y,y')$ 型微分方程

这类微分方程的特点是**右端不显含自变量**x,作变量替换,令$y'=p(y)$,利用复合函数求导法则,有

$$y''=\frac{\mathrm{d}p}{\mathrm{d}x}=\frac{\mathrm{d}p}{\mathrm{d}y}\cdot\frac{\mathrm{d}y}{\mathrm{d}x}=p\frac{\mathrm{d}p}{\mathrm{d}y},$$

方程可化为 $p\frac{\mathrm{d}p}{\mathrm{d}y}=f(y,p)$,

这是一个关于变量 y,p 的一阶微分方程.设其通解为 $y'=p=g(y,C_1)$,

因为 $y'=\frac{dy}{dx}=g(y,C_1)$,所以 $\frac{dy}{g(y,C_1)}=dx$,

积分得 $y''=f(y,y')$ 的通解为

$$\int\frac{dy}{g(y,C_1)}=x+C_2.$$

例 5 求微分方程 $yy''+2(y')^2=0$ 的通解.

解 令 $y'=p$,则 $y''=p'=\frac{dp}{dy}\cdot\frac{dy}{dx}=\frac{dp}{dy}p$,

原方程可化为 $yp\frac{dp}{dy}+2p^2=0$,

分离变量得 $\frac{dp}{p}=-2\frac{dy}{y}$,

积分得 $\ln|p|=-2\ln|y|+\ln C_0=\ln\frac{C_0}{y^2}$,

即 $y'=p=\frac{C_0}{y^2}$,

分离变量得 $y^2dy=C_0dx$,

积分得 $y^3=3C_0x+C_2$,

即通解为 $y^3=C_1x+C_2$.(C_i 是任意常数)

习题 6.3

1. 求下列微分方程的通解.

(1) $y''=\sin x$ (2) $y'''=\cos x$

(3) $xy''-y'=0$ (4) $y''+\frac{1}{x}y'=x+\frac{1}{x}$

(5) $yy''-y'^2=0$ (6) $yy''+y'^2+1=0$

2. 求下列微分方程的特解.

(1) $y''=\frac{1}{x^2}\ln x, y(1)=0, y'(1)=1$;

(2) $y''(x^2+1)=2xy', y(0)=1, y'(0)=3$;

(3) $y''=(y')^{\frac{1}{2}}, y(0)=0, y'(0)=1$.

6.4　二阶常系数齐次线性微分方程

常系数线性微分方程,特别是二阶常系数线性微分方程在工程技术中有着广泛的应用.本节主要介绍二阶常系数线性微分方程的解法.

定义　形如

$$y''+py'+qy=f(x) \tag{6-13}$$

的方程,称为二阶常系数线性微分方程,其中 p,q 为常数.

若 $f(x)\neq 0$,称方程(6－13)为**二阶常系数非齐次线性微分方程**.

若 $f(x)=0$,即方程

$$y''+py'+qy=0 \tag{6-14}$$

叫做与方程(6－13)对应的**二阶常系数齐次线性微分方程**.

6.4.1　二阶常系数线性微分方程解的性质及通解的结构

定理 1　(1) 若函数 y_1 是线性齐次微分方程(6－14)的解,则 Cy_1 也是方程(6－14)的解,其中 C 为任意常数;

(2) 若函数 y_1 与 y_2 是线性齐次微分方程(6－14)的解,则 y_1+y_2 也是方程(6－14)的解.

注意　(1) 当 y_1 与 y_2 之比是常数时,称 y_1 与 y_2 是**线性相关**的;当 y_1 与 y_2 之比不为常数时,称 y_1 与 y_2 是**线性无关**的.

(2) 当 y_1 与 y_2 是方程(6－14)的两个线性无关的特解时,$C_1y_1+C_2y_2$ 就是方程(6－14)的通解.

定理 2　若 y^* 是非齐次线性微分方程(6－13)的一个特解,Y 是齐次线性微分方程(6－14)的通解,则 $y=y^*+Y$ 是二阶非齐次线性微分方程(6－13)的通解.

定理 3　(解的叠加原理)若 y_1 是方程 $y''+py'+qy=f_1(x)$ 的解,y_2 是方程 $y''+py'+qy=f_2(x)$ 的解,则 y_1+y_2 是方程 $y''+py'+qy=f_1(x)+f_2(x)$ 的解.

6.4.2　二阶常系数齐次线性微分方程的解法

为了求方程(6－14)的通解,我们先来研究简单的一阶方程

$$y'+ay=0, \tag{6-15}$$

不难求出它有特解

$$y=e^{-ax}.$$

比较(6－14)与(6－15),它们都是常系数齐次线性微分方程.因此我们猜想方程(6－14)也有形如

$$y=e^{\lambda x} \tag{6-16}$$

的解,其中 λ 是待定常数.为了确定 λ,先将(6－16)看做是(6－14)的解,将它代入(6－14)之中,再确定 λ 所应满足的条件.实际上有

$$(e^{\lambda x})''+p(e^{\lambda x})'+q(e^{\lambda x})=0,$$

即

$$(\lambda^2+p\lambda+q)e^{\lambda x}=0,$$

所以必有 $$\lambda^2+p\lambda+q=0. \tag{6-17}$$

把代数方程(6－17)叫做微分方程(6－14)的**特征方程**.特征方程的根称为**特征根**.这表明,若 $y=e^{\lambda x}$ 是方程(6－14)的解,则待定常数 λ 应该是二次代数方程(6－17)的根,反之,只要 λ 是二次代数方程(6－17)的根,则 $y=e^{\lambda x}$ 是方程(6－14)的一个特解,于是微分方程(6－14)的求解问题就转化为求二次代数方程(6－17)的根的问题.

下面根据特征根分三种情况讨论:

1. **特征方程有两个不同的实根 λ_1 与 λ_2 时**,对应的两个特解为 $y_1=e^{\lambda_1 x}$,$y_2=e^{\lambda_2 x}$,而 y_1,y_2 是线性无关的,所以微分方程的通解为

$$y=C_1e^{\lambda_1 x}+C_2e^{\lambda_2 x}\text{(其中 }C_1,C_2\text{ 为任意常数)}.$$

例1 求方程 $y''-3y'=0$ 的通解.

解 特征方程为 $$\lambda^2-3\lambda=0,$$

特征根为 $\lambda_1=0,\lambda_2=3$,

故所求通解为 $y=C_1+C_2e^{3x}$.

例2 求方程 $\frac{d^2y}{dx^2}+2\frac{dy}{dx}-3y=0$ 的通解及满足条件:$y(0)=1,y'(0)=2$ 的特解.

解 特征方程为 $$\lambda^2+2\lambda-3=0,$$

特征根为 $\lambda_1=1,\lambda_2=-3$,

因此,通解为 $y=C_1e^x+C_2e^{-3x}$,

所以 $y'=C_1e^x-3C_2e^{-3x}$.

将初始条件 $y(0)=1,y'(0)=2$ 代入得,

$$C_1=\frac{5}{4},C_2=-\frac{1}{4}.$$

因此,所求特解为 $y=\frac{5}{4}e^x-\frac{1}{4}e^{-3x}$.

2. **特征方程有两个相同的实根 $\lambda_1=\lambda_2=\lambda$ 时**,按照上述方法只得到微分方程的一个特解为 $y_1=Ce^{\lambda x}$.为了得到通解,必须寻求一个与 y_1 线性无关的特解 y_2,为此设 $\frac{y_2}{y_1}=u(x)$,若求得 $u(x)$,那么也就求得了 y_2.由 $\frac{y_2}{y_1}=u(x)$ 得

$$y_2=u(x)y_1,y'_2=u'(x)e^{\lambda x}+\lambda u(x)e^{\lambda x},$$
$$y''_2=u''(x)e^{\lambda x}+2\lambda u'(x)e^{\lambda x}+\lambda^2u(x)e^{\lambda x},$$

将其代入(6－14),得

$$(\lambda^2+p\lambda+q)u(x)e^{\lambda x}+(2\lambda+p)u'(x)e^{\lambda x}+u''(x)e^{\lambda x}=0.$$

因为 $\lambda^2+p\lambda+q=0,2\lambda+p=0,e^{\lambda x}\neq 0$,所以有 $u''(x)=0$,两次积分,得

$$u(x)=C_1x+C_2.$$

令 $C_1=1,C_2=0$,得 $u(x)=x$,于是 $y_2=xe^{\lambda x}$.

从而微分方程(6－14)的通解为

$$y=(C_1+C_2x)e^{\lambda x}\ (C_1、C_2\text{ 是任意常数}).$$

例 3　求微分方程 $y''-8y'+16y=0$ 的通解.

解　特征方程为　$\lambda^2-8\lambda+16=0$,

特征根为　$\lambda_1=\lambda_2=4$,

因而所求通解为　$y=e^{4x}(C_1+C_2x)$.

例 4　求微分方程 $y''-6y'+9y=0$ 满足初始条件 $y(0)=1,y'(0)=2$ 的特解.

解　特征方程为　$\lambda^2-6\lambda+9=0$,

特征根为　$\lambda_1=\lambda_2=3$,

所求通解为　$y=e^{3x}(C_1+C_2x)$,

所以　$y'=3e^{3x}(C_1+C_2x)+e^{3x}C_2=e^{3x}(3C_1+3C_2x+C_2)$.

将初始条件 $y(0)=1,y'(0)=2$ 代入得

$$C_1=1,C_2=-1.$$

因而所求特解为 $y=(1-x)e^{3x}$.

3. **特征方程有一对共轭复根** $\lambda_1=\alpha+i\beta,\lambda_2=\alpha-i\beta$ 时,$y_1=e^{(\alpha+i\beta)x}$,$y_2=e^{(\alpha-i\beta)x}$ 是微分方程(6－14)的两个特解,这两个特解含有复数,不便于应用,为了得出实数解,利用欧拉公式 $e^{i\theta}=\cos\theta+i\sin\theta$,把 y_1,y_2 改写为

$$y_1=e^{\alpha x}\cdot e^{i\beta x}=e^{\alpha x}(\cos\beta x+i\sin\beta x),$$
$$y_2=e^{\alpha x}\cdot e^{-i\beta x}=e^{\alpha x}(\cos\beta x-i\sin\beta x),$$

由 6.4.1 定理 1 知,y_1,y_2 是方程(6－14)的解,那么分别乘上常数相加得的和仍是方程(6－14)的解,所以

$$\overline{y}_1=\frac{1}{2}(y_1+y_2)=e^{\alpha x}\cos\beta x,\overline{y}_2=\frac{1}{2i}(y_1-y_2)=e^{\alpha x}\sin\beta x,$$

也是方程(6－14)的解,又$\overline{y}_1$、$\overline{y}_2$ 线性无关,因此,方程(6－14)的通解为

$$y=e^{\alpha x}(C_1\cos\beta x+C_2\sin\beta x)\quad(C_1、C_2\text{ 为任意常数}).$$

例 5　求微分方程 $2y''+2y'+y=0$ 的通解.

解　特征方程为　$2\lambda^2+2\lambda+1=0$,

特征根为　$\lambda_1=-\frac{1}{2}+\frac{1}{2}i,\lambda_2=-\frac{1}{2}-\frac{1}{2}i$,

其中 $\alpha=-\frac{1}{2},\beta=\frac{1}{2}$,

所以通解为　$y=e^{-\frac{1}{2}x}(C_1\cos\frac{x}{2}+C_2\sin\frac{x}{2})$.

例 6　求微分方程 $4y''+y=0$ 满足初始条件 $y|_{x=0}=1,y'|_{x=0}=1$ 的解.

解　特征方程为　$4\lambda^2+1=0$,

特征根为　$\lambda_1=\frac{1}{2}i,\lambda_2=-\frac{1}{2}i$,

其中 $\alpha=0,\beta=\frac{1}{2}$,

所以通解为 $y = C_1\cos\frac{1}{2}x + C_2\sin\frac{1}{2}x$.

将初始条件 $y|_{x=0} = 1$ 代入上式得 $C_1 = 1$,从而 $y = \cos\frac{1}{2}x + C_2\sin\frac{1}{2}x$,

再将上式对 x 求导,得 $y' = -\frac{1}{2}\sin\frac{1}{2}x + \frac{1}{2}C_2\cos\frac{1}{2}x$,

然后将 $y'|_{x=0} = 1$ 代入,得 $C_2 = 2$,

从而所求的特解为 $y = \cos\frac{1}{2}x + 2\sin\frac{1}{2}x$.

综上所述,**求二阶常系数线性齐次微分方程的通解的具体步骤**如下:

(1) 写出特征方程 $\lambda^2 + p\lambda + q = 0$;

(2) 求出特征根 λ_1 与 λ_2;

(3) 根据根的不同情况,直接写出方程(6-14)的通解.

当有两个不相等实根 λ_1、λ_2 时,解为 $y = C_1e^{\lambda_1 x} + C_2e^{\lambda_2 x}$;

当有两个相等实根 $\lambda_1 = \lambda_2 = \lambda$ 时,解为 $y = (C_1 + C_2x)e^{\lambda x}$;

当有一对共轭复根 $\alpha \pm i\beta$ 时,解为 $y = e^{\alpha x}(C_1\cos\beta x + C_2\sin\beta x)$.

习题 6.4

1. 求下列微分方程的通解.

(1) $y'' + 9y' + 20y = 0$

(2) $y'' - y' - 6y = 0$

(3) $y'' - 2y' + y = 0$

(4) $y'' - 9y' + 9y = 0$

(5) $y'' + y' + y = 0$

(6) $y'' - y' + 2y = 0$

2. 求下列微分方程的特解.

(1) $y'' - 3y' + 2y = 0$; $y(0) = 2, y'(0) = -3$.

(2) $y'' + 4y' + 4y = 0$; $y(0) = 1, y'(0) = 0$.

(3) $y'' + y = 0$; $y(0) = 2, y'(0) = 5$.

6.5　二阶常系数非齐次线性微分方程

前面我们讨论了二阶常系数齐次线性微分方程的解法，下面我们讨论二阶常系数非齐次线性微分方程的解法. 由 6.4 定理 2 可知，求二阶常系数非齐次微分方程(6－13) 的通解，归结为求对应的齐次微分方程(6－14) 的通解 Y 和非齐次方程本身的一个特解 y^*. Y 的求法已在上节得到解决，所以这里只讨论求(6－13) 的一个特解 y^* 的方法. 本节我们只介绍下列两种情况的求解方法：

(1) $f(x)=p_m(x)e^{\alpha x}$，($p_m(x)$ 是关于 x 的 m 次多项式，α 是常数).

(2) $f(x)=e^{\alpha x}[p_l(x)\cos\beta x+p_n(x)\sin\beta x]$，($p_l(x)$、$p_n(x)$ 分别是关于 x 的 l 次、n 次多项式，α、β 是常数).

1. $f(x)=p_m(x)e^{\alpha x}$ 型

这时(6－13) 为
$$y''+py'+qy=p_m(x)e^{\alpha x}. \tag{6-18}$$

其中 $p_m(x)$ 为 m 次多项式，α 为常数，它有特解形式
$$y^*=x^k q_m(x)e^{\alpha x},$$

其中 $q_m(x)$ 是与 $p_m(x)$ 同次幂的多项式，并且

(1) 如果 α 不是特征方程 $\lambda^2+p\lambda+q=0$ 的特征根，(6－18) 有形如 $q_m(x)e^{\alpha x}$ 的特解，此时 $k=0$；

(2) 如果 α 是特征方程 $\lambda^2+p\lambda+q=0$ 的单根，(6－18) 有形如 $xq_m(x)e^{\alpha x}$ 的特解，此时 $k=1$；

(3) 如果 α 是特征方程 $\lambda^2+p\lambda+q=0$ 的重根，(6－18) 有形如 $x^2q_m(x)e^{\alpha x}$ 的特解，此时 $k=2$.

例 1　求微分方程 $y''-5y'+6y=xe^{2x}$ 的通解.

解　所给方程是二阶常系数非齐次线性微分方程，且 $f(x)$ 是 $p_m(x)e^{\alpha x}$ 型，其中 $p_m(x)=x$，$e^{\alpha x}=e^{2x}$，且 $k=1$，$\alpha=2$.

对应的齐次方程为
$$y''-5y'+6y=0,$$

它的特征方程为 $\lambda^2-5\lambda+6=0$，特征根为 $\lambda_1=2$，$\lambda_2=3$.

故对应的齐次方程的通解为
$$Y=C_1e^{2x}+C_2e^{3x}.$$

由于 $\alpha=2$ 是特征方程的单根，故设非齐次方程的特解为
$$y^*=x(Ax+B)e^{2x},$$

求导得　$(y^*)'=[2Ax^2+(2A+2B)x+B]e^{2x}$,
$$(y^*)''=[4Ax^2+(8A+4B)x+2A+4B]e^{2x},$$

将它们代入原方程整理得
$$-2Ax+2A-B=x,$$

比较等式两端同次幂的系数，解得 $A=-\frac{1}{2}, B=-1$，

于是，原方程的一个特解为

$$y^{*}=x\left(-\frac{1}{2}x-1\right)e^{2x}=-\frac{1}{2}(x^{2}+2x)e^{2x}.$$

所以，原方程的通解为

$$y=C_{1}e^{2x}+C_{2}e^{3x}-\frac{1}{2}(x^{2}+2x)e^{2x}.$$

例 2 求微分方程 $y''-3y'+2y=6x^{2}-10x+2$ 的通解.

解 所给方程是二阶常系数非齐次线性微分方程，且 $f(x)$ 是 $p_{m}(x)e^{\alpha x}$ 型，其中 $p_{m}(x)=6x^{2}-10x+2, e^{\alpha x}=1$，则 $m=2, \alpha=0$.

对应的齐次方程为

$$y''-3y'+2y=0,$$

它的特征方程为 $\lambda^{2}-3\lambda+2=0$，特征根为 $\lambda_{1}=1, \lambda_{2}=2$，

故对应的齐次方程的通解为

$$Y=C_{1}e^{x}+C_{2}e^{2x},$$

因为 $\alpha=0$ 不是特征方程的根，故设非齐次方程的特解为

$$y^{*}=(Ax^{2}+Bx+C)e^{0x}=Ax^{2}+Bx+C,$$

求导得

$$(y^{*})'=2Ax+B, (y^{*})''=2A,$$

将它们代入原方程得

$$2A-3(2Ax+B)+2(Ax^{2}+Bx+C)=6x^{2}-10x+2,$$

比较等式两端 x 的同次幂系数，可得

$$\begin{cases}2A=6, \\ 2B-6A=-10, \\ 2A-3B+2C=2,\end{cases}$$

解得　$A=3, B=4, C=4$，

故原方程的一个特解为

$$y^{*}=3x^{2}+4x+4.$$

所以原方程的通解为

$$y=3x^{2}+4x+4+C_{1}e^{x}+C_{2}e^{2x}.$$

例 3 求微分方程 $y''-y=4xe^{x}$，满足初始条件 $y|_{x=0}=0, y'|_{x=0}=1$ 的特解.

解 对应的齐次方程的特征方程为 $\lambda^{2}-1=0$，特征根为 $\lambda_{1}=1, \lambda_{2}=-1$，

故对应的齐次方程的通解为

$$Y=C_{1}e^{x}+C_{2}e^{-x},$$

因为 $\alpha=1$ 是特征方程的单根，故可设非齐次方程的特解为

$$y^{*}=x(Ax+B)e^{x}=e^{x}(Ax^{2}+Bx),$$

代入原方程并消去 e^{x}，得

$$4Ax+2A+2B=4x,$$

比较系数得 $A=1,B=-1$，即

$$y^*=e^x(x^2-x),$$

于是，原方程的通解为

$$y=C_1e^x+C_2e^{-x}+e^x(x^2-x),$$

即

$$y=e^x(x^2-x+C_1)+C_2e^{-x},$$

求导，得

$$y'=e^x(x^2+x-1+C_1)-C_2e^{-x},$$

代入初始条件 $y|_{x=0}=0,y'|_{x=0}=1$ 得 $C_1+C_2=0,C_1-C_2-1=1$，

解得 $C_1=1,C_2=-1$，故所求特解为

$$y=e^x(x^2-x+1)-e^{-x}.$$

2. $f(x)=e^{\alpha x}[p_l(x)\cos\beta x+p_n(x)\sin\beta x]$ 型

当 $f(x)=e^{\alpha x}[p_l(x)\cos\beta x+p_n(x)\sin\beta x]$（$p_l(x),p_n(x)$ 分别是关于 x 的 l 次、n 次多项式）时，二阶常系数非齐次线性微分方程的特解可设为

$$y^*=x^ke^{\alpha x}[r_m(x)\cos\beta x+t_m(x)\sin\beta x],$$

其中 $r_m(x),t_m(x)$ 是 m 次多项式，$m=\max\{l,n\}$. 而 k 按照 $\alpha+i\beta$ 或 $\alpha-i\beta$ 不是特征方程的根，或是特征方程的单根依次取 0 或 1；$r_m(x),t_m(x)$ 由待定系数法求得.

例 4　求微分方程 $y''+y'-2y=e^x(\cos x-7\sin x)$ 的一个特解.

解　此方程是二阶常系数非齐次线性方程，且 $f(x)$ 是 $e^{\alpha x}[p_l(x)\cos\beta x+p_n(x)\sin\beta x]$ 型，其中 $\alpha=1,\beta=1,p_l(x)=1,p_n(x)=-7$.

所对应的齐次方程为

$$y''+y'-2y=0,$$

它的特征方程为　$\lambda^2+\lambda-2=0$，

特征根为　$\lambda_1=1,\lambda_2=-2$，

因为 $\alpha\pm i\beta=1\pm i$ 不是特征方程的根，取 $k=0$，故设原方程的特解为

$$y^*=e^x(A\cos x+B\sin x),$$

求导得

$$(y^*)'=e^x[(A+B)\cos x+(B-A)\sin x],$$
$$(y^*)''=e^x(2B\cos x-2A\sin x).$$

将它们代入原方程得

$$e^x(2B\cos x-2A\sin x)+e^x[(A+B)\cos x+(B-A)\sin x]-2e^x(A\cos x+B\sin x)$$
$$=e^x(\cos x-7\sin x),$$

即　$(3B-A)\cos x-(3A+B)\sin x=\cos x-7\sin x$，

比较两端的系数，可得 $\begin{cases}-A+3B=1,\\-3A-B=-7,\end{cases}$

因此，$A=2,B=1$.

所以原方程的一个特解为

$$y^*=e^x(2\cos x+\sin x).$$

习题 6.5

1. 求下列微分方程的通解.

(1) $y''+y'-2y=3e^{3x}$

(2) $y''-8y'+7y=3x^2+7x+8$

(3) $y''-3y'=e^{3x}$

(4) $y''-2y'-8y=(x+3)e^{2x}$

(5) $y''-y'-6y=e^x(\cos x+\sin x)$

(6) $y''+y=5\sin 2x$

2. 求下列方程满足初始条件的特解.

(1) $y''-5y'+6y=2e^x$; $y(0)=1, y'(0)=1$.

(2) $y''+3y'+2y=\sin x$; $y(0)=0, y'(0)=0$.

(3) $y''-y=4xe^x$; $y(0)=0, y'(0)=1$.

复习题六

一、选择题

1. 下列方程是可分离变量方程的是( )

A. $y' = x - y$
B. $x(\mathrm{d}x + \mathrm{d}y) = y(\mathrm{d}x - \mathrm{d}y)$
C. $(2x + xy)\mathrm{d}x = (2y + xy)\mathrm{d}y$
D. $(x + y^2)\mathrm{d}y = (y - x^2)\mathrm{d}x$

2. 下列方程是一阶线性微分方程的是( )

A. $y' - x\cos y = 1$
B. $y' = x^2 + 1$
C. $x\mathrm{d}x = (x + y)\mathrm{d}y$
D. $y\mathrm{d}x = (x + y^2)\mathrm{d}y$

3. 微分方程 $y'' + 4xy + 7x = 0$ 是( )

A. 二阶线性齐次方程
B. 二阶线性非齐次方程
C. 齐次方程
D. 一阶微分方程

4. 方程 $y'' + 2y' + y = 0$ 的通解为( )

A. $C_1 + C_2 e^{-x}$
B. $C_1 \cos x + C_2 \sin x$
C. $(C_1 + C_2 x)e^{-x}$
D. Ce^{-x}

5. 方程 $y'' + y = 0$ 的通解为( )

A. $C_1 \sin x + C_2 \cos x$
B. $C_1 \cos x + C_2 x \sin x$
C. $e^x(C_1 \cos x + C_2 \sin x)$
D. $e^y(C_1 \cos x + C_2 \sin x)$

6. 如果 λ_1、λ_2 是线性方程 $y'' + p(x)y' + q(x)y = 0$ 的两个线性无关的特解，则其通解为( )

A. $y = C_1\lambda_1 + \lambda_2$
B. $y = C_1\lambda_1 + C_2\lambda_2$
C. $y = C_1\lambda_1 + C_2 e^x$
D. $y = C\dfrac{\lambda_1}{\lambda_2}$

7. 方程 $y'' + y' - 2y = x$ 的一个特解应设为( )

A. $ax + b$
B. $x(ax)$
C. $x(ax + b)$
D. $x^2(ax + b)$

8. 方程 $(x + y)\mathrm{d}x = x\mathrm{d}y$ 满足 $y(1) = 0$ 的特解为( )

A. $x - 1$
B. $x - \dfrac{1}{x}$
C. $\dfrac{\ln x}{x}$
D. $x\ln x$

9. 函数 $y = \sin x$ 是下列哪个方程的解( )

A. $y'' - y = 0$
B. $y'' + y = 0$
C. $y'' + 2y = 0$
D. $y'' - 2y = 0$

10. 方程 $y'' + y' = x$ 的通解为( )

A. $C_1 + C_2 e^{-x}$
B. $Ce^{-x} + \dfrac{1}{2}x^2 - x$
C. $C_1 + C_2 e^{-x} + \dfrac{1}{2}x^2$
D. $C_1 + C_2 e^{-x} + \dfrac{1}{2}x^2 - x$

二、填空题

1. 微分方程 $y^{(4)}+3y''+6y=\sin x$ 的阶数是________.

2. 微分方程$\frac{dy}{dx}=y\cos x$ 的通解是__________.

3. 微分方程$\frac{dy}{dx}=-\frac{x}{y}$ 的通解是__________.

4. 微分方程 $xy'-y\ln y=0$ 的通解是__________.

5. 微分方程 $y'=2xy$ 的通解是__________.

6. 微分方程 $y'+y=xe^{-x}$ 满足初始条件 $y(0)=2$ 的特解是__________.

7. 微分方程 $y''=\sin x+x$ 的通解是__________.

8. 微分方程 $y''-2y'-3y=x$ 的通解是______________.

9. 微分方程 $y''+y'=x$ 的一个特解应设为______________.

10. 微分方程 $y''+2y=3+5\sin 2x$ 的一个特解应设为________.

三、计算题

1. 求微分方程 $y'-y\tan x-\sec x=0$ 的通解.

2. 求微分方程 $xy'+y=\frac{1}{1+x^2}$ 满足 $y|_{x=\sqrt{3}}=\frac{\sqrt{3}}{9}\pi$ 的特解.

3. 求微分方程 $x\ln x dy+(y-\ln x)dx=0$,满足 $y(e)=1$ 的特解.

4. 求微分方程 $y''-7y'+12y=x$ 的通解.

5. 求微分方程 $y''+4y'+4y=e^{-2x}$ 的通解.

6. 求微分方程 $2y''-3y'-2y=2+3e^{3x}$ 的通解.

7. 求微分方程 $y''+y=x+\cos x$ 的通解.

8. 求微分方程 $y''-3y'+2y=0$ 满足条件 $y(0)=2,y'(0)=-3$ 的特解.

9. 求微分方程 $y''+y=x\cos 2x$ 的一个特解.

第七章 多元函数微积分

前面各章我们讨论的函数都是一元函数，但是，在自然科学和工程技术问题中，我们经常会遇到含有两个或多个自变量的函数，即多元函数. 本章将在一元函数微积分的基础上重点讨论二元函数的微积分，然后再推广到多元函数的情形.

【学习目标】

(一) 多元函数微分学

1. 了解二元函数的概念、几何意义及二元函数的极限与连续概念.
2. 了解偏导数、全微分概念，会求二元函数的一阶偏导数、二阶偏导数.
3. 掌握复合函数一阶偏导数的求法.
4. 会求二元函数的全微分.
5. 掌握由方程 $F(x,y,z)=0$ 所确定的隐函数 $z=z(x,y)$ 的一阶偏导数的计算方法.
6. 会求二元函数的无条件极值.

(二) 二重积分

1. 理解二重积分的概念、性质及其几何意义.
2. 掌握二重积分在直角坐标系下的计算方法.

7.1 多元函数的基本概念

7.1.1 多元函数的概念

在很多自然现象以及实际问题中，经常会遇到多个变量之间的依赖关系，如：

(1) 圆柱体的体积 V 和它的底面半径 r、高 h 之间具有关系 $V=\pi r^2 h$；

(2) 长方体的体积 V 与它的长 x、宽 y、高 z 之间具有关系 $V=xyz$；

(3) 在直流电路中，电流 I、电压 U 与电阻 R 之间具有关系 $I=\dfrac{U}{R}$.

上述问题中(1)(3) 有一个共同特点：两个变量在某个范围内取值后，按照一定的对应关系,另一个变量将有确定的数值与之对应.由此我们抽象出二元函数的概念.

1. 二元函数的定义

定义 1　设在某个变化过程中有三个变量 x,y,z,如果对于变量 x,y 在其允许的实数范围内的任一组值 (x,y),按照某种对应关系,变量 z 总有唯一确定的值与之对应,则称 z 是 x,y 的二元函数,记作

$$z=f(x,y).$$

其中 x,y 称为自变量,z 称为因变量.自变量 x,y 所允许的取值范围称为函数的定义域,常用字母 D 表示.

因为数组 (x,y) 表示 xOy 平面上的一点 $P(x,y)$,这样二元函数 $z=f(x,y)$ 可以看成平面上点 $P(x,y)$ 与数 z 之间的对应,因此也可记作 $z=f(P)$.

二元函数在点 $P_0(x_0,y_0)$ 处所取得的函数值记为 $f(x_0,y_0)$、$f(P_0)$ 或 $z|_{(x_0,y_0)}$.

类似地,可以定义三元函数 $u=f(x,y,z),(x,y,z)\in D$ 以及三元以上的函数.一般地,可以定义 n 元函数 $u=f(x_1,x_2,x_3,\cdots,x_n),(x_1,x_2,\cdots,x_n)\in D$.二元及二元以上的函数统称为多元函数.上述问题(2)中的函数就是三元函数.

一般来说,二元函数的定义域是 xOy 面上的平面区域.如果区域延伸到无限远处,就称这样的区域是**无界的**;否则就称为**有界的**.围成平面区域的曲线称为该区域的边界,包括边界的区域称为**闭区域**,不包括边界的区域称为**开区域**.

例 1　求下列函数的定义域:

(1) $z=\sqrt{x+y}$;

(2) $z=\ln(x^2+y^2-4)+\dfrac{1}{\sqrt{9-x^2-y^2}}$;

(3) $z=\arccos(x^2+y^2)$.

解　(1) 要使函数有意义,x,y 必须满足 $x+y\geqslant 0$,

所以函数的定义域是 $D=\{(x,y)\,|\,x+y\geqslant 0\}$,如图 7-1(a) 所示;

(2) 要使函数有意义,x,y 必须满足不等式组

$$\begin{cases}x^2+y^2-4>0,\\9-x^2-y^2>0,\end{cases}$$

得　$4<x^2+y^2<9$,

所以函数的定义域为 $D=\{(x,y)\ 4<x^2+y^2<9\}$,如图 7-1(b) 所示;

(3) 由反三角函数的定义可知,函数的定义域为 $D=\{(x,y)\,|\,0\leqslant x^2+y^2\leqslant 1\}$,如图 7-1(c) 所示.

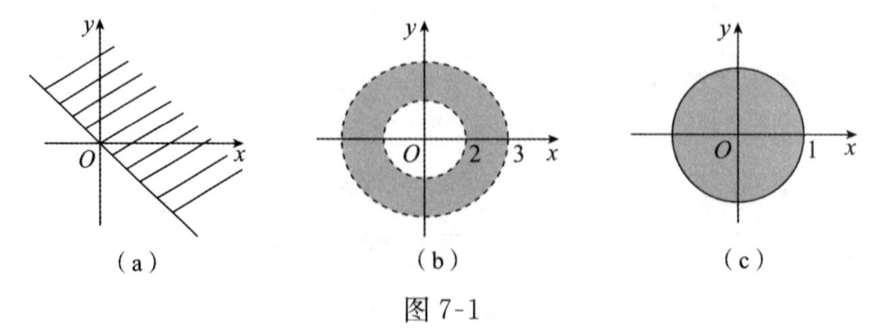

图 7-1

注意　(1) 中的 D 是无界闭区域；(2) 中的 D 是有界开区域；(3) 中的 D 是有界闭区域.

2. 二元函数的几何意义

设函数 $z=f(x,y)$ 的定义域为 xOy 平面上的一个区域 D，对于 D 中的每一点 $P(x,y)$，都有空间中的一点 $M(x,y,z)$ 与之对应. 当点 P 在 D 内变动时，对应点 M 就构成了空间的一个点集，这个点集就是函数 $z=f(x,y)$ 的图形. 一般地，它是一个曲面，该曲面在 xOy 平面上的投影即为函数 $z=f(x,y)$ 的定义域 D（如图 7-2 所示）.

例如，二元函数 $z=\sqrt{1-x^2-y^2}$ 的图形为球心在原点、半径为 1 的上半球面（如图 7-3）；$z=x^2+y^2$ 是旋转抛物面；$z=\sqrt{x^2+y^2}$ 为上半锥面.

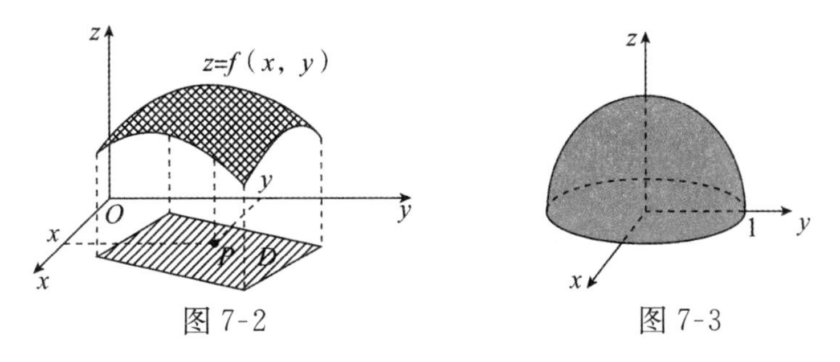

图 7-2　　　　图 7-3

7.1.2　二元函数的极限

与一元函数的极限概念类似，如果二元函数 $z=f(x,y)$ 在 $P(x,y)$ 趋向于 $P_0(x_0,y_0)$ 的过程中，对应的函数值 $f(x,y)$ 无限地接近一个确定的常数，说明函数 $z=f(x,y)$ 有极限.

定义 2　**设函数 $z=f(x,y)$ 在点 $P_0(x_0,y_0)$ 的某个邻域内有定义（点 P_0 可以除外），点 $P(x,y)$ 是该邻域内异于点 $P_0(x_0,y_0)$ 的任意一点. 若当点 $P(x,y)$ 以任意方式无限地趋近于点 $P_0(x_0,y_0)$ 时，函数 $f(x,y)$ 总是趋近于一个确定的常数 A，则称 A 为函数 $f(x,y)$ 当 $P(x,y)$ 趋近于点 $P_0(x_0,y_0)$ 时的极限.**

记作

$$\lim_{(x,y)\to(x_0,y_0)} f(x,y)=A \text{ 或} \lim_{P\to P_0} f(x,y)=A.$$

注意　二元函数极限存在，是指 $P(x,y)$ 以任何方式趋近于 $P_0(x_0,y_0)$ 时，函数 $f(x,y)$ 都无限趋近于同一个常数 A. 反过来，如果当 $P(x,y)$ 以不同的方式趋于 $P_0(x_0,y_0)$ 时，$f(x,y)$ 趋于不同的值，那么就可以断定函数的极限不存在.

例 2　讨论下面函数 z 当 $(x,y)\to(0,0)$ 时极限是否存在.

$$z=\begin{cases}\dfrac{2xy}{x^2+y^2}, x^2+y^2\neq 0,\\ 0, x^2+y^2=0.\end{cases}$$

解　取直线 $y=kx$，设动点 (x,y) 沿着直线 $y=kx$ 无限趋近于 $(0,0)$，则有

$$\lim_{(x,y)\to(0,0)}\frac{2xy}{x^2+y^2}=\lim_{(x,y)\to(0,0)}\frac{2x\cdot kx}{x^2+k^2x^2}$$

$$= \lim_{(x,y)\to(0,0)} \frac{2k}{1+k^2},$$

显然，k 取值不同极限值不同，所以函数 z 在点(0,0)处极限不存在.

此例说明二元函数的极限要比一元函数的极限复杂；一元函数在某一点极限存在的充要条件是左右极限都存在且相等，只涉及两个方向，而二元函数在某一点是否有极限却涉及任意方向.

由于二元函数极限的定义与一元函数极限的定义形式是相同的，因此，关于一元函数极限的运算法则和定理都可推广到二元函数，下面通过几个例子说明.

例 3 求下列函数的极限：

(1) $\lim\limits_{(x,y)\to(2,1)} \dfrac{y^2-2x}{x+y}$ (2) $\lim\limits_{(x,y)\to(0,0)} \dfrac{\sin(xy)}{x}$ (3) $\lim\limits_{(x,y)\to(0,0)} \dfrac{x^2-xy}{\sqrt{x}-\sqrt{y}}$

解 (1) $\lim\limits_{(x,y)\to(2,1)} \dfrac{y^2-2x}{x+y} = \dfrac{1^2-2\times 2}{2+1} = -\dfrac{3}{3} = -1.$

(2)
$$\lim_{(x,y)\to(0,0)} \frac{\sin(xy)}{x} = \lim_{(x,y)\to(0,0)} \frac{\sin(xy)}{xy}\cdot y$$
$$= \lim_{(x,y)\to(0,0)} \frac{\sin(xy)}{xy}\cdot \lim_{(x,y)\to(0,0)} y = 1\times 0 = 0.$$

(3)
$$\lim_{(x,y)\to(0,0)} \frac{x^2-xy}{\sqrt{x}-\sqrt{y}} = \lim_{(x,y)\to(0,0)} \frac{(x^2-xy)(\sqrt{x}+\sqrt{y})}{(\sqrt{x}-\sqrt{y})(\sqrt{x}+\sqrt{y})}$$
$$= \lim_{(x,y)\to(0,0)} \frac{x(x-y)(\sqrt{x}+\sqrt{y})}{x-y}$$
$$= \lim_{(x,y)\to(0,0)} x(\sqrt{x}+\sqrt{y}) = 0.$$

因为定义域中 $x\neq y$，从而 $x-y\neq 0$，我们能消去 $x-y$.

7.1.3 二元函数的连续性

定义 3 设函数 $z=f(x,y)$ 在点 $P_0(x_0,y_0)$ 的某个邻域内有定义(包括 P_0 本身)，如果

$$\lim_{(x,y)\to(x_0,y_0)} f(x,y) = f(x_0,y_0) \text{ 或 } \lim_{P\to P_0} f(x,y) = f(x_0,y_0),$$

那么称函数 $f(x,y)$ 在点 $P_0(x_0,y_0)$ 处连续，称 P_0 为函数 $f(x,y)$ 的连续点. 如果函数在点 $P_0(x_0,y_0)$ 处不连续，那么称 $P_0(x_0,y_0)$ 为函数 $f(x,y)$ 的间断点.

例如：函数 $f(x,y)=\sin\dfrac{1}{x^2+y^2-1}$ 在圆周 $C=\{(x,y)\,|\,x^2+y^2=1\}$ 上没有定义，所以 $f(x,y)$ 在 C 上各点都不连续，所以圆周 C 上各点都是该函数的间断点.

设函数 $f(x,y)$ 在区域 D 上有定义，如果 $f(x,y)$ 在 D 内每一点都连续，则称函数 $f(x,y)$ 在 D 内连续，又称函数 $z=f(x,y)$ 是 D 内的连续函数.

前面已经指出：一元函数中的极限运算法则，对于二元函数仍然适用. 根据多元函数极限的运算法则以及有关复合函数的极限定理，可以证明二元连续函数的和、差、积、商(分母为零的点除外)以及二元函数的复合函数都是连续的.

根据连续函数的和、差、积、商的连续性以及连续函数的复合函数的连续性，再利用基本初等函数的连续性，我们还可以进一步得出如下结论：

一切多元初等函数在其定义区域内是连续的.

由多元初等函数的连续性，如果要求它在 P_0 处的极限，而该点又在此函数的定义域内，那么此极限值就是函数在该点的函数值，即

$$\lim_{P\to P_0} f(P) = f(P_0).$$

例 3(1) 中的极限运算我们就用到了二元函数$\dfrac{y^2-2x}{x+y}$在点(2,1) 处的连续性.

与闭区间上一元连续函数的性质相类似，在有界闭区域上连续的二元函数具有如下性质：

性质 1(有界性与最大值、最小值定理)　在有界闭区域 D 上的二元连续函数，必定在 D 上有界，且能取得它的最大值和最小值.

性质 1 是说，若 $f(P)$ 在有界闭区域 D 上连续，则必定存在常数 $M>0$，使得对一切 $P\in D$，有 $|f(P)|\leqslant M$；且存在 P_1、$P_2\in D$，使得

$$f(P_1)=\max\{f(P)\,|\,P\in D\},\; f(P_2)=\min\{f(P)\,|\,P\in D\}.$$

性质 2(介值定理)　在有界闭区域 D 上的二元连续函数必取得介于最大值和最小值之间的任何值.

以上关于二元函数的极限与连续的讨论完全可以推广到三元及三元以上的函数.

习题 7.1

1. 设函数 $f(x,y)=xy+xy^2$，试求：

(1) $f(1,2)$；

(2) $f(x+y,1)$.

2. 求下列函数的定义域.

(1) $z=\ln(y^2-2x+1)$

(2) $z=\sqrt{1-x^2-y^2}$

(3) $z=\dfrac{1}{\sqrt{x+y}}+\dfrac{1}{\sqrt{x-y}}$

(4) $z=\sqrt{4-x^2}+\sqrt{4-y^2}$

(5) $z=\ln(y-x)+\dfrac{\sqrt{x}}{\sqrt{1-x^2-y^2}}$

(6) $z=\dfrac{\arcsin y}{\sqrt{x}}$

3. 求下列各极限.

(1) $\lim\limits_{(x,y)\to(0,1)}\dfrac{1+xy}{x^2+y^2}$

(2) $\lim\limits_{(x,y)\to(1,2)}\dfrac{xy+2x^2y^2}{x+y}$

(3) $\lim\limits_{(x,y)\to(1,0)}\dfrac{\ln(x+e^y)}{\sqrt{x^2+y^2}}$

(4) $\lim\limits_{(x,y)\to(0,0)}\dfrac{2-\sqrt{xy+4}}{xy}$

(5) $\lim\limits_{(x,y)\to(2,0)}\dfrac{\tan(xy)}{y}$

(6) $\lim\limits_{(x,y)\to(0,0)}\dfrac{\sin 5(x^2+y^2)}{x^2+y^2}$

4. 证明极限 $\lim\limits_{(x,y)\to(0,0)}\dfrac{x-y}{x+y}$ 不存在.

5. 求函数 $z=\dfrac{xy}{y^2-2x}$ 的间断点.

7.2　偏导数

7.2.1　偏导数的概念与计算

在一元函数微分学中，我们从研究导数的平均变化率引入了导数的概念. 对于二元函数同样需要讨论它的变化率. 但二元函数的自变量有两个，因变量与自变量的关系要比一元函数复杂. 在这一节里，我们分别考虑二元函数关于其中一个自变量的变化率.

如果只有自变量 x 变化，而自变量 y 固定(即看做常量)，这时它就是 x 的一元函数，此函数对 x 的导数，就称为二元函数 $z=f(x,y)$ 对于 x 的偏导数，即有如下定义：

定义 1　设函数 $z=f(x,y)$ 在点(x_0,y_0)的某一邻域内有定义，当 y 固定在 y_0 而 x 在 x_0 处有增量 Δx 时相应的函数有增量

$$f(x_0+\Delta x,y_0)-f(x_0,y_0).$$

如果

$$\lim_{\Delta x\to 0}\frac{f(x_0+\Delta x,y_0)-f(x_0,y_0)}{\Delta x}$$

存在，那么称此极限为函数 $z=f(x,y)$ 在点(x_0,y_0)处对 x 的偏导数，记作

$$\left.\frac{\partial z}{\partial x}\right|_{(x_0,y_0)},\left.\frac{\partial f}{\partial x}\right|_{(x_0,y_0)},z_x\big|_{(x_0,y_0)}\text{或 }f_x(x_0,y_0).$$

类似地，函数 $z=f(x,y)$ 在点(x_0,y_0)处**对 y 的偏导数**定义为

$$\lim_{\Delta y\to 0}\frac{f(x_0,y_0+\Delta y)-f(x_0,y_0)}{\Delta y},$$

记作

$$\left.\frac{\partial z}{\partial y}\right|_{(x_0,y_0)},\left.\frac{\partial f}{\partial y}\right|_{(x_0,y_0)},z_y\big|_{(x_0,y_0)}\text{或 }f_y(x_0,y_0).$$

如果函数 $z=f(x,y)$ 在区域 D 内的每一点(x,y)处对 x 的偏导数都存在，那么这个偏导数就是 x、y 的函数，我们称它为函数 $z=f(x,y)$ **对自变量 x 的偏导函数**(也简称偏导数)，记作

$$\frac{\partial z}{\partial x},\frac{\partial f}{\partial x},z_x\text{ 或 }f_x(x,y).$$

类似地，可以定义函数 $z=f(x,y)$ **对自变量 y 的偏导函数**，记作

$$\frac{\partial z}{\partial y},\frac{\partial f}{\partial y},z_y\text{ 或 }f_y(x,y).$$

求 $z=f(x,y)$ 的偏导数，并不需要用新的方法，因为这里只有一个自变量在变动，另一个自变量看成固定常量，所以仍是一元函数求导问题. 求$\frac{\partial f}{\partial x}$时，把 y 暂时看成常量只对 x 求导；求$\frac{\partial f}{\partial y}$时把 x 暂时看成常量只对 y 求导即可.

偏导数的概念还可以推广到三元及以上的函数,这里不再一一叙述.

例 1　求函数 $z=x^2+3xy-y^2$ 在点(2,3)处的偏导数.

解　把 y 看成常数,对 x 求导,得

$$\frac{\partial z}{\partial x}=2x+3y,$$

把 x 看成常数,对 y 求导,得

$$\frac{\partial z}{\partial y}=3x-2y,$$

将点(2,3)代入上面的式子,得

$$\left.\frac{\partial z}{\partial x}\right|_{(2,3)}=2\cdot2+3\cdot3=13,\left.\frac{\partial z}{\partial y}\right|_{(2,3)}=3\cdot2-2\cdot3=0.$$

例 2　求函数 $z=x^y(x>0)$ 的偏导数.

解　把 y 看成常数,对 x 求导,得

$$\frac{\partial z}{\partial x}=yx^{y-1},$$

把 x 看成常数,对 y 求导,得

$$\frac{\partial z}{\partial y}=x^y\ln x.$$

例 3　求 $z=x^3\sin2y$ 的偏导数.

解　$\dfrac{\partial z}{\partial x}=3x^2\sin2y,$

$\dfrac{\partial z}{\partial y}=x^3\cos2y\cdot(2y)'=2x^3\cos2y.$

例 4　设 $f(x,y)=x\sin y-ye^{xy}$,求 f_x 及 f_y.

解　$f_x=\sin y-ye^{xy}(xy)'=\sin y-y^2e^{xy},$

$f_y=x\cos y-[e^{xy}+ye^{xy}(xy)']=x\cos y-(1+xy)e^{xy}.$

例 5　设 $z=e^{xy}\cdot\sin(2x-y)$,求 $\dfrac{\partial z}{\partial x},\dfrac{\partial z}{\partial y}$.

解　$$\begin{aligned}\frac{\partial z}{\partial x}&=e^{xy}(xy)'\cdot\sin(2x-y)+e^{xy}\cdot\cos(2x-y)(2x-y)'\\&=e^{xy}y\cdot\sin(2x-y)+e^{xy}\cdot\cos(2x-y)\cdot2\\&=ye^{xy}\sin(2x-y)+2e^{xy}\cos(2x-y).\end{aligned}$$

$$\begin{aligned}\frac{\partial z}{\partial y}&=e^{xy}(xy)'\cdot\sin(2x-y)+e^{xy}\cdot\cos(2x-y)(2x-y)'\\&=e^{xy}x\cdot\sin(2x-y)+e^{xy}\cdot\cos(2x-y)\cdot(-1)\\&=xe^{xy}\sin(2x-y)-e^{xy}\cos(2x-y).\end{aligned}$$

例 6　求 $u=\sqrt{x^2+y^2+z^2}$ 的偏导数.

解　把 y 和 z 都看成常数,得

$$\frac{\partial u}{\partial x}=\frac{2x}{2\sqrt{x^2+y^2+z^2}}=\frac{x}{\sqrt{x^2+y^2+z^2}}.$$

同理：
$$\frac{\partial u}{\partial y}=\frac{2y}{2\sqrt{x^2+y^2+z^2}}=\frac{y}{\sqrt{x^2+y^2+z^2}}.$$
$$\frac{\partial u}{\partial z}=\frac{2z}{2\sqrt{x^2+y^2+z^2}}=\frac{z}{\sqrt{x^2+y^2+z^2}}.$$

我们知道，如果一元函数在某点具有导数，那么它在该点必定连续. 但**对于二元函数来说，即使各偏导数在某点都存在，也不能保证函数在该点连续**. 这是因为各偏导数存在只能保证点 P 沿着平行于坐标轴的方向趋于 P_0 时，函数值 $f(P)$ 趋于 $f(P_0)$，但不能保证点 P 按任何方式趋于 P_0 时，函数值 $f(P)$ 都趋于 $f(P_0)$.

例 7　设 $z=\begin{cases}\dfrac{2xy}{x^2+y^2}, & x^2+y^2\neq 0,\\ 0, & x^2+y^2=0,\end{cases}$ 求 $z_x(0,0),z_y(0,0)$.

解　$z_x(0,0)=\lim\limits_{\Delta x\to 0}\dfrac{f(0+\Delta x,0)-f(0,0)}{\Delta x}=\lim\limits_{\Delta x\to 0}\dfrac{\dfrac{2\Delta x\cdot 0}{(\Delta x)^2}-0}{\Delta x}=0$；

同理，$z_y(0,0)=0$.

但在上一节例 2 中我们知道函数 z 在点 $(0,0)$ 处不连续，因此函数在某一点的偏导数存在不能保证函数在该点连续.

7.2.2　高阶偏导数

设函数 $z=f(x,y)$ 在区域 D 内具有偏导数
$$\frac{\partial z}{\partial x}=f_x(x,y),\frac{\partial z}{\partial y}=f_y(x,y),$$

于是在 D 内 $f_x(x,y),f_y(x,y)$ 都是 x、y 的函数. 如果这两个函数的偏导数也存在，那么称它们是函数 $z=f(x,y)$ 的**二阶偏导数**，按照对变量求导次序的不同有下列四个二阶偏导数：
$$\frac{\partial}{\partial x}\left(\frac{\partial z}{\partial x}\right)=\frac{\partial^2 z}{\partial x^2}=f_{xx}(x,y),\quad \frac{\partial}{\partial y}\left(\frac{\partial z}{\partial x}\right)=\frac{\partial^2 z}{\partial x\partial y}=f_{xy}(x,y),$$
$$\frac{\partial}{\partial x}\left(\frac{\partial z}{\partial y}\right)=\frac{\partial^2 z}{\partial y\partial x}=f_{yx}(x,y),\quad \frac{\partial}{\partial y}\left(\frac{\partial z}{\partial y}\right)=\frac{\partial^2 z}{\partial y^2}=f_{yy}(x,y).$$

其中，$f_{xy}(x,y)$ 和 $f_{yx}(x,y)$ 称为二阶混合偏导数.

同样可得三阶、四阶……n 阶偏导数. 二阶及二阶以上的偏导数称为高阶偏导数.

例 8　设 $z=x^3y^2-3xy^3+xy+1$，求 z 的二阶偏导数及 $\dfrac{\partial^3 z}{\partial x^3}$.

解　因为　$\dfrac{\partial z}{\partial x}=3x^2y^2-3y^3+y,\dfrac{\partial z}{\partial y}=2x^3y-9xy^2+x$；

所以　$\dfrac{\partial^2 z}{\partial x^2}=\dfrac{\partial}{\partial x}(3x^2y^2-3y^3+y)=6xy^2$；

$\dfrac{\partial^2 z}{\partial x\partial y}=\dfrac{\partial}{\partial y}(3x^2y^2-3y^3+y)=6x^2y-9y^2+1$；

$$\frac{\partial^2 z}{\partial y \partial x} = \frac{\partial}{\partial x}(2x^3y - 9xy^2 + x) = 6x^2y - 9y^2 + 1;$$

$$\frac{\partial^2 z}{\partial y^2} = \frac{\partial}{\partial y}(2x^3y - 9xy^2 + x) = 2x^3 - 18xy;$$

$$\frac{\partial^3 z}{\partial x^3} = \frac{\partial}{\partial x}(6xy^2) = 6y^2.$$

例 9 求函数 $z = e^{x+2y}$ 的四个二阶偏导数.

解 因为$\frac{\partial z}{\partial x} = e^{x+2y}$，$\frac{\partial z}{\partial y} = 2e^{x+2y}$，

所以二阶偏导数为：

$$\frac{\partial^2 z}{\partial x^2} = \frac{\partial}{\partial x}\left(\frac{\partial z}{\partial x}\right) = \frac{\partial}{\partial x}(e^{x+2y}) = e^{x+2y};$$

$$\frac{\partial^2 z}{\partial x \partial y} = \frac{\partial}{\partial y}\left(\frac{\partial z}{\partial x}\right) = \frac{\partial}{\partial y}(e^{x+2y}) = 2e^{x+2y};$$

$$\frac{\partial^2 z}{\partial y \partial x} = \frac{\partial}{\partial x}\left(\frac{\partial z}{\partial y}\right) = \frac{\partial}{\partial x}(2e^{x+2y}) = 2e^{x+2y};$$

$$\frac{\partial^2 z}{\partial y^2} = \frac{\partial}{\partial y}\left(\frac{\partial z}{\partial y}\right) = \frac{\partial}{\partial y}(2e^{x+2y}) = 4e^{x+2y}.$$

例 10 求函数 $z = \arctan\frac{x}{y}$ 的四个二阶偏导数.

解 因为$\frac{\partial z}{\partial x} = \frac{\left(\frac{x}{y}\right)'}{1+\left(\frac{x}{y}\right)^2} = \frac{\frac{1}{y}}{1+\frac{x^2}{y^2}} = \frac{y}{x^2+y^2}$，$\frac{\partial z}{\partial y} = \frac{\left(\frac{x}{y}\right)'}{1+\left(\frac{x}{y}\right)^2} = \frac{-\frac{x}{y^2}}{1+\frac{x^2}{y^2}} = \frac{-x}{x^2+y^2}$.

所以二阶偏导数为：

$$\frac{\partial^2 z}{\partial x^2} = \frac{\partial}{\partial x}\left(\frac{\partial z}{\partial x}\right) = \frac{\partial}{\partial x}\left(\frac{y}{x^2+y^2}\right) = \frac{-2xy}{(x^2+y^2)^2};$$

$$\frac{\partial^2 z}{\partial x \partial y} = \frac{\partial}{\partial y}\left(\frac{\partial z}{\partial x}\right) = \frac{\partial}{\partial y}\left(\frac{y}{x^2+y^2}\right) = \frac{x^2-y^2}{(x^2+y^2)^2};$$

$$\frac{\partial^2 z}{\partial y \partial x} = \frac{\partial}{\partial x}\left(\frac{\partial z}{\partial y}\right) = \frac{\partial}{\partial x}\left(\frac{-x}{x^2+y^2}\right) = \frac{x^2-y^2}{(x^2+y^2)^2};$$

$$\frac{\partial^2 z}{\partial y^2} = \frac{\partial}{\partial y}\left(\frac{\partial z}{\partial y}\right) = \frac{\partial}{\partial y}\left(\frac{-x}{x^2+y^2}\right) = \frac{2xy}{(x^2+y^2)^2}.$$

观察以上三个例子发现二阶混合偏导数相等，那么是不是一般的二元函数都有这个特征呢?关于这个问题我们给出下面的定理：

定理 **如果函数 $z = f(x,y)$ 的两个二阶混合偏导数$\frac{\partial^2 z}{\partial x \partial y}$和$\frac{\partial^2 z}{\partial y \partial x}$在区域$D$内连续，那么在该区域内这两个二阶混合偏导数必相等.**

也就是说，二阶混合偏导数在连续的条件下与求导的次序无关.

对二元以上的函数，也可以类似地定义高阶偏导数，而且高阶混合偏导数在偏导数连续的条件下也与求导的次序无关.

例 11　设函数 $z=\ln\sqrt{x^2+y^2}$,证明 $\dfrac{\partial^2 z}{\partial x^2}+\dfrac{\partial^2 z}{\partial y^2}=0$.

证明　因为 $z=\ln\sqrt{x^2+y^2}=\dfrac{1}{2}\ln(x^2+y^2)$,所以

$$\frac{\partial z}{\partial x}=\frac{x}{x^2+y^2},\quad \frac{\partial z}{\partial y}=\frac{y}{x^2+y^2},$$

$$\frac{\partial^2 z}{\partial x^2}=\frac{(x^2+y^2)-x\cdot 2x}{(x^2+y^2)^2}=\frac{y^2-x^2}{(x^2+y^2)^2},$$

$$\frac{\partial^2 z}{\partial y^2}=\frac{(x^2+y^2)-y\cdot 2y}{(x^2+y^2)^2}=\frac{x^2-y^2}{(x^2+y^2)^2},$$

所以　$$\frac{\partial^2 z}{\partial x^2}+\frac{\partial^2 z}{\partial y^2}=\frac{y^2-x^2}{(x^2+y^2)^2}+\frac{x^2-y^2}{(x^2+y^2)^2}=0.$$

习题 7.2

1. 求下列函数在指定点处的偏导数.

(1) $f(x,y)=x^2-2xy-y^2$,求 $f_x(1,3)$、$f_y(2,3)$.

(2) $f(x,y)=e^{\cos x}(x+2y)$,求 $f_x(1,0)$、$f_y(0,1)$.

(3) $z=\ln(x^2+y)$,求 $z_x(1,1)$、$z_y(1,1)$.

2. 求下列各函数的偏导数.

(1) $z=x^3y+y^3x$　　(2) $z=e^{xy}$

(3) $z=\dfrac{x^2+y^2}{xy}$　　(4) $z=\sqrt{\ln xy}$

(5) $z=\ln(x+\dfrac{y}{2x})$　　(6) $z=\sin(xy)+\cos^2(xy)$

(7) $z=\arctan xy$　　(8) $z=2xy^2+\sqrt{x^2+y^2}$

(9) $z=\ln\tan\dfrac{x}{y}$　　(10) $z=(1+xy)^y$

3. 求下列函数的二阶偏导数.

(1) $z=x^4+y^3-4x^2y^2$　　(2) $z=x\ln xy$

(3) $z=\arctan\dfrac{y}{x}$　　(4) $z=y^x$

4. 设 $z=\sqrt{x^2+y^2}$,求证 $\dfrac{\partial^2 z}{\partial x^2}+\dfrac{\partial^2 z}{\partial y^2}=\dfrac{1}{z}$.

5. 设 $f(x,y,z)=xy^2+yz^2+zx^2$,求 $f_{xx}(0,0,1)$,$f_{xz}(1,0,2)$,$f_{yz}(0,-1,0)$.

6. 验证 $r=\sqrt{x^2+y^2+z^2}$ 满足 $\dfrac{\partial^2 r}{\partial x^2}+\dfrac{\partial^2 r}{\partial y^2}+\dfrac{\partial^2 r}{\partial z^2}=\dfrac{2}{r}$.

7.3 全微分

7.3.1 全微分的定义

由偏导数的定义知道，二元函数对某个变量的偏导数表示当某一个自变量固定时，因变量相对于该自变量的变化率. 根据一元函数微分学中增量与微分的关系，可得

$$f(x+\Delta x,y)-f(x,y)\approx f_x(x,y)\Delta x,$$

$$f(x,y+\Delta y)-f(x,y)\approx f_y(x,y)\Delta y,$$

上面两式的左端分别叫做二元函数对 x 和对 y 的**偏增量**，而右端分别叫做函数对 x 和对 y 的**偏微分**.

在实际问题中，有时需要研究二元函数中各个自变量都取得增量时因变量所获得的增量，即全增量的问题.

设函数 $z=f(x,y)$ 在点 $P(x_0,y_0)$ 的某邻域内有定义，$P_1(x_0+\Delta x,y_0+\Delta y)$ 为这邻域内任意一点，则称这两点的函数值之差 $f(x_0+\Delta x,y_0+\Delta y)-f(x_0,y_0)$ 为函数在点 P 对应于自变量增量 Δx 和 Δy 的全增量，记作 Δz，即

$$\Delta z=f(x_0+\Delta x,y_0+\Delta y)-f(x_0,y_0). \tag{7-1}$$

一般来说，计算全增量 Δz 比较复杂，与一元函数的情形一样，我们希望用自变量的增量 Δx、Δy 的线性函数来近似地代替函数的全增量 Δz，从而引入如下定义：

定义 1　**设函数 $z=f(x,y)$ 在点 (x_0,y_0) 的某邻域内有定义，如果函数在点 (x_0,y_0) 的全增量**

$$\Delta z=f(x_0+\Delta x,y_0+\Delta y)-f(x_0,y_0)$$

可表示为

$$\Delta z=A\Delta x+B\Delta y+o(\rho), \tag{7-2}$$

其中 A 和 B 不依赖于 Δx 和 Δy 而仅与点 (x_0,y_0) 有关，$\rho=\sqrt{(\Delta x)^2+(\Delta y)^2}$，那么称函数 $z=f(x,y)$ 在点 (x_0,y_0) 可微分，而 $A\Delta x+B\Delta y$ 称为函数 $z=f(x,y)$ 在点 (x_0,y_0) 的全微分，记作 $\mathrm{d}z$，即

$$\mathrm{d}z=A\Delta x+B\Delta y. \tag{7-3}$$

在一元函数微分学中，我们知道，函数在某一点处可微，则在该点一定连续且可导，对二元函数也有类似的性质.

定理 1　**若函数 $z=f(x,y)$ 在其定义域内一点 (x_0,y_0) 处可微，则它在点 (x_0,y_0) 处必连续.**

证明　按函数在 (x_0,y_0) 处可微的定义，有

$$\Delta z=A\Delta x+B\Delta y+o(\rho),$$

于是，$\lim\limits_{(\Delta x,\Delta y)\to(0,0)}\Delta z=\lim\limits_{(\Delta x,\Delta y)\to(0,0)}[f(x_0+\Delta x,y_0+\Delta y)-f(x_0,y_0)]$

$$= \lim_{(\Delta x,\Delta y)\to(0,0)} [A\Delta x + B\Delta y + o(\rho)] = 0,$$

即 $\lim_{(x,y)\to(x_0,y_0)} f(x,y) = f(x_0,y_0)$,

因此函数 $z = f(x,y)$ 在点 (x_0,y_0) 处连续.

推论　**若 P_0 是函数 $z = f(x,y)$ 的间断点,则函数在 P_0 处不可微.**

定理 2(可微的必要条件)　**若函数 $z = f(x,y)$ 在其定义域内一点 (x_0,y_0) 可微,则它在该点处的两个偏导数 $f_x(x_0,y_0)$,$f_y(x_0,y_0)$ 都存在,并有**

$$A = f_x(x_0,y_0),\quad B = f_y(x_0,y_0).$$

证明　在 $\Delta z = A\Delta x + B\Delta y + o(\rho)$ 中取 $\Delta y = 0$,则

$$\Delta z = f(x_0+\Delta x,y_0) - f(x_0,y_0) = A\Delta x + o(|\Delta x|).$$

上式两边同时除以 Δx,再令 $\Delta x \to 0$,有

$$\lim_{\Delta x\to 0}\frac{f(x_0+\Delta x,y_0)-f(x_0,y_0)}{\Delta x} = \lim_{\Delta x\to 0}\frac{A\Delta x + o(|\Delta x|)}{\Delta x} = A.$$

根据偏导数的定义,说明 $f_x(x_0,y_0)$ 存在且等于 A.

同理,取 $\Delta x = 0$ 可证 $f_y(x_0,y_0)$ 存在且等于 B.

根据定理 2,函数 $z = f(x,y)$ 在 (x_0,y_0) 处的全微分可表示为

$$dz|_{(x_0,y_0)} = f_x(x_0,y_0)\cdot\Delta x + f_y(x_0,y_0)\cdot\Delta y,$$

由于自变量的增量等于自变量的微分,即

$$\Delta x = dx, \Delta y = dy,$$

所以在 (x_0,y_0) 处的全微分可表示为

$$dz|_{(x_0,y_0)} = f_x(x_0,y_0)\cdot dx + f_y(x_0,y_0)\cdot dy. \tag{7-4}$$

若函数 $z = f(x,y)$ 在区域 D 内的每一点 (x,y) 都可微,就称函数在区域 D 上可微,此时全微分为

$$dz = f_x(x,y)\cdot dx + f_y(x,y)\cdot dy. \tag{7-5}$$

在一元函数中可微与可导等价,但在多元函数里,这个结论并不成立.

例如由前两节知道函数 $z = \begin{cases}\dfrac{2xy}{x^2+y^2}, x^2+y^2 \neq 0,\\ 0, x^2+y^2 = 0\end{cases}$ 在点 $(0,0)$ 处的两个偏导数存在,但在 $(0,0)$ 处不连续. 由定理 1 可知 $z = f(x,y)$ 在 $(0,0)$ 处不可微. 因此,两个偏导数存在只是可微的必要条件. 那么全微分存在的充分条件是什么呢?我们有下面的定理.

定理 3(可微的充分条件)　**若函数 $z = f(x,y)$ 的偏导数在点 (x,y) 的某邻域内存在,且 f_x,f_y 在点 (x_0,y_0) 处连续,则函数 $z = f(x,y)$ 在点 (x_0,y_0) 处可微.**

类似地,上述二元函数全微分的概念可以推广到三元及三元以上的函数. 例如,若三元函数 $u = f(x,y,z)$ 可微分,那么它的全微分就等于它的三个偏微分之和,即

$$du = \frac{\partial u}{\partial x}dx + \frac{\partial u}{\partial y}dy + \frac{\partial u}{\partial z}dz.$$

例 1　求函数 $z = x^3y + x^2y^2$ 的全微分.

解 因为 $\dfrac{\partial z}{\partial x}=3x^2y+2xy^2$， $\dfrac{\partial z}{\partial y}=x^3+2x^2y$，

所以 $\mathrm{d}z=(3x^2y+2xy^2)\mathrm{d}x+(x^3+2x^2y)\mathrm{d}y$.

例 2 求函数 $z=\mathrm{e}^{xy}$ 的全微分.

解 因为 $\dfrac{\partial z}{\partial x}=y\mathrm{e}^{xy}$， $\dfrac{\partial z}{\partial y}=x\mathrm{e}^{xy}$，

所以 $\mathrm{d}z=y\mathrm{e}^{xy}\mathrm{d}x+x\mathrm{e}^{xy}\mathrm{d}y$.

例 3 求函数 $z=x^3y-y^2$ 在点(2,1) 处的全微分.

解 因为 $\dfrac{\partial z}{\partial x}=3x^2y$， $\dfrac{\partial z}{\partial y}=x^3-2y$

$$\mathrm{d}z=3x^2y\mathrm{d}x+(x^3-2y)\mathrm{d}y,$$

所以 $\mathrm{d}z|_{(2,1)}=12\mathrm{d}x+6\mathrm{d}y$.

例 4 求 $z=\arctan xy$ 的全微分.

解 因为 $\dfrac{\partial z}{\partial x}=\dfrac{y}{1+x^2y^2}$， $\dfrac{\partial z}{\partial y}=\dfrac{x}{1+x^2y^2}$，

所以 $\mathrm{d}z=\dfrac{y}{1+x^2y^2}\mathrm{d}x+\dfrac{x}{1+x^2y^2}\mathrm{d}y$.

例 5 求 $u=x-\sin\dfrac{y}{2}+\mathrm{e}^{yz}$ 的全微分.

解 因为 $\dfrac{\partial u}{\partial x}=1$， $\dfrac{\partial u}{\partial y}=-\dfrac{1}{2}\cos\dfrac{y}{2}+z\mathrm{e}^{yz}$， $\dfrac{\partial u}{\partial z}=y\mathrm{e}^{yz}$，

所以 $\mathrm{d}u=\mathrm{d}x-(\dfrac{1}{2}\cos\dfrac{y}{2}-z\mathrm{e}^{yz})\mathrm{d}y+y\mathrm{e}^{yz}\mathrm{d}z$.

7.3.2 全微分在近似计算中的应用

由二元函数全微分的定义及关于全微分存在的充要条件可知，当二元函数 $z=f(x,y)$ 在点 $P_0(x_0,y_0)$ 处的两个偏导函数 $f_x(x,y)$、$f_y(x,y)$ 连续，并且 $|\Delta x|$、$|\Delta y|$ 都较小时，就有近似等式

$$\Delta z\approx \mathrm{d}z=f_x(x_0,y_0)\Delta x+f_y(x_0,y_0)\Delta y. \tag{7-6}$$

上式也可以写成

$$f(x_0+\Delta x,y_0+\Delta y)\approx f(x_0,y_0)+f_x(x_0,y_0)\Delta x+f_y(x_0,y_0)\Delta y. \tag{7-7}$$

与一元函数的情形类似，可以利用公式(7－6) 计算函数在某一点处全增量的近似值，利用公式(7－7) 计算函数在某一点处的近似值.

例 6 计算 $(1.03)^{2.02}$ 的近似值.

解 设 $f(x,y)=x^y$ 且 $f_x(x,y)=yx^{y-1}$，$f_y(x,y)=x^y\ln x$，

令 $x_0=1$，$y_0=2$，$\Delta x=0.03$，$\Delta y=0.02$，

因为 $f(x_0+\Delta x,y_0+\Delta y)\approx f(x_0,y_0)+f_x(x_0,y_0)\Delta x+f_y(x_0,y_0)\Delta y$，

所以 $(1.03)^{2.02}\approx 1^2+2\times 1^{2-1}\times 0.03+1^2\times\ln 1\times 0.02=1.06$.

例 7　有一圆柱体受压后变形，它的半径 r 由 40 cm 增大到 40.1 cm，高 h 由 80 cm 减少到 79.5 cm，求此圆柱体体积变化的近似值.

解　圆柱体的体积为

$$V = \pi r^2 h,$$

且　$\mathrm{d}V = 2\pi rh\,\mathrm{d}r + \pi r^2\,\mathrm{d}h = 2\pi rh\,\Delta r + \pi r^2\,\Delta h.$

令　$r_0 = 40, h_0 = 80, \Delta r = 0.1, \Delta h = -0.5$，由(7-6)得

$$\begin{aligned}\Delta V \approx \mathrm{d}V\big|_{(40,80)} &= 2\pi \times 40 \times 80 \times 0.1 + \pi \times 40^2 \times (-0.5) \\ &= 640\pi - 800\pi = -160\pi(\mathrm{cm}^3),\end{aligned}$$

即此圆柱体的体积减少了 $160\pi\ \mathrm{cm}^3$.

习题 7.3

1. 求下列函数的全微分.

(1) $z=x\sin y$　　(2) $z=xy+\dfrac{x}{y}$

(3) $z=e^{x^2+y^2}-xy$　　(4) $z=e^{\frac{x}{y}}$

(5) $z=\dfrac{x}{\sqrt{x^2+y^2}}$　　(6) $z=\arctan\dfrac{x}{y}$

(7) $u=\ln(x^2+y^2+z^2)$　　(8) $u=x^{yz}$

2. 求下列函数在给定点处的全微分.

(1) $z=x^3+y^4-4x^2y^2$ 在点(1,1);

(2) $z=\sqrt{x^2+y^2}$ 在点(1,2);

(3) $z=\ln(1+x^2+y^2)$ 在点(1,2).

3. 求函数 $z=\dfrac{y}{x}$,当 $x=2, y=1, \Delta x=0.1, \Delta y=-0.2$ 时的全增量和全微分.

4. 求函数 $z=e^{xy}$,当 $x=1, y=1, \Delta x=0.15, \Delta y=0.1$ 时的全微分.

5. 计算 $(1.97)^{1.05}$ 的近似值($\ln 2=0.693$).

6. 计算 $\sqrt{(1.02)^3+(1.97)^3}$ 的近似值.

7. 设有一正圆柱体,其底面半径由 20 cm 增大到 20.05 cm,高度由 100 cm 减少到 99 cm. 求此圆柱体体积改变量的近似值.

7.4　多元复合函数的导数

本节要将一元函数微分学中复合函数的求导法则推广到多元复合函数的情形.多元复合函数的求导法则在多元函数微分学中也起着重要作用.

下面按照多元复合函数不同的复合情形,分两种情况讨论.

1. 一元函数与多元函数复合的情形

定理1　**设函数 $z=f(u,v)$ 是中间变量 u,v 的函数,中间变量 u,v 是自变量 x 的函数,$u=\varphi(x)$,$v=\psi(x)$.若 $u=\varphi(x)$,$v=\psi(x)$ 在点 x 可导,函数 $z=f(u,v)$ 在对应点 (u,v) 具有连续偏导数,那么复合函数 $z=f[\varphi(x),\psi(x)]$ 在点 x 可导,且有**

$$\frac{dz}{dx}=\frac{\partial z}{\partial u}\frac{du}{dx}+\frac{\partial z}{\partial v}\frac{dv}{dx}. \tag{7-8}$$

定理1可以推广到复合函数的中间变量多于两个的情形.例如,设 $z=f(u,v,w)$,由 $u=\varphi(x)$,$v=\psi(x)$,$w=\omega(x)$ 复合而得复合函数

$$z=f[\varphi(x),\psi(x),\omega(x)]$$

则在与定理相似的条件下,这个复合函数在点 x 可导,且有

$$\frac{dz}{dx}=\frac{\partial z}{\partial u}\frac{du}{dx}+\frac{\partial z}{\partial v}\frac{dv}{dx}+\frac{\partial z}{\partial w}\frac{dw}{dx}. \tag{7-9}$$

公式(7－8)、公式(7－9)中的 $\frac{dz}{dx}$ 称为**全导数**.

例1　设 $z=e^{u-2v}$,而 $u=\sin x$,$v=x^3$,求 $\frac{dz}{dx}$.

解　$$\begin{aligned}\frac{dz}{dx}&=\frac{\partial z}{\partial u}\frac{du}{dx}+\frac{\partial z}{\partial v}\frac{dv}{dx}\\&=e^{u-2v}\cdot 1\cdot\cos x+e^{u-2v}\cdot(-2)\cdot 3x^2=e^{u-2v}\cos x-6x^2e^{u-2v}\\&=e^{\sin x-2x^3}(\cos x-6x^2).\end{aligned}$$

例2　设 $z=u^v$,$u=3x+1$,$v=x^2-3$,求 $\frac{dz}{dx}$.

解　$$\begin{aligned}\frac{dz}{dx}&=\frac{\partial z}{\partial u}\frac{du}{dx}+\frac{\partial z}{\partial v}\frac{dv}{dx}\\&=vu^{v-1}\cdot 3+u^v\ln u\cdot 2x=u^{v-1}(3v-2xu\ln u)\\&=(3x+1)^{x^2-4}[(3x^2-9)-(6x^2+2x)\ln(3x+1)].\end{aligned}$$

2. 多元函数与多元函数复合的情形

定理2　**设函数 $z=f(u,v)$ 是中间变量 u,v 的函数,中间变量 u,v 是自变量 x,y 的函数,$u=\varphi(x,y)$,$v=\psi(x,y)$.若函数 $u=\varphi(x,y)$,$v=\psi(x,y)$ 都在点 (x,y) 具有对 x 及对 y 的偏导数,函数 $z=f(u,v)$ 在对应点 (u,v) 具有连续偏导数,那么复合函数 $z=f[\varphi(x,y),\psi(x,y)]$ 在点 (x,y) 可导,且有**

$$\frac{\partial z}{\partial x}=\frac{\partial z}{\partial u}\frac{\partial u}{\partial x}+\frac{\partial z}{\partial v}\frac{\partial v}{\partial x},\quad \frac{\partial z}{\partial y}=\frac{\partial z}{\partial u}\frac{\partial u}{\partial y}+\frac{\partial z}{\partial v}\frac{\partial v}{\partial y}. \tag{7-10}$$

此公式也称**链式法则**. 此定理中函数的结构图如图 7－4，借助函数结构图，由 z 经中间变量到达自变量的途径就可以得到上述链式法则，可以简单地记成口诀“分段用乘，分叉用加”.

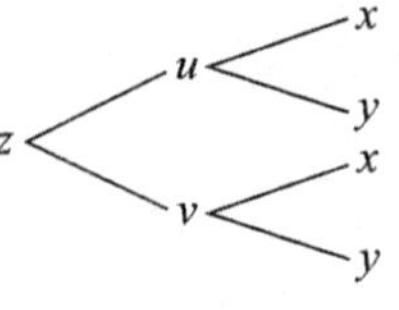

图 7-4

例 3 设 $z=\mathrm{e}^{u}\sin v$，其中 $u=xy,v=x-y$. 求 $\dfrac{\partial z}{\partial x},\dfrac{\partial z}{\partial y}$.

解
$$\begin{aligned}\frac{\partial z}{\partial x}&=\frac{\partial z}{\partial u}\frac{\partial u}{\partial x}+\frac{\partial z}{\partial v}\frac{\partial v}{\partial x}\\&=\mathrm{e}^{u}\sin v\cdot y+\mathrm{e}^{u}\cos v\cdot 1=\mathrm{e}^{u}(y\sin v+\cos v)\\&=\mathrm{e}^{xy}[y\sin(x-y)+\cos(x-y)],\end{aligned}$$
$$\begin{aligned}\frac{\partial z}{\partial y}&=\frac{\partial z}{\partial u}\frac{\partial u}{\partial y}+\frac{\partial z}{\partial v}\frac{\partial v}{\partial y}\\&=\mathrm{e}^{u}\sin v\cdot x+\mathrm{e}^{u}\cos v\cdot(-1)=\mathrm{e}^{u}(x\sin v-\cos v)\\&=\mathrm{e}^{xy}[x\sin(x-y)-\cos(x-y)].\end{aligned}$$

例 4 设 $z=u^{3}\ln v,u=xy,v=3x+2y$，求 $\dfrac{\partial z}{\partial x},\dfrac{\partial z}{\partial y}$.

解
$$\begin{aligned}\frac{\partial z}{\partial x}&=\frac{\partial z}{\partial u}\frac{\partial u}{\partial x}+\frac{\partial z}{\partial v}\frac{\partial v}{\partial x}\\&=3u^{2}\ln v\cdot y+\frac{u^{3}}{v}\cdot 3=3x^{2}y^{3}\ln(3x+2y)+\frac{3x^{3}y^{3}}{3x+2y},\end{aligned}$$
$$\begin{aligned}\frac{\partial z}{\partial y}&=\frac{\partial z}{\partial u}\frac{\partial u}{\partial y}+\frac{\partial z}{\partial v}\frac{\partial v}{\partial y}\\&=3u^{2}\ln v\cdot x+\frac{u^{3}}{v}\cdot 2=3x^{3}y^{2}\ln(3x+2y)+\frac{2x^{3}y^{3}}{3x+2y}.\end{aligned}$$

例 5 设 $z=f(x+2y,y\cos x)$，f 具有一阶连续偏导数，求 $\dfrac{\partial z}{\partial x},\dfrac{\partial z}{\partial y}$.

解 令 $u=x+2y,v=y\cos x$，于是 $z=f(u,v)$.
$$\frac{\partial z}{\partial x}=\frac{\partial z}{\partial u}\frac{\partial u}{\partial x}+\frac{\partial z}{\partial v}\frac{\partial v}{\partial x}=f_{u}\cdot 1+f_{v}\cdot y(-\sin x)=f_{u}-y\sin xf_{v},$$
$$\frac{\partial z}{\partial y}=\frac{\partial z}{\partial u}\frac{\partial u}{\partial y}+\frac{\partial z}{\partial v}\frac{\partial v}{\partial y}=f_{u}\cdot 2+f_{v}\cdot\cos x=2f_{u}+\cos xf_{v}.$$

注意 多元抽象复合函数 $z=f(u,v)$ 的关系式没有具体给出，f_{u}、f_{v} 就作为已知结果，不用计算.

例 6 设 $z=3y\,(x+y)^{x-y}$，求 $\dfrac{\partial z}{\partial y}$.

解 设 $u=x+y,v=x-y$，则 $z=3yu^{v}$，其函数结构图如图 7－5，则
$$\frac{\partial z}{\partial y}=\frac{\partial z}{\partial y}\frac{\mathrm{d}y}{\mathrm{d}y}+\frac{\partial z}{\partial u}\frac{\partial u}{\partial y}+\frac{\partial z}{\partial v}\frac{\partial v}{\partial y},$$

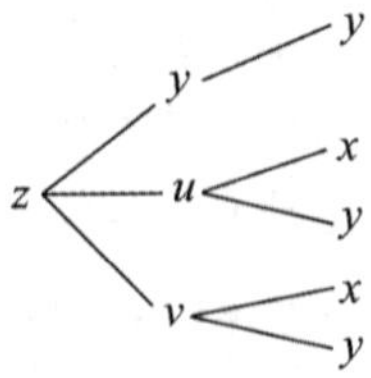

图 7-5

等式两边的 $\dfrac{\partial z}{\partial y}$ 是不同的，左端的 $\dfrac{\partial z}{\partial y}$ 是 x,y 的二元复合函数对 y 求偏导数，右边的 $\dfrac{\partial z}{\partial y}$ 是

作为 y,u,v 的三元函数 $z=f(y,u,v)=3yu^v$ 对 y 求偏导数，为了防止混淆，上式可表示为

$$\begin{aligned}\frac{\partial z}{\partial y}&=\frac{\partial f}{\partial y}\frac{\mathrm{d}y}{\mathrm{d}y}+\frac{\partial z}{\partial u}\frac{\partial u}{\partial y}+\frac{\partial z}{\partial v}\frac{\partial v}{\partial y}\\&=3u^v\cdot 1+3yvu^{v-1}\cdot 1+3yu^v\ln u\cdot(-1)\\&=3u^v(1+\frac{yv}{u}-y\ln u)\\&=3\,(x+y)^{x-y}[1+\frac{y(x-y)}{x+y}-y\ln(x+y)].\end{aligned}$$

例 7　设 $u=f(x,y,z)=\mathrm{e}^{x^2+y^2+z^2}$，$z=x^2\sin y$，求 $\frac{\partial u}{\partial x}$，$\frac{\partial u}{\partial y}$.

解　$$\begin{aligned}\frac{\partial u}{\partial x}=\frac{\partial f}{\partial x}+\frac{\partial f}{\partial z}\frac{\partial z}{\partial x}&=2x\mathrm{e}^{x^2+y^2+z^2}+2z\mathrm{e}^{x^2+y^2+z^2}\cdot 2x\sin y\\&=2x\mathrm{e}^{x^2+y^2+z^2}(1+2x^2\sin^2 y)\\&=2x(1+2x^2\sin^2 y)\mathrm{e}^{x^2+y^2+x^4\sin^2 y},\end{aligned}$$

$$\begin{aligned}\frac{\partial u}{\partial y}=\frac{\partial f}{\partial y}+\frac{\partial f}{\partial z}\frac{\partial z}{\partial y}&=2y\mathrm{e}^{x^2+y^2+z^2}+2z\mathrm{e}^{x^2+y^2+z^2}\cdot x^2\cos y\\&=2\mathrm{e}^{x^2+y^2+z^2}(y+x^4\sin y\cos y)\\&=2(y+x^4\sin y\cos y)\mathrm{e}^{x^2+y^2+x^4\sin^2 y}.\end{aligned}$$

例 8　设 $z=f(\frac{x}{y},x-2y,y\sin x)$，求$\frac{\partial z}{\partial x}$，$\frac{\partial z}{\partial y}$.

解　令 $u=\frac{x}{y}$，$v=x-2y$，$w=y\sin x$，则

$z=f(u,v,w)$，其结构图如图 7－6，

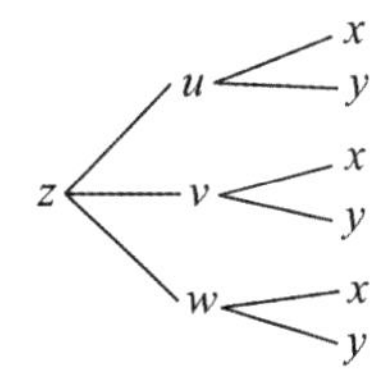

所以　$$\begin{aligned}\frac{\partial z}{\partial x}&=\frac{\partial z}{\partial u}\frac{\partial u}{\partial x}+\frac{\partial z}{\partial v}\frac{\partial v}{\partial x}+\frac{\partial z}{\partial w}\frac{\partial w}{\partial x}\\&=f_u\cdot\frac{1}{y}+f_v\cdot 1+f_w\cdot y\cos x\\&=\frac{1}{y}f_u+f_v+y\cos x\cdot f_w,\end{aligned}$$

图 7-6

$$\begin{aligned}\frac{\partial z}{\partial y}&=\frac{\partial z}{\partial u}\frac{\partial u}{\partial y}+\frac{\partial z}{\partial v}\frac{\partial v}{\partial y}+\frac{\partial z}{\partial w}\frac{\partial w}{\partial y}\\&=f_u\cdot(-\frac{x}{y^2})+f_v\cdot(-2)+f_w\cdot\sin x\\&=(-\frac{x}{y^2})f_u-2f_v+\sin xf_w.\end{aligned}$$

例 9　设 $y=x^x$，求$\frac{\mathrm{d}y}{\mathrm{d}x}$.

解　令 $u=x$，$v=x$，则 $y=u^v$，函数的结构图如图 7-7，

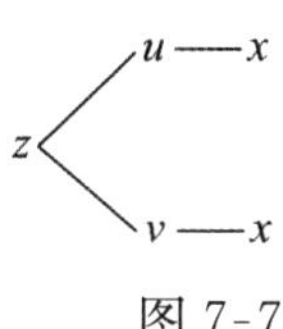

图 7-7

所以　$$\begin{aligned}\frac{\mathrm{d}y}{\mathrm{d}x}&=\frac{\partial y}{\partial u}\frac{\mathrm{d}u}{\mathrm{d}x}+\frac{\partial y}{\partial v}\frac{\mathrm{d}v}{\mathrm{d}x}\\&=vu^{v-1}\cdot 1+u^v\ln u\cdot 1\end{aligned}$$

$$= x \cdot x^{x-1} + x^x \ln x = x^x(1 + \ln x).$$

由此可见,一元函数中用“对数求导法”求导数的问题,现在也可以用多元复合函数链式法则来计算.

例 10 设 $z = xy^2 f(x^3 y^4)$,f 具有一阶连续偏导数,求$\frac{\partial z}{\partial x}$,$\frac{\partial z}{\partial y}$.

解 设 $u = x^3 y^4$,则 $z = xy^2 f(u)$,在这个函数的表达式中,乘法中有复合函数,所以用求导的乘法公式.

对 x 求偏导,可得

$$\frac{\partial z}{\partial x} = y^2 f(u) + xy^2 f'(u) \cdot 3x^2 y^4 = y^2 f(x^3 y^4) + 3x^3 y^6 f'(u),$$

对 y 求偏导,可得

$$\frac{\partial z}{\partial y} = 2xyf(u) + xy^2 f'(u) \cdot 4x^3 y^3 = 2xyf(x^3 y^4) + 4x^4 y^5 f'(u).$$

习题 7.4

1. 求下列函数的导数.

(1) 设 $z = e^{2x+y}$,其中 $x = \cos t, y = t^2$,求 $\frac{dz}{dt}$.

(2) 设 $z = \arcsin(x+y)$,其中 $x = 2t, y = 4t^3$,求 $\frac{dz}{dt}$.

(3) 设 $z = \arctan(xy)$,其中 $y = e^x$,求 $\frac{dz}{dx}$.

(4) 设 $u = \frac{e^{ax}(y-z)}{a^2+1}$,其中 $y = a\sin x, z = \cos x$,求 $\frac{du}{dx}$.

2. 求下列函数的偏导数.

(1) 设 $z = u^2 + v^2$,其中 $u = x+y, v = x-y$,求 $\frac{\partial z}{\partial x}, \frac{\partial z}{\partial y}$.

(2) 设 $z = u^2 \ln v$,其中 $u = \frac{x}{y}, v = x+2y$,求 $\frac{\partial z}{\partial x}, \frac{\partial z}{\partial y}$.

(3) 设 $z = \ln u \sin v$,其中 $u = x^2 - y^2, v = 2x+y$,求 $\frac{\partial z}{\partial x}, \frac{\partial z}{\partial y}$.

(4) 设 $z = \arctan \frac{v}{u}$,其中 $u = x+y, v = x-y$,求 $\frac{\partial z}{\partial x}, \frac{\partial z}{\partial y}$.

3. 求下列函数关于各自变量的一阶偏导数(其中 f 可微).

(1) 设 $z = f(x^2 y - xy^2 + xy)$,求 $\frac{\partial z}{\partial x}, \frac{\partial z}{\partial y}$.

(2) 设 $z = f(x+y, xy)$,求 $\frac{\partial z}{\partial x}, \frac{\partial z}{\partial y}$.

(3) 设 $z = f(x^2 - y^2, e^{xy})$,求 $\frac{\partial z}{\partial x}, \frac{\partial z}{\partial y}$.

(4) 设 $F = f(x, xy, xyz)$,求 $\frac{\partial F}{\partial x}, \frac{\partial F}{\partial y}, \frac{\partial F}{\partial z}$.

4. 设 $z = xy + xF(u)$,且 $u = \frac{y}{x}$,$F(u)$ 为可导函数,证明 $x\frac{\partial z}{\partial x} + y\frac{\partial z}{\partial y} = z + xy$.

5. 设 $z = \frac{y}{f(x^2 - y^2)}$,其中 $f(u)$ 为可导函数,验证 $\frac{1}{x} \cdot \frac{\partial z}{\partial x} + \frac{1}{y} \cdot \frac{\partial z}{\partial y} = \frac{z}{y^2}$.

6. 设 $z = y + f(u), u = x^2 - y^2$,其中 f 可微,证明 $y\frac{\partial z}{\partial x} + x\frac{\partial z}{\partial y} = x$.

7.5　隐函数的求导公式

7.5.1　一元隐函数求导

在第二章第二节中我们已经提出了隐函数的概念，并且指出了不通过显化直接由方程 $F(x,y)=0$ 求它所确定的一元隐函数的导数的方法.

例如设 $x^2-2y^2=3x$，求 $\frac{dy}{dx}$.

解　方程两边分别对 x 求导

$$2x-2\cdot 2y\cdot y'=3,$$
$$4y\cdot y'=2x-3,$$

则　$y'=\frac{2x-3}{4y}$.

下面，我们给出一元隐函数的求导公式.

设方程 $F(x,y)=0$ 确定了函数 $y=y(x)$，将它代入方程变成恒等式

$$F(x,y(x))\equiv 0,$$

两端对 x 求导，把方程中的 y 视为中间变量，根据复合函数的求导法则，可得

$$F_x+F_y\cdot\frac{dy}{dx}=0,$$

若 $F_y\neq 0$，则 $\frac{dy}{dx}=-\frac{F_x}{F_y}$.

这就是**一元隐函数的求导公式**.

例 1　设 $x^2+2y^3=2\sin x$，求 $\frac{dy}{dx}$.

解　设 $F(x,y)=x^2+2y^3-2\sin x$，则

$$F_x=2x-2\cos x, F_y=6y^2,$$

所以　$\frac{dy}{dx}=-\frac{F_x}{F_y}=-\frac{2x-2\cos x}{6y^2}=\frac{\cos x-x}{3y^2}$.

例 2　求由方程 $\ln y+y=e^x$ 所确定的函数 y 的导数.

解　设 $F(x,y)=\ln y+y-e^x$，则

$$F_x=-e^x, F_y=\frac{1}{y}+1=\frac{1+y}{y},$$

所以　$\frac{dy}{dx}=-\frac{F_x}{F_y}=-\frac{-e^x}{\frac{1+y}{y}}=\frac{ye^x}{1+y}$.

这个方法可以推广到多元函数.

7.5.2　二元隐函数的偏导数

设方程 $F(x,y,z)=0$ 确定了隐函数 $z=z(x,y)$，若 F_x,F_y,F_z 连续，且 $F_z\neq0$，则可仿照一元隐函数的求导方法，得出 z 对 x,y 的两个偏导数的求导公式.

将 $z=z(x,y)$ 代入 $F(x,y,z)=0$ 中，得恒等式

$$F(x,y,z(x,y))\equiv0.$$

上式两端分别对 x、y 求偏导数，把 z 作为中间变量，根据复合函数求导法则，可得

$$F_x+F_z\cdot\frac{\partial z}{\partial x}=0,\quad F_y+F_z\cdot\frac{\partial z}{\partial y}=0.$$

因为 $F_z\neq0$，所以

$$\frac{\partial z}{\partial x}=-\frac{F_x}{F_z},\quad \frac{\partial z}{\partial y}=-\frac{F_y}{F_z}.$$

这就是**二元隐函数求偏导数的公式.**

例 3　设方程 $x^2y-x^3z-1=0$ 确定了隐函数 $z=z(x,y)$，求$\frac{\partial z}{\partial x},\frac{\partial z}{\partial y}$.

解　令 $F(x,y,z)=x^2y-x^3z-1$，则

$$F_x=2xy-3x^2z,F_y=x^2,F_z=-x^3,$$

所以 $\frac{\partial z}{\partial x}=-\frac{F_x}{F_z}=-\frac{2xy-3x^2z}{-x^3}=\frac{2y-3xz}{x^2}$,

$$\frac{\partial z}{\partial y}=-\frac{F_y}{F_z}=-\frac{x^2}{-x^3}=\frac{1}{x}.$$

例 4　设函数 $z=z(x,y)$ 由方程 $z=e^{2x-3z}+2y$ 确定，求$\frac{\partial z}{\partial x},\frac{\partial z}{\partial y}$.

解　令 $F(x,y,z)=z-e^{2x-3z}-2y$，则

$$F_x=-2e^{2x-3z},F_y=-2,F_z=1+3e^{2x-3z},$$

所以 $\frac{\partial z}{\partial x}=-\frac{F_x}{F_z}=-\frac{-2e^{2x-3z}}{1+3e^{2x-3z}}=\frac{2e^{2x-3z}}{1+3e^{2x-3z}}$,

$$\frac{\partial z}{\partial y}=-\frac{F_y}{F_z}=-\frac{-2}{1+3e^{2x-3z}}=\frac{2}{1+3e^{2x-3z}}.$$

例 5　设 $x^2+y^2+z^2-4z=0$，求$\frac{\partial z}{\partial x},\frac{\partial^2 z}{\partial x^2}$.

解　令 $F(x,y,z)=x^2+y^2+z^2-4z$，则

$F_x=2x,F_y=2y,F_z=2z-4$,

所以 $\frac{\partial z}{\partial x}=-\frac{F_x}{F_z}=-\frac{2x}{2z-4}=\frac{x}{2-z}$.

再对 x 求一次偏导数，得

$$\frac{\partial^2 z}{\partial x^2}=\frac{x'(2-z)-x\cdot(-1)\frac{\partial z}{\partial x}}{(2-z)^2}$$

$$=\frac{(2-z)-x\cdot(-1)\frac{x}{2-z}}{(2-z)^2}=\frac{(2-z)^2+x^2}{(2-z)^3}.$$

习题 7.5

1. 求由下列方程所确定的隐函数的导数.

(1) 设 $e^{xy}+x^2y=\cos y$，求$\frac{dy}{dx}$.

(2) 设 $\ln\sqrt{x^2+y^2}=\arctan\frac{y}{x}$，求$\frac{dy}{dx}$.

(3) 设 $xy=e^{x+y}$，求$\frac{dy}{dx}$.

(4) 设 $y=1-xe^y$，求$\frac{dy}{dx}$.

(5) 设 $x^3+y^3-3axy=0$，求$\frac{dy}{dx}$.

(6) 设 $y=\tan(x+y)$，求$\frac{dy}{dx}$.

2. 求由下列方程所确定的隐函数的导数.

(1) 设 $xyz=\cos(x+y+z)$，求$\frac{\partial z}{\partial x},\frac{\partial z}{\partial y}$.

(2) 设 $\ln\frac{z}{x}=\frac{y}{z}$，求$\frac{\partial z}{\partial x},\frac{\partial z}{\partial y}$.

(3) 设 $e^z-xyz=0$，求$\frac{\partial z}{\partial x},\frac{\partial z}{\partial y}$.

(4) 设 $z^3-3xyz=a^3$，求$\frac{\partial z}{\partial x},\frac{\partial z}{\partial y}$.

3. 设 $2\sin(x+2y-3z)=x+2y-3z$，求证$\frac{\partial z}{\partial x}+\frac{\partial z}{\partial y}=1$.

7.6　多元函数的极值和最值

在实际问题中，往往会遇到多元函数的最大值与最小值问题. 与一元函数类似，多元函数的最大值、最小值与极大值、极小值有密切联系，我们以二元函数为例，先来讨论多元函数的极值问题.

7.6.1　二元函数的极值

定义 1　设 $z=f(x,y)$ 在点 $P_0(x_0,y_0)$ 的某一邻域内有定义，若对于该邻域内任意异于 P_0 的点 $P(x,y)$ 都有

$$f(x,y)<f(x_0,y_0)[\text{或 } f(x,y)>f(x_0,y_0)],$$

则称函数 $z=f(x,y)$ 在点 P_0 取得极大(或极小)值 $f(x_0,y_0)$，点 P_0 称为 $z=f(x,y)$ 的极大(或极小)值点. 极大值和极小值统称为极值；极大值点和极小值点统称为极值点.

对于某些比较简单的函数，极值或者极值点比较直观，例如

(1) 函数 $z=2x^2+3y^2$ 在点$(0,0)$ 处有极小值 0.

(2) 函数 $z=-\sqrt{x^2+y^2}$ 在点$(0,0)$ 处有极大值 0.

(3) 函数 $z=\sqrt{1-x^2-y^2}$ 在点$(0,0)$ 处有极大值 1.

(4) 函数 $z=xy$ 在点$(0,0)$ 的任意邻域内可取正值也可取负值，所以$(0,0)$ 不是 $z=xy$ 的极值点.

对于一般的函数，判定极值的存在与否就不那么直观了. 二元函数的极值问题，一般应用偏导数来解决.

假设函数 $z=f(x,y)$ 在点 $P_0(x_0,y_0)$ 取得极值，当固定 $y=y_0$ 时，一元函数 $f(x,y_0)$ 必定在 $x=x_0$ 处取得极值，根据一元函数极值存在的必要条件，应有 $f_x(x_0,y_0)=0$；同理，一元函数 $f(x_0,y)$ 在 $y=y_0$ 处取得极值，应有 $f_y(x_0,y_0)=0$.

定理 1(极值存在的必要条件)　设函数 $z=f(x,y)$ 在点 $P_0(x_0,y_0)$ 存在偏导数，且在点 P_0 取得极值，则有 $f_x(x_0,y_0)=0$ 且 $f_y(x_0,y_0)=0$.

满足 $f_x(x_0,y_0)=0$ 且 $f_y(x_0,y_0)=0$ 的点(x_0,y_0) **称为函数 $z=f(x,y)$ 的驻点，但是驻点不一定是极值点.**

例如，$(0,0)$ 是函数 $z=xy$ 的驻点$\left(\frac{\partial z}{\partial x}\Big|_{(0,0)}=0,\frac{\partial z}{\partial y}\Big|_{(0,0)}=0\right)$，但不是函数的极值点.

怎样判断一个驻点是否是极值点呢?我们给出极值存在的充分条件.

定理 2(极值存在的充分条件)　设 $P_0(x_0,y_0)$ 为函数 $z=f(x,y)$ 的驻点，且函数在点 P_0 的某邻域内二阶偏导数连续，令

$$A=f_{xx}(x_0,y_0),B=f_{xy}(x_0,y_0),C=f_{yy}(x_0,y_0),\Delta=AC-B^2.$$

则　(1) 当 $\Delta>0$ 时函数 $f(x,y)$ 具有极值，且当 $A<0$ 时有极大值 $f(x_0,y_0)$，当 $A>0$ 时有极小值 $f(x_0,y_0)$；

(2) 当 $\Delta<0$ 时函数 $f(x,y)$ 没有极值;

(3) 当 $\Delta=0$ 时不能确定函数 $f(x,y)$ 是否有极值,还需要另作讨论.

综上所述,若函数 $z=f(x,y)$ 的二阶偏导数连续,可按下列步骤求该函数的极值.

(1) 解方程组 $f_x(x_0,y_0)=0, f_y(x_0,y_0)=0$,求出所有驻点.

(2) 求出三个二阶偏导数,对于每一个驻点(x_0,y_0),求出二阶偏导数的值 A、B、C.

(3) 定出 $\Delta=AC-B^2$ 的符号,根据此定理的结论判断出极值点,并求出极值.

例 1 求函数 $f(x,y)=x^3+4x^2-2xy+y^2+6$ 的极值.

解 $f_x=3x^2+8x-2y, f_y=-2x+2y$,

解方程组$\begin{cases}f_x=3x^2+8x-2y=0,\\ f_y=-2x+2y=0\end{cases}$ 得驻点$(0,0)$和$(-2,-2)$.

三个二阶偏导数分别为:$f_{xx}=6x+8, f_{xy}=-2, f_{yy}=2$,

在点$(0,0)$处,$A=8, B=-2, C=2, \Delta=12>0$,又 $A>0$,所以点$(0,0)$是函数的极小值点,极小值为 $f(0,0)=6$;

在点$(-2,-2)$处,$A=-4, B=-2, C=2, \Delta=-12<0$,所以点$(-2,-2)$不是函数的极值点.

例 2 求函数 $f(x,y)=x^3-y^3+3x^2+3y^2-9x$ 的极值.

解 先解方程组 $\begin{cases}f_x(x,y)=3x^2+6x-9=0,\\ f_y(x,y)=-3y^2+6y=0,\end{cases}$

得驻点$(1,0)$,$(1,2)$,$(-3,0)$,$(-3,2)$.

再求出二阶偏导数:

$$f_{xx}=6x+6, f_{xy}=0, f_{yy}=-6y+6.$$

在点$(1,0)$处,$A=12, B=0, C=6, \Delta=72>0$,又 $A>0$,所以点$(1,0)$是函数的极小值点,极小值为 $f(1,0)=-5$;

在点$(1,2)$处,$A=12, B=0, C=-6, \Delta=-72<0$,所以点$(1,2)$不是函数的极值点;

在点$(-3,0)$处,$A=-12, B=0, C=6, \Delta=-72<0$,所以点$(-3,0)$不是函数的极值点;

在点$(-3,2)$处,$A=-12, B=0, C=-6, \Delta=72>0$,又 $A<0$,所以点$(-3,2)$是函数的极大值点,极大值为 $f(-3,2)=31$.

例 3 求 $z=\sin(x-2y)$ 的极值点和极值.

解 解方程组 $\begin{cases}z_x=\cos(x-2y)=0,\\ z_y=-2\cos(x-2y)=0,\end{cases}$

得 $x-2y=\dfrac{\pi}{2}+k\pi (k\in\mathbf{Z})$.

所以函数有无数多个驻点,这些驻点分布在平行直线 $x-2y-\dfrac{\pi}{2}-k\pi=0$ 上.

$$z_{xx}=-\sin(x-2y), z_{xy}=2\sin(x-2y), z_{yy}=-4\sin(x-2y),$$
$$\Delta=4\sin^2(x-2y)-4\sin^2(x-2y)\equiv 0,$$

所以不能用定理 2 判断这无数多个驻点是否是极值点.

事实上，因 $|f(x,y)| \leqslant 1$，当 k 是偶数时，$\sin(\frac{\pi}{2}+k\pi)=1$ 必定是极大值；当 k 是奇数时，$\sin(\frac{\pi}{2}+k\pi)=-1$ 必定是极小值. 因此所有驻点都是极值点.

讨论函数的极值问题时，如果函数在所讨论的区域内具有偏导数，那么由定理 1 可知，极值只可能在驻点处取得. 然而，如果函数在个别点处偏导数不存在，但也可能是极值点. 例如 $f(x,y)=\sqrt{x^2+y^2}$ 在 $(0,0)$ 处偏导数不存在，但 $f(0,0)$ 是函数的极小值. 因此，讨论函数的极值问题时，除考虑函数的驻点外，如果有偏导数不存在的点，还要考虑这些点.

7.6.2 多元函数的最值

在前面我们已经指出，如果函数 $z=f(x,y)$ 在有界闭区域 D 上连续，则函数在 D 上一定存在最大值和最小值. 与一元函数类似，我们可以利用函数的极值来求函数的最大值和最小值. 考察函数 $z=f(x,y)$ 的所有驻点、一阶偏导数不存在的点以及边界上的点的函数值. 比较这些值，其中最大者(或最小者) 即为函数的最大(或最小) 值. 但这远比一元函数复杂，二元函数的驻点可能有无数多个，二元函数的边界通常是曲线，边界点也有无数多个，比较无数多个函数值，从中找出最值，是比较困难的.

在实际问题中，如果根据问题的实际意义，知道函数在区域 D 内存在最大值(或最小值)，又知函数在 D 内只有唯一的驻点，则该点处的函数值就是所求的最大值(或最小值).

例 4 在 xOy 坐标平面上找出一点 P，使它到 $P_1(1,0)$、$P_2(0,1)$、$P_3(1,1)$ 三点距离的平方和最小.

解 设 $P(x,y)$ 为所求的点，l 为 P 到 P_1、P_2、P_3 三点距离的平方和，则

$$\begin{aligned} l &= (x-1)^2+y^2+x^2+(y-1)^2+(x-1)^2+(y-1)^2 \\ &= 3x^2+3y^2-4x-4y+4. \end{aligned}$$

题目就转化成求二元函数 $l=3x^2+3y^2-4x-4y+4$ 的最小值问题.

解方程组 $\begin{cases} l_x=6x-4=0, \\ l_y=6y-4=0 \end{cases}$ 得驻点 $(\frac{2}{3},\frac{2}{3})$.

由问题的实际意义，到三点的距离的平方和最小的点一定存在，函数 l 可微又只有一个驻点，因此点 $(\frac{2}{3},\frac{2}{3})$ 就是所求之点.

例 5 如果用铁板做一个体积为 4 m^3 的无盖水箱，问长、宽、高各取怎样的值时，才能用料最省?

解 设水箱的长为 x m，宽为 y m，则其高应为 $\frac{4}{xy}$ m. 此水箱所用的材料的面积为

$$S=xy+2x\cdot\frac{4}{xy}+2y\cdot\frac{4}{xy},$$

即 $S=xy+\frac{8}{x}+\frac{8}{y} \quad (x>0,y>0)$,

又 $S_x = y - \frac{8}{x^2}, S_y = x - \frac{8}{y^2}$,

解方程组 $\begin{cases} y - \frac{8}{x^2} = 0, \\ x - \frac{8}{y^2} = 0, \end{cases}$ 得 $x = 2, y = 2$.

由题意可知,水箱所用材料面积的最小值一定存在,又因为 S 只有一个驻点,所以最值在驻点处取得.所以当长为 2 m,宽为 2 m,高为 1 m 时,水箱用料最省.

习题 7.6

1. 求下列函数的极值点和极值.

   (1) $z = 3xy - x^3 - y^3$

   (2) $z = e^{2x}(x + y^2 + 2y)$

   (3) $z = x^3 + y^3 - 3x^2 - 3y^2$

2. 求函数 $f(x,y) = 4x - 4y - x^2 - y^2$ 的极值.

3. 求函数 $f(x,y) = (6x - x^2)(4y - y^2)$ 的极值.

4. 要制造一个体积等于定数 V 的长方体状无盖水箱,应如何选择水箱的尺寸,方可使它的表面积最小?

5. 已知一长方体内接于半径为 R 的球,长方体的体积最大时边长为多少?

7.7　二重积分的概念和性质

在一元函数积分学中我们知道，定积分是某种确定形式的和的极限，这种和的极限的概念推广到定义在区域上的多元函数的情形便得到重积分的概念.

7.7.1　二重积分的概念

1. 曲顶柱体的体积

设有一立体，它的底是 xOy 面上的闭区域 D，它的侧面是以 D 的边界曲线为准线而母线平行于 z 轴的柱面，它的顶是曲面 $z = f(x,y)$，这里 $f(x,y) \geqslant 0$ 且在 D 上连续，这种柱体叫做**曲顶柱体**[如图 7-8(a)].

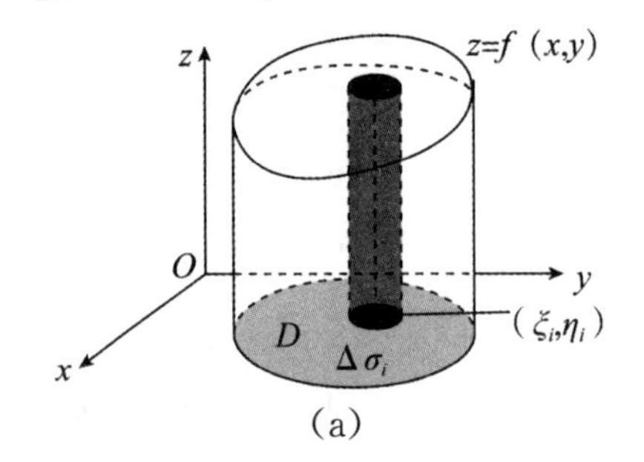

(a)

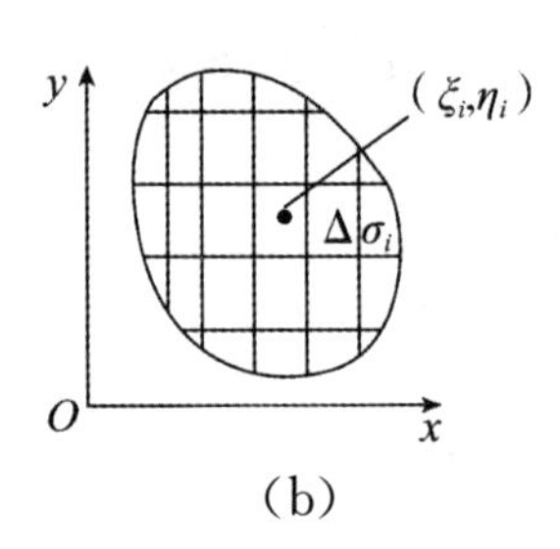

(b)

图 7-8

该怎样求曲顶柱体的体积呢？

我们可以仿照第五章求曲边梯形面积的思路解决这个问题：

(1) 分割：把区域 D 任意分成 n 个小闭区域：$\Delta\sigma_1, \Delta\sigma_2, \cdots, \Delta\sigma_n$[如图 7-8(b) 所示]，并以 $\Delta\sigma_i (i = 1,2,3,\cdots,n)$ 表示第 i 个小区域的面积，然后分别以这些小区域的边界曲线为准线，作母线平行于 z 轴的柱面，这些柱面就把原来的曲顶柱体分成 n 个小曲顶柱体.

(2) 近似：在每个小曲顶柱体的底 $\Delta\sigma_i$ 上任取一点$(\xi_i, \eta_i)(i = 1,2,3,\cdots,n)$，用以 $f(\xi_i, \eta_i)$ 为高、$\Delta\sigma_i$ 为底的平顶柱体的体积$f(\xi_i, \eta_i) \cdot \Delta\sigma_i$ 近似替代第i 个小曲顶柱体的体积，即 $\Delta V_i \approx f(\xi_i, \eta_i) \cdot \Delta\sigma_i$[如图 7-8(a) 所示].

(3) 求和：将这 n 个小平顶柱体的体积相加，得到原曲顶柱体体积的近似值，即

$$V = \sum_{i=1}^{n} \Delta V_i \approx \sum_{i=1}^{n} f(\xi_i, \eta_i) \Delta\sigma_i.$$

(4) 取极限：令 n 个小闭区域的直径(有界闭区域的直径指区域中任意两点间距离的最大值) 中的最大值(记作 λ) 趋于零，取上述和式的极限，所得的极限值趋向于曲顶柱体的体积，即

$$V = \lim_{\lambda \to 0} \sum_{i=1}^{n} f(\xi_i, \eta_i) \Delta\sigma_i.$$

可以看到，求曲顶柱体的体积也与定积分概念一样，是通过“分割、近似、求和、取极限”这四个步骤得到的，所不同的是现在讨论的对象是定义在平面区域上的二元函数. 跟定积分

的概念类似，我们抽象出下述二重积分的定义.

2. 二重积分的概念

定义 1　**设 $z=f(x,y)$ 是有界闭区域 D 上的有界函数，将闭区域 D 任意分成 n 个小闭区域 $\Delta\sigma_i(i=1,2,3,\cdots,n)$，其中 $\Delta\sigma_i$ 表示第 i 个小闭区域，也表示它的面积. 在每个 $\Delta\sigma_i$ 上任取一点 $(\xi_i,\eta_i)(i=1,2,3,\cdots,n)$，作乘积 $f(\xi_i,\eta_i)\cdot\Delta\sigma_i(i=1,2,3,\cdots,n)$，并作和 $\sum\limits_{i=1}^{n}f(\xi_i,\eta_i)\Delta\sigma_i$. 如果当各小闭区域的直径中的最大值 $\lambda\to 0$ 时，此和式的极限总存在，且与闭区间的分法及点 (ξ_i,η_i) 的取法无关，那么称此极限值为函数 $f(x,y)$ 在闭区域 D 上的二重积分，记作 $\iint\limits_D f(x,y)\mathrm{d}\sigma$，即**

$$\iint\limits_D f(x,y)\mathrm{d}\sigma=\lim_{\lambda\to 0}\sum_{i=1}^{n}f(\xi_i,\eta_i)\Delta\sigma_i.$$

其中 $f(x,y)$ 叫做被积函数，$f(x,y)\mathrm{d}\sigma$ 叫做**被积表达式**，$\mathrm{d}\sigma$ 叫做**面积元素**，x、y 叫做**积分变量**，D 叫做积分区域，$\sum\limits_{i=1}^{n}f(\xi_i,\eta_i)\Delta\sigma_i$ 叫做**积分和**.

与一元函数定积分存在定理一样，如果 $f(x,y)$ 在有界闭区域 D 上连续，则无论如何分割 D 和选取点 (ξ_i,η_i)，上述和式的极限一定存在，即在有界闭区域上连续的函数一定可积. 今后如不特别声明，我们总假设所讨论函数在有界闭区域上都是可积的.

3. 二重积分的几何意义

当被积函数 $f(x,y)\geqslant 0$ 时，$\iint\limits_D f(x,y)\mathrm{d}\sigma$ 表示以区域 D 为底，以 $f(x,y)$ 为顶的曲顶柱体的体积；当被积函数 $f(x,y)<0$ 时，$\iint\limits_D f(x,y)\mathrm{d}\sigma$ 表示以区域 D 为底，以 $f(x,y)$ 为顶的曲顶柱体的体积的相反数；当被积函数 $f(x,y)$ 有正有负时，$\iint\limits_D f(x,y)\mathrm{d}\sigma$ 表示以区域 D 为底，以 $f(x,y)$ 为顶的曲顶柱体体积的代数和.

例 1　根据重积分的几何意义，求 $\iint\limits_D\sqrt{R^2-x^2-y^2}\,\mathrm{d}\sigma$，$D$：$x^2+y^2\leqslant R^2$.

解　该积分表示以曲面 $\sqrt{R^2-x^2-y^2}$ 为顶，以 xOy 面上的圆 $x^2+y^2=R^2$ 为底的曲顶柱体的体积，实际上是上半球体(如图 7-9 所示)的体积.

所以　$\iint\limits_D\sqrt{R^2-x^2-y^2}\,\mathrm{d}\sigma=\dfrac{2}{3}\pi R^3$.

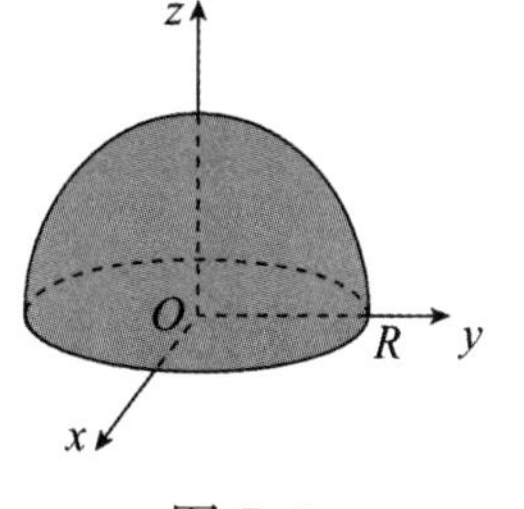

图 7-9

7.7.2　二重积分的性质

二重积分与一元函数定积分有类似的性质. 现述如下.

性质 1　**常数因子可以提到积分号外，即**

$$\iint\limits_D kf(x,y)\mathrm{d}\sigma=k\iint\limits_D f(x,y)\mathrm{d}\sigma(k\text{ 为常数}).$$

性质 2　函数和、差的积分等于各个积分的和与差，即

$$\iint_D [f(x,y) \pm g(x,y)]d\sigma = \iint_D f(x,y)d\sigma \pm \iint_D g(x,y)d\sigma.$$

性质 3(区域的可加性)　如果闭区域 D 被一条曲线分为两个闭区域 D_1，D_2，那么在 D 上的二重积分等于两部分区域上的二重积分的和.

$$\iint_D f(x,y)d\sigma = \iint_{D_1} f(x,y)d\sigma + \iint_{D_2} f(x,y)d\sigma.$$

性质 4　如果在区域 D 上有 $f(x,y) \equiv 1$，且 D 的面积为 σ，则

$$\iint_D 1d\sigma = \iint_D d\sigma = \sigma.$$

这个性质的几何意义很明显，因为高为 1 的平顶柱体的体积在数量上就等于柱体的底面积.

性质 5　如果在 D 上 $f(x,y) \leqslant g(x,y)$，那么有

$$\iint_D f(x,y)d\sigma \leqslant \iint_D g(x,y)d\sigma.$$

推论

$$\left|\iint_D f(x,y)d\sigma\right| \leqslant \iint_D |g(x,y)|d\sigma.$$

性质 6(估值定理)　设 M，m 分别是 $f(x,y)$ 在有界闭区域 D 上的最大值和最小值，σ 是区域 D 的面积，则有不等式

$$m\sigma \leqslant \iint_D f(x,y)d\sigma \leqslant M\sigma.$$

这个性质对于估计二重积分的值十分有用.

性质 7(二重积分的中值定理)　设函数 $f(x,y)$ 在有界闭区域 D 上连续，σ 是区域 D 的面积，则在 D 上至少存在一点 (ξ,η)，使得

$$\iint_D f(x,y)d\sigma = f(\xi,\eta)\sigma.$$

中值定理表明，必定存在同底、高为 $f(\xi,\eta)$ 的平顶柱体，它的体积与曲顶柱体的体积相等.

例 2　比较二重积分 $\iint_D (x+y)^2 d\sigma$ 与 $\iint_D (x+y)^3 d\sigma$ 的大小，其中 $D = \{(x,y) \mid (x-2)^2 + (y-1)^2 \leqslant 2\}$.

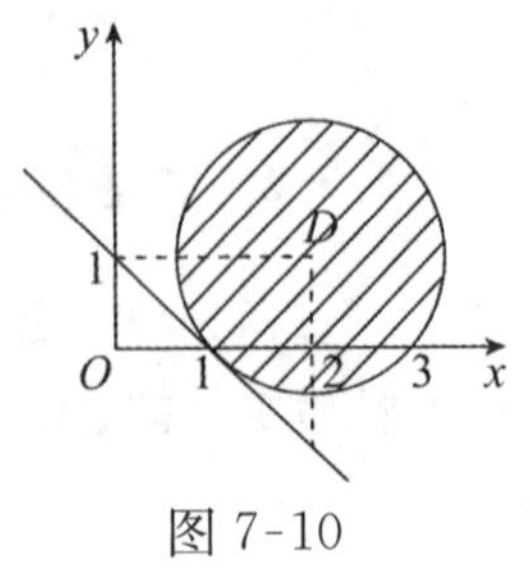

图 7-10

解　积分区域的边界为圆周(如图 7-10 所示)

$$(x-2)^2 + (y-1)^2 = 2,$$

它在与 x 轴交点 $(1,0)$ 处与直线 $x+y=1$ 相切，而区域 D 位于直线 $x+y=1$ 的上方，所以在区域 D 上

$$x+y \geqslant 1,$$

所以　$(x+y)^2 \leqslant (x+y)^3$，

所以，由性质 5 可知，$\iint\limits_{D}(x+y)^{2}\mathrm{d}\sigma \leqslant \iint\limits_{D}(x+y)^{3}\mathrm{d}\sigma$.

例 3　估计二重积分 $\iint\limits_{D}(2x+3y+4)\mathrm{d}\sigma$ 的值，其中 D 为矩形闭区域：

$$\{(x,y)\mid 0\leqslant x\leqslant 2,0\leqslant y\leqslant 3\}.$$

解　因为在 D 上，$4\leqslant 2x+3y+4\leqslant 17$，而 D 的面积为 6，所以由性质 6 可得

$$24\leqslant \iint\limits_{D}(2x+3y+4)\mathrm{d}\sigma \leqslant 102.$$

习题 7.7

1. 试用二重积分表示半球 $x^{2}+y^{2}+z^{2}\leqslant 4, z\geqslant 0$ 的体积.

2. 根据二重积分的性质，比较下列积分的大小.

(1) $\iint\limits_{D}\ln(x+y)^{2}\mathrm{d}\sigma$ 与 $\iint\limits_{D}\ln(x+y)^{3}\mathrm{d}\sigma$，其中 D 是三角形闭区域，顶点分别为 $(1,0)$，$(1,1)$ 和 $(2,0)$.

(2) $\iint\limits_{D}\mathrm{e}^{xy}\mathrm{d}\sigma$ 与 $\iint\limits_{D}\mathrm{e}^{3xy}\mathrm{d}\sigma$，其中 $D=\{(x,y)\mid 0\leqslant x\leqslant 1,0\leqslant y\leqslant 1\}$.

(3) $\iint\limits_{D}\ln(x+y)\mathrm{d}\sigma$ 与 $\iint\limits_{D}[\ln(x+y)]^{2}\mathrm{d}\sigma$，其中 $D=\{(x,y)\mid 3\leqslant x\leqslant 5,0\leqslant y\leqslant 1\}$.

3. 利用二重积分的性质估计下列积分的值.

(1) $I=\iint\limits_{D}(x+y+1)\mathrm{d}\sigma$，其中 $D=\{(x,y)\mid 0\leqslant x\leqslant 1,0\leqslant y\leqslant 2\}$.

(2) $I=\iint\limits_{D}(x^{2}+4y^{2}+9)\mathrm{d}\sigma$，其中 $D=\{(x,y)\mid x^{2}+y^{2}\leqslant 4\}$.

(3) $I=\iint\limits_{D}xy(x+y)\mathrm{d}\sigma$，其中 $D=\{(x,y)\mid 0\leqslant x\leqslant 1,0\leqslant y\leqslant 1\}$.

7.8 二重积分的计算

按照二重积分的定义来计算二重积分，对少数特别简单的被积函数和积分区域来说是可行的，但对一般函数和区域来说，这不是一种切实可行的方法. 本节介绍一种计算二重积分的方法，这种方法是把二重积分化为两次定积分来计算.

7.8.1 直角坐标系下的二重积分的计算

由二重积分的定义可知，若 $f(x,y)$ 在区域 D 上的二重积分存在，则二重积分的值与区域 D 的分法无关. 因此，在直角坐标系中，可以用平行于坐标轴的直线网把区域 D 分成若干个矩形小闭区域，则矩形小闭区域的面积 $\Delta\sigma_i = \Delta x \cdot \Delta y$，并且可以记

$$d\sigma = dxdy.$$

其二重积分可以写成

$$\iint\limits_D f(x,y)d\sigma = \iint\limits_D f(x,y)dxdy.$$

设函数 $z = f(x,y)$ 在有界闭区域 D 上连续且 $f(x,y) \geqslant 0$，下面我们用微元法来计算二重积分 $\iint\limits_D f(x,y)dxdy$ 所表示的曲顶柱体的体积.

1. 设积分区域 *D* 为 *X* — 型区域

积分区域 D 由：$x = a, x = b(a < b)$，连续曲线 $y = \varphi_1(x), y = \varphi_2(x)$ 围成，即：

$$D = \{(x,y) \mid \dot{\varphi}_1(x) \leqslant y \leqslant \varphi_2(x), a \leqslant x \leqslant b\}.$$

这样的区域称 X — 型区域[如图 7-11(a) 所示].

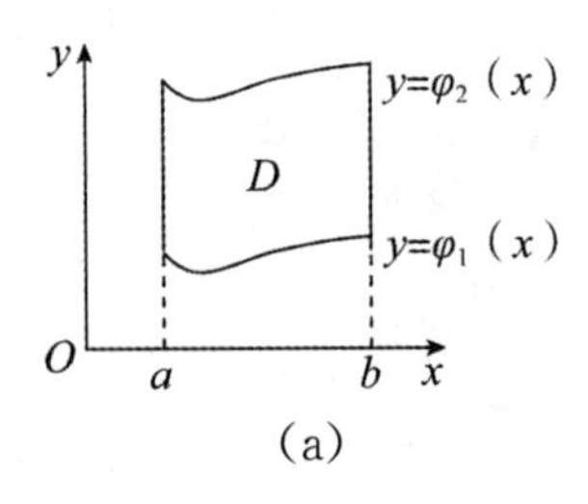

(a)

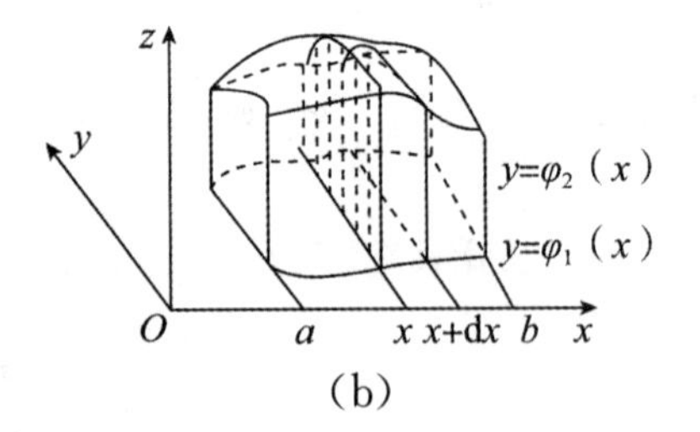

(b)

图 7-11

选 x 为积分变量，任取子区间 $[x, x+dx] \subset [a,b]$. 过点 $(x,0)$ 作垂直于 x 轴的平面，此平面截曲顶得一截面，用 $A(x)$ 表示该截面的面积，则曲顶柱体体积 V 的微元 dV 为

$$dV = A(x)dx.$$

据定积分的知识，可得

$$V = \iint\limits_D f(x,y)dxdy = \int_a^b A(x)dx. \tag{7-11}$$

由图 7-11(b) 可见，该截面是一个以区间 $[\varphi_1(x), \varphi_2(x)]$ 为底边，以曲线 $z = f(x,y)$(x 是固定的) 为曲边的曲边梯形，其面积又可表示为 $A(x) = \int_{\varphi_1(x)}^{\varphi_2(x)} f(x,y)dy$.

将 $A(x)$ 代入式(7 — 11)，则曲顶柱体的体积为

$$V=\int_a^b\left[\int_{\varphi_1(x)}^{\varphi_2(x)}f(x,y)\mathrm{d}y\right]\mathrm{d}x \tag{7-12}$$

以上公式把二重积分的计算问题转化为两次定积分的计算，第一次积分时，把 x 看做常数，对变量 y 积分，它的积分限一般是 x 的函数；第二次积分，是对变量 x 积分，它的积分限是常量．这种先对一个变量积分，然后再对另一个变量积分的方法，称为二次积分法．公式(7－12) 称为先对 y 后对 x 的二次积分公式．通常也可写成

$$\iint_D f(x,y)\mathrm{d}x\mathrm{d}y=\int_a^b\mathrm{d}x\left[\int_{\varphi_1(x)}^{\varphi_2(x)}f(x,y)\right]\mathrm{d}y. \tag{7-13}$$

在上述讨论中，我们假定 $f(x,y)\geqslant 0$，但实际上 $f(x,y)<0$ 时公式仍成立．

例 1　计算$\iint_D 2xy\,\mathrm{d}\sigma$，其中 D 是由直线 $y=1$、$x=2$ 及 $y=x$ 所围成的区域．

解　画出积分区域 D(如图 7-12 所示)，可以把 D 看成 X－型区域，$1\leqslant x\leqslant 2$，$1\leqslant y\leqslant x$，所以

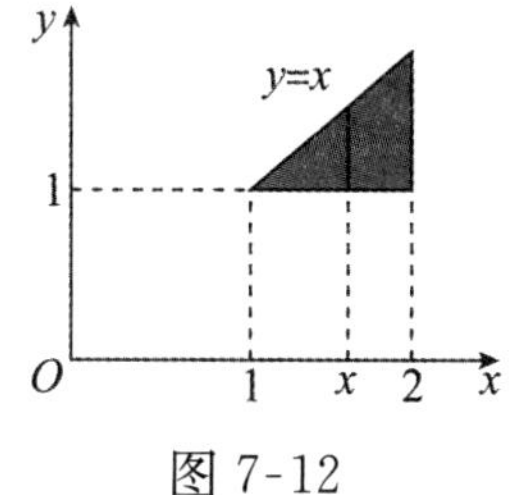

图 7-12

$$\iint_D 2xy\,\mathrm{d}\sigma=\int_1^2\mathrm{d}x\int_1^x 2xy\,\mathrm{d}y$$
$$=\int_1^2[x\cdot y^2]_1^x\mathrm{d}x=\int_1^2(x^3-x)\mathrm{d}x$$
$$=\left[\frac{x^4}{4}-\frac{x^2}{2}\right]_1^2=\frac{9}{4}.$$

例 2　求二重积分$\iint_D xy\,\mathrm{d}x\mathrm{d}y$，其中区域 D 是由 $y=x^2+1$，$y=2x$ 和 y 轴所围成的区域．

解　画出积分区域 D(如图 7-13 所示)，可以把 D 看成 X－型．于是，

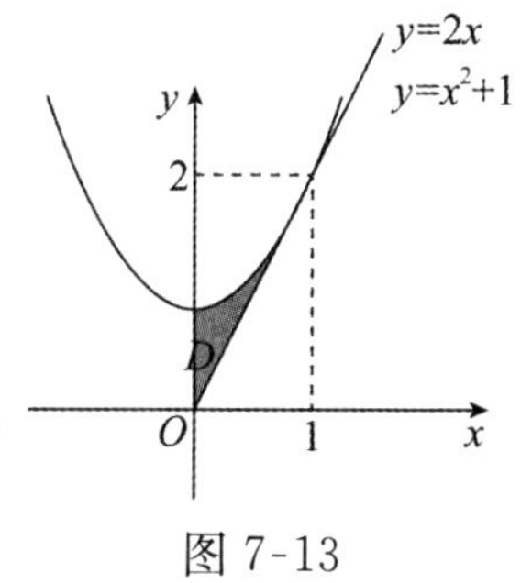

图 7-13

$$D:0\leqslant x\leqslant 1,2x\leqslant y\leqslant x^2+1.$$

所以　$$\iint_D xy\,\mathrm{d}x\mathrm{d}y=\int_0^1\mathrm{d}x\int_{2x}^{x^2+1}xy\,\mathrm{d}y$$
$$=\frac{1}{2}\int_0^1\left(xy^2\Big|_{2x}^{x^2+1}\right)\mathrm{d}x=\frac{1}{2}\int_0^1(x^5-2x^3+x)\mathrm{d}x$$
$$=\frac{1}{2}\left(\frac{1}{6}x^6-\frac{1}{2}x^4+\frac{1}{2}x^2\right)\Big|_0^1=\frac{1}{12}.$$

2. 设积分区域 D 为 Y－型(如图 7-14 所示)

类似地，如果积分区域 D 可以用不等式

$$\psi_1(y)\leqslant x\leqslant\psi_2(y),c\leqslant y\leqslant d$$

来表示，其中函数 $\psi_1(y)$、$\psi_2(y)$ 在区间$[c,d]$上连续，那么就有

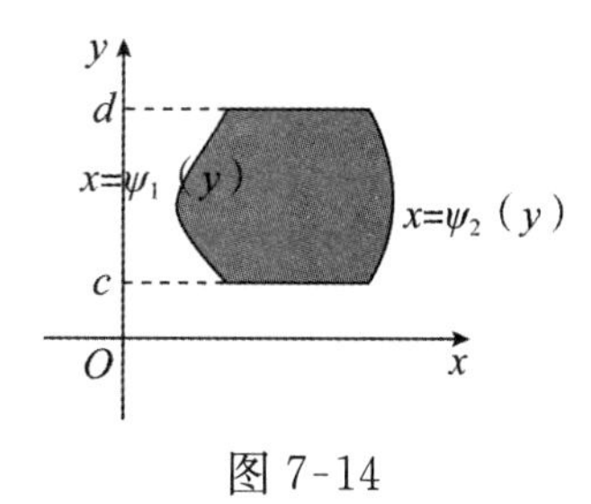

图 7-14

$$\iint_D f(x,y)\mathrm{d}x\mathrm{d}y=\int_c^d\left[\int_{\psi_1(y)}^{\psi_2(y)}f(x,y)\mathrm{d}x\right]\mathrm{d}y.$$

上式右端的积分叫做先对 x、后对 y 的二次积分，这个积分也常记作

$$\iint_D f(x,y)\mathrm{d}x\mathrm{d}y=\int_c^d\mathrm{d}y\left[\int_{\psi_1(y)}^{\psi_2(y)}f(x,y)\right]\mathrm{d}x. \tag{7-14}$$

例 3 计算$\iint\limits_D 2xy\,dxdy$,其中 D 是由抛物线 $y^2=x$ 及直线 $y=x-2$ 所围成的区域.

解 求出抛物线与直线的交点$(1,-1)$,$(4,2)$,作出区域 D 的简图,可知 D 为 Y—型区域(如图 7-15 所示),其中 $-1\leqslant y\leqslant 2, y^2\leqslant x\leqslant y+2$.

所以
$$\begin{aligned}\iint\limits_D 2xy\,dxdy&=\int_{-1}^{2}dy\int_{y^2}^{y+2}2xy\,dx\\&=\int_{-1}^{2}(x^2y)\Big|_{y^2}^{y+2}dy\\&=\int_{-1}^{2}(y^3+4y^2+4y-y^5)dy\\&=(\frac{1}{4}y^4+\frac{4}{3}y^3+2y^2-\frac{1}{6}y^6)\Big|_{-1}^{2}=\frac{45}{4}.\end{aligned}$$

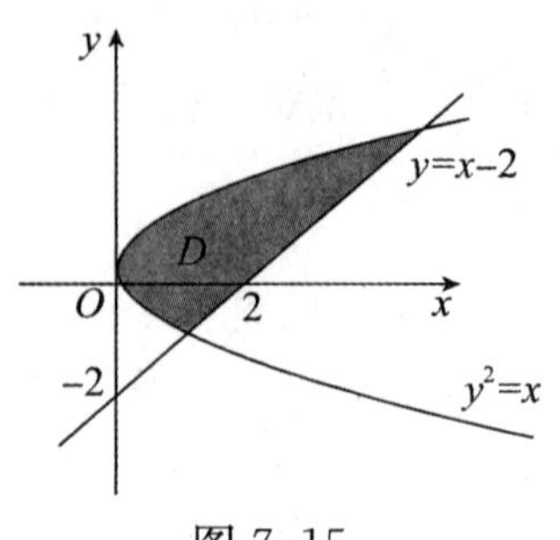

图 7-15

3. 一般积分区域的情况

如果积分区域 D 既是 X—型区域又是 Y—型区域,那么
$$\iint\limits_D f(x,y)dxdy=\int_a^b dx[\int_{\varphi_1(x)}^{\varphi_2(x)}f(x,y)]dy=\int_c^d dy[\int_{\psi_1(y)}^{\psi_2(y)}f(x,y)]dx.$$

若二重积分的积分区域 D 比较复杂,这时可以用平行于 y 轴(或平行于 x 轴)的直线,把 D 分成若干个 X—型、Y—型的小区域,应用二重积分区域的可加性,D 上的积分就是这些小区域上二重积分的和(如图 7-16 所示).

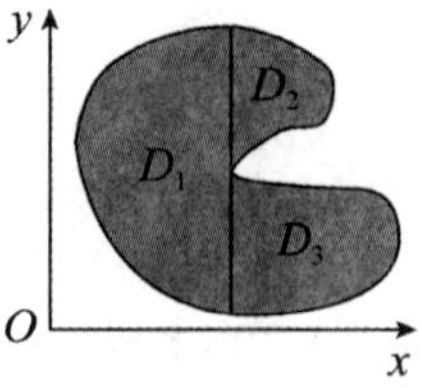

把二重积分转化为二次积分计算时,其关键是根据所给的积分域,定出两次积分的上下限,所以一般都需要画出积分区域 D 的简图.

图 7-16

例 4 计算二重积分$\iint\limits_D(2+x-y)dxdy$,其中 D 是由直线 $y=x$ 与抛物线 $y=x^2$ 所围成的区域.

解 作出区域 D 的简图(如图 7-17 所示),若视 D 为 X—型区域,则
$$0\leqslant x\leqslant 1, x^2\leqslant y\leqslant x.$$

所以
$$\begin{aligned}\iint\limits_D(2+x-y)dxdy&=\int_0^1 dx\int_{x^2}^{x}(2+x-y)dy\\&=\int_0^1[2y+xy-\frac{1}{2}y^2]_{x^2}^{x}dx\\&=\int_0^1(\frac{1}{2}x^4-x^3-\frac{3}{2}x^2+2x)dx\\&=(\frac{1}{10}x^5-\frac{1}{4}x^4-\frac{1}{2}x^3+x^2)\Big|_0^1\\&=\frac{7}{20}.\end{aligned}$$

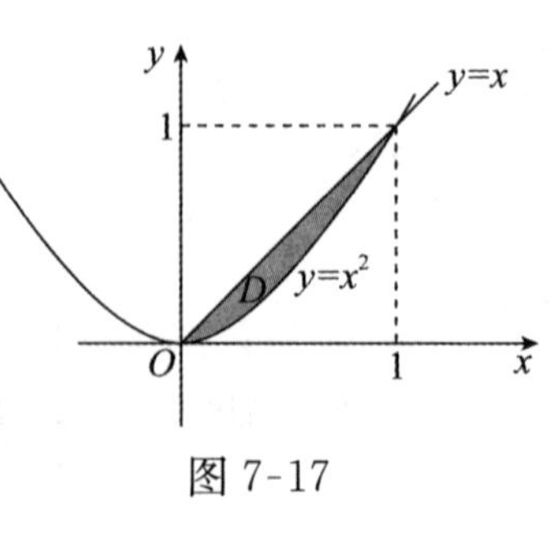

图 7-17

若视 D 为 Y—型区域,则 $0\leqslant y\leqslant 1, y\leqslant x\leqslant\sqrt{y}$,

所以
$$\begin{aligned}\iint\limits_D(2+x-y)dxdy&=\int_0^1 dy\int_y^{\sqrt{y}}(2+x-y)dx\\&=\int_0^1(2x+\frac{x^2}{2}-yx)\Big|_y^{\sqrt{y}}dy\end{aligned}$$

$$=\int_0^1(2\sqrt{y}-\frac{3}{2}y-y^{\frac{3}{2}}+\frac{1}{2}y^2)\mathrm{d}y$$

$$=(\frac{4}{3}y^{\frac{3}{2}}-\frac{3}{4}y^2-\frac{2}{5}y^{\frac{5}{2}}+\frac{1}{6}y^3)\Big|_0^1=\frac{7}{20}.$$

例 5　计算二重积分$\iint\limits_D e^{-y^2}\mathrm{d}x\mathrm{d}y$，其中 D 是由直线 $y=x,y=1,x=0$ 所围成的区域.

解　作出区域D的简图如图 7-18 所示，若视D为Y—型区域，则

$$0\leqslant x\leqslant y,0\leqslant y\leqslant 1,$$

所以　$$\iint\limits_D e^{-y^2}\mathrm{d}x\mathrm{d}y=\int_0^1\mathrm{d}y\int_0^y e^{-y^2}\mathrm{d}x=\int_0^1 ye^{-y^2}\mathrm{d}y$$

$$=-\frac{1}{2}e^{-y^2}\Big|_0^1=\frac{1}{2}(1-e^{-1}).$$

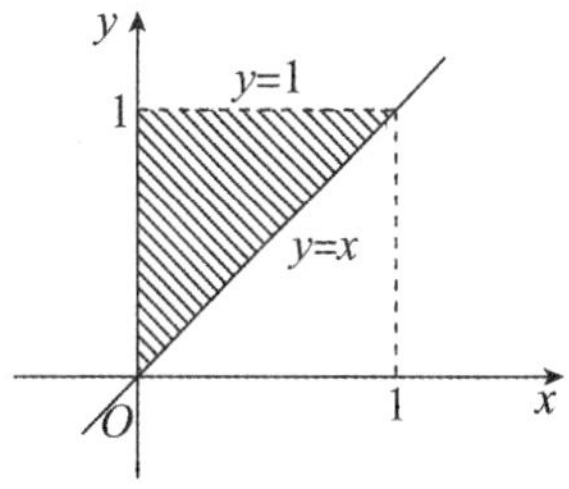

图 7-18

若视 D 为 X－型区域，则 $x\leqslant y\leqslant 1,0\leqslant x\leqslant 1$.

$$\iint\limits_D e^{-y^2}\mathrm{d}x\mathrm{d}y=\int_0^1\mathrm{d}x\int_x^1 e^{-y^2}\mathrm{d}y.$$

但 e^{-y^2} 不存在有限形式的原函数，所以无法计算下去了.

由此可见，在计算二重积分时，将积分区域视为 X－型还是 Y－型，不仅要看积分区域的特征，而且要考虑被积函数的特点，原则上既要使计算能进行，又要使计算尽可能简单.

例 6　计算$\iint\limits_D \frac{\sin y}{y}\mathrm{d}x\mathrm{d}y$，$D$ 是由 $y^2=x$ 和 $y=x$ 所围成的区域.

解　积分区域 D 简图如图 7-19 所示：

$$y^2\leqslant x\leqslant y,0\leqslant y\leqslant 1,\text{则}$$

$$\iint\limits_D \frac{\sin y}{y}\mathrm{d}x\mathrm{d}y=\int_0^1\mathrm{d}y\int_{y^2}^y\frac{\sin y}{y}\mathrm{d}x$$

$$=\int_0^1\frac{\sin y}{y}\mathrm{d}y\int_{y^2}^y\mathrm{d}x=\int_0^1\frac{\sin y}{y}(y-y^2)\mathrm{d}y$$

$$=\int_0^1(\sin y-y\sin y)\mathrm{d}y=\int_0^1\sin y\mathrm{d}y+\int_0^1 y\mathrm{d}\cos y$$

$$=-\cos y\Big|_0^1+y\cos y\Big|_0^1-\sin y\Big|_0^1=1-\sin 1.$$

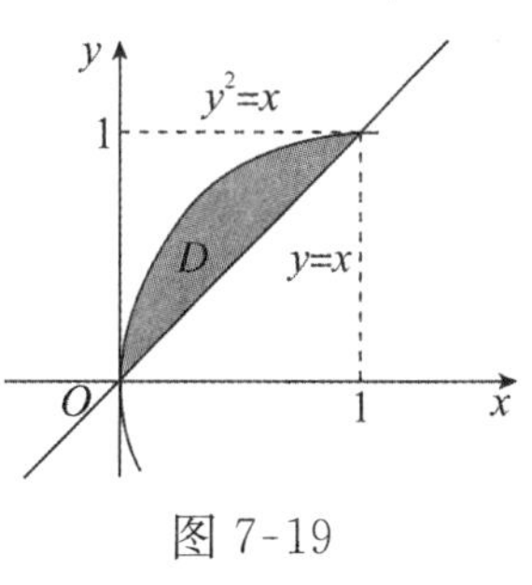

图 7-19

例 7　改变$\int_0^2\mathrm{d}y\int_{y^2}^{2y}f(x,y)\mathrm{d}x$ 的积分次序.

解　D 为 Y－型区域(如图 7-20 所示)，

$$D=\{(x,y)\,|\,0\leqslant y\leqslant 2,y^2\leqslant x\leqslant 2y\},$$

可转化为 X－型区域：

$$D=\{(x,y)\,|\,0\leqslant x\leqslant 4,\frac{x}{2}\leqslant y\leqslant\sqrt{x}\},$$

所以

$$\int_0^2\mathrm{d}y\int_{y^2}^{2y}f(x,y)\mathrm{d}x=\int_0^4\mathrm{d}x\int_{\frac{x}{2}}^{\sqrt{x}}f(x,y)\mathrm{d}y.$$

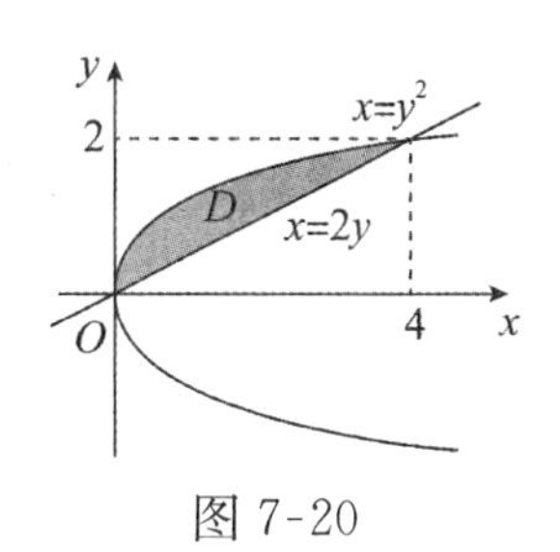

图 7-20

习题 7.8.1

1. 化二重积分$\iint\limits_D f(x,y)\mathrm{d}x\mathrm{d}y$为累次积分,其中积分区域$D$为

(1)$1\leqslant x\leqslant 2, 3\leqslant y\leqslant 4$;

(2) 由$y=x$及$y^2=4x$所围成的区域;

(3) 由$y=x^2$及$y=4-x^2$所围成的区域.

2. 计算下列二重积分.

(1)$\iint\limits_D(3x+2y)\mathrm{d}x\mathrm{d}y$,其中$D$是由两坐标轴及直线$x+y-2=0$所围成的区域.

(2)$\iint\limits_D x\sqrt{y}\,\mathrm{d}x\mathrm{d}y$,其中$D$是由抛物线$y=\sqrt{x}$,$y=x^2$所围成的区域.

(3)$\iint\limits_D(x^2+y^2)\mathrm{d}x\mathrm{d}y$,其中$D$是由$|x|\leqslant 1$,$|y|\leqslant 1$所围成的区域.

(4)$\iint\limits_D\left(\frac{x}{y}\right)^2\mathrm{d}x\mathrm{d}y$,其中$D$是由$y=x$,$x=2$及$xy=1$所围成的区域.

(5)$\iint\limits_D\frac{\sin x}{x}\mathrm{d}x\mathrm{d}y$,其中$D$是由$y=x$,$y=0$及$x=\pi$所围成的区域.

3. 计算下列二重积分.

(1)$\iint\limits_D xy^2\mathrm{d}x\mathrm{d}y$,其中$D$是由$x^2+y^2=4$及$y$轴所围成的右半闭区域.

(2)$\iint\limits_D\mathrm{e}^{x+y}\mathrm{d}x\mathrm{d}y$,其中$D$由$|x|+|y|\leqslant 1$围成.

(3)$\iint\limits_D(x^2+y^2-x)\mathrm{d}x\mathrm{d}y$,其中$D$是由$y=x$,$y=2$及$y=2x$所围成的区域.

(4)$\iint\limits_D x\cos(x+y)\mathrm{d}x\mathrm{d}y$,其中$D$是顶点为$(0,0)$,$(\pi,0)$和$(\pi,\pi)$的三角形.

4. 改变二次积分的顺序.

(1) $\int_0^1\mathrm{d}y\int_0^y f(x,y)\mathrm{d}x$

(2) $\int_0^2\mathrm{d}y\int_{y^2}^{2y} f(x,y)\mathrm{d}x$

(3) $\int_0^1\mathrm{d}y\int_{-\sqrt{1-y^2}}^{\sqrt{1-y^2}} f(x,y)\mathrm{d}x$

(4) $\int_1^{\mathrm{e}}\mathrm{d}x\int_0^{\ln x} f(x,y)\mathrm{d}y$

7.8.2　极坐标系下二重积分的计算

在具体计算二重积分时，根据被积函数的特点和积分区域的形状，选择适当的坐标系，会使计算变得简单. 一般地，**当 D 为圆域、半圆域及扇形域时通常选择极坐标系**. 下面介绍极坐标系下二重积分的计算方法：

如果我们选取极点 O 为直角坐标系的原点、极轴为 x 轴，则由直角坐标与极坐标的关系可得

$$\begin{cases} x = r\cos\theta, \\ y = r\sin\theta. \end{cases}$$

即有 $f(x,y) = f(r\cos\theta, r\sin\theta)$.

如图 7-21 所示：在极坐标系中，我们以 $r=$ 常数（以极点为中心的一组同心圆）和 $\theta=$ 常数（自极点出发的一组射线）的两组曲线，把 D 分成许多小区域，当分割很细时，图中阴影所示小区域的面积近似等于以 $r\mathrm{d}\theta$ 为长、$\mathrm{d}r$ 为宽的小矩形的面积，可记为

$$\mathrm{d}\sigma = r\mathrm{d}r\mathrm{d}\theta.$$

于是**二重积分的极坐标形式为**

$$\iint\limits_D f(x,y)\mathrm{d}\sigma = \iint\limits_D f(r\cos\theta, r\sin\theta)r\mathrm{d}r\mathrm{d}\theta.$$

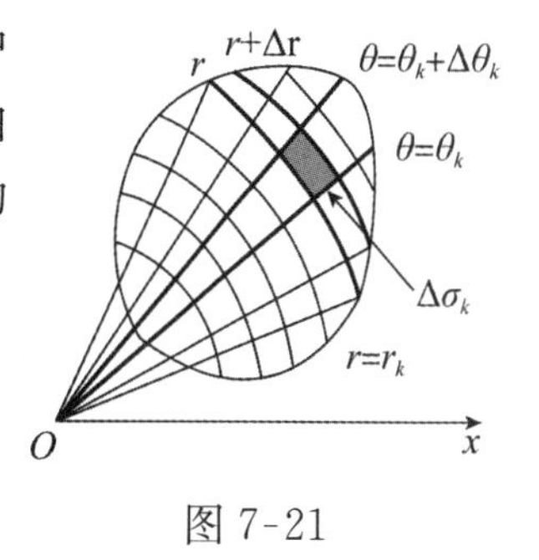

图 7-21

在实际使用时，仍需要把二重积分的极坐标形式化为累次积分. 这里只介绍先 r 后 θ 的积分次序. 关于如何确定两次积分的上下限，需要根据极点与区域 D 的位置而定，现分三种情况讨论：

(1) 极点在区域 D 的外面[如图 7-22(a) 所示]，从极点作两条射线 $\theta=\alpha$，$\theta=\beta$ 夹紧区域 D，则 α、β 分别是 θ 的下限和上限. 在 α、β 之间任作一条射线与积分区域的边界交两点，它们的极径分别为 $r=r_1(\theta)$，$r=r_2(\theta)$，假定 $r_1(\theta)\leqslant r_2(\theta)$，那么 $r_1(\theta)$ 与 $r_2(\theta)$ 分别是对 r 积分的下限和上限，所以

$$\iint\limits_D f(r\cos\theta, r\sin\theta)r\mathrm{d}r\mathrm{d}\theta = \int_\alpha^\beta \mathrm{d}\theta\int_{r_1(\theta)}^{r_2(\theta)} f(r\cos\theta, r\sin\theta)r\mathrm{d}r.$$

(2) 极点在区域 D 的边界上[如图 7-22(b) 所示]，从极点作两条射线 $\theta=\alpha$，$\theta=\beta$ 夹紧区域 D，则　$\alpha\leqslant\theta\leqslant\beta, 0\leqslant r\leqslant r(\theta)$，

所以

$$\iint\limits_D f(r\cos\theta, r\sin\theta)r\mathrm{d}r\mathrm{d}\theta = \int_\alpha^\beta \mathrm{d}\theta\int_0^{r(\theta)} f(r\cos\theta, r\sin\theta)r\mathrm{d}r.$$

(3) 极点在区域 D 的内部[如图 7-22(c) 所示]，这时积分区域 D 为：$0\leqslant\theta\leqslant 2\pi$，$0\leqslant r\leqslant r(\theta)$，所以

$$\iint\limits_D f(r\cos\theta, r\sin\theta)r\mathrm{d}r\mathrm{d}\theta = \int_0^{2\pi} \mathrm{d}\theta\int_0^{r(\theta)} f(r\cos\theta, r\sin\theta)r\mathrm{d}r.$$

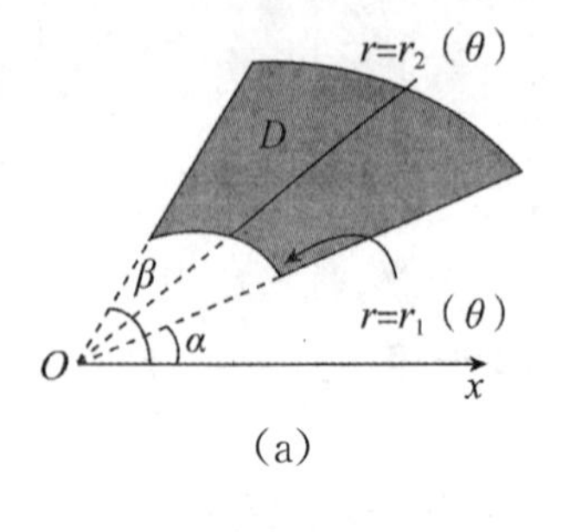

(a)

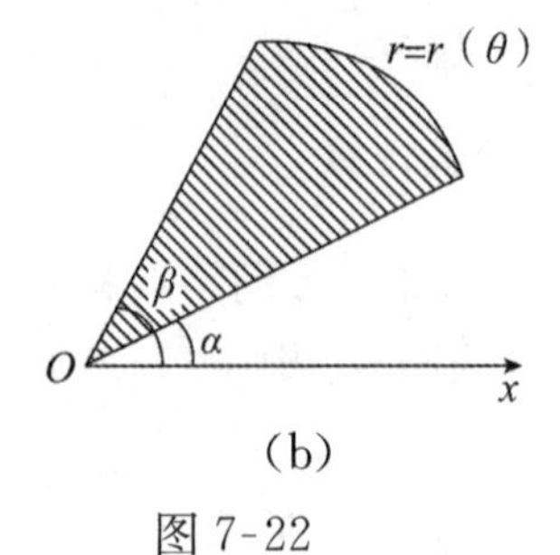

(b)

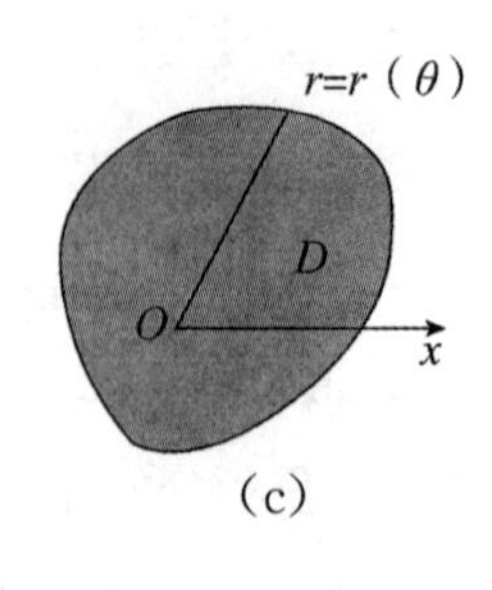

(c)

图 7-22

例 8 计算$\iint\limits_D \ln(x^2+y^2)\mathrm{d}x\mathrm{d}y$,其中 D 是圆环 $1\leqslant x^2+y^2\leqslant 4$ 在第一象限的部分.

解 画出积分区域 D(如图 7-23 所示),

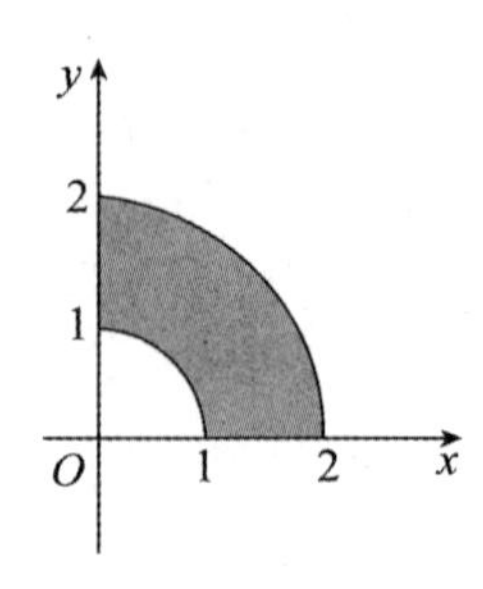

图 7-23

由图可知 $1\leqslant r\leqslant 2, 0\leqslant\theta\leqslant\frac{\pi}{2}$,

所以 $\iint\limits_D \ln(x^2+y^2)\mathrm{d}x\mathrm{d}y=\int_0^{\frac{\pi}{2}}\mathrm{d}\theta\int_1^2 \ln r^2\cdot r\mathrm{d}r$

$$=\int_0^{\frac{\pi}{2}}\mathrm{d}\theta\int_1^2 2r\ln r\mathrm{d}r=\int_0^{\frac{\pi}{2}}\mathrm{d}\theta\int_1^2 \ln r\cdot \mathrm{d}r^2$$

$$=\frac{\pi}{2}(r^2\ln r\,|_1^2-\int_1^2 r\mathrm{d}r)$$

$$=\frac{\pi}{2}(4\ln 2-\frac{1}{2}r^2\,|_1^2)=\frac{\pi}{4}(8\ln 2-3).$$

例 9 计算$\iint\limits_D (x^2+y^2)\mathrm{d}x\mathrm{d}y$,其中 D 是圆 $x^2+y^2=2y, x^2+y^2=4y$ 及直线 $x-\sqrt{3}y=0$ 和 $y-\sqrt{3}x=0$ 所围成的平面区域.

解 画出积分区域 D(如图 7-24 所示),

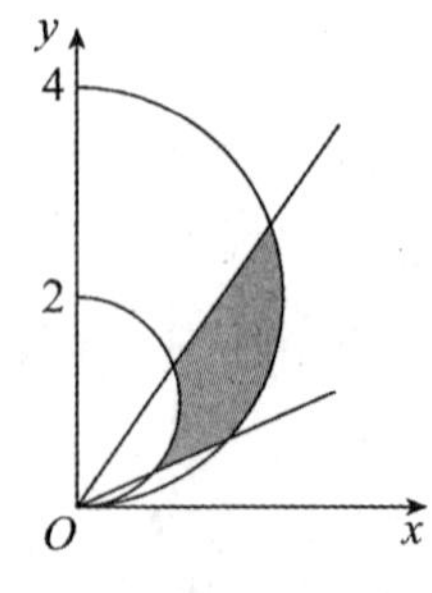

图 7-24

由 $x^2+y^2=2y$ 得 $r_1=2\sin\theta$;

$x^2+y^2=4y$ 得 $r_2=4\sin\theta$;

$x-\sqrt{3}y=0$ 得 $\theta_1=\frac{\pi}{6}$;

$y-\sqrt{3}x=0$ 得 $\theta_2=\frac{\pi}{3}$.

所以 $\iint\limits_D (x^2+y^2)\mathrm{d}x\mathrm{d}y=\int_{\frac{\pi}{6}}^{\frac{\pi}{3}}\mathrm{d}\theta\int_{2\sin\theta}^{4\sin\theta} r^2 r\mathrm{d}r$

$$=\int_{\frac{\pi}{6}}^{\frac{\pi}{3}}[(\frac{r^4}{4})\,|_{2\sin\theta}^{4\sin\theta}]\mathrm{d}\theta=60\int_{\frac{\pi}{6}}^{\frac{\pi}{3}}\sin^4\theta\mathrm{d}\theta=60\int_{\frac{\pi}{6}}^{\frac{\pi}{3}}(\frac{1-\cos 2\theta}{2})^2\mathrm{d}\theta$$

$$=15\int_{\frac{\pi}{6}}^{\frac{\pi}{3}}(1-2\cos 2\theta+\cos^2 2\theta)\mathrm{d}\theta=15(\theta-\sin 2\theta)\,|_{\frac{\pi}{6}}^{\frac{\pi}{3}}+15\int_{\frac{\pi}{6}}^{\frac{\pi}{3}}\frac{\cos 4\theta+1}{2}\mathrm{d}\theta$$

$$=\frac{15\pi}{6}+(\frac{15}{8}\sin 4\theta+\frac{15}{2}\theta)\,|_{\frac{\pi}{6}}^{\frac{\pi}{3}}=\frac{15\pi}{6}-\frac{15\sqrt{3}}{8}+\frac{15\pi}{12}=\frac{15\pi}{4}-\frac{15\sqrt{3}}{8}.$$

例 10　计算$\iint\limits_D e^{-x^2-y^2}\mathrm{d}x\mathrm{d}y$,其中$D$是由圆心在原点、半径为$a$的圆周所围成的区域.

解　在极坐标系中,闭区域D可表示为

$$0\leqslant r\leqslant a,0\leqslant\theta\leqslant 2\pi,$$

所以

$$\iint\limits_D e^{-x^2-y^2}\mathrm{d}x\mathrm{d}y=\int_0^{2\pi}\mathrm{d}\theta\int_0^a e^{-r^2}r\mathrm{d}r$$

$$=\int_0^{2\pi}(-\frac{1}{2}e^{-r^2})\Big|_0^a\mathrm{d}\theta=\int_0^{2\pi}[-\frac{1}{2}(e^{-a^2}-1)]\mathrm{d}\theta=\pi(1-e^{-a^2}).$$

例 11　计算由$z=2-x^2-y^2$与$z=\sqrt{x^2+y^2}$所围立体的体积.

解　投影区域D为$x^2+y^2\leqslant 1$(如图 7-25 所示),用极坐标表示为:

$$0\leqslant r\leqslant 1,0\leqslant\theta\leqslant 2\pi,$$

$$V=\iint\limits_D(2-x^2-y^2-\sqrt{x^2+y^2})\mathrm{d}x\mathrm{d}y$$

$$=\int_0^{2\pi}\mathrm{d}\theta\int_0^1(2-r^2-r)\cdot r\mathrm{d}r$$

$$=\int_0^{2\pi}\mathrm{d}\theta\int_0^1(2r-r^3-r^2)\mathrm{d}r$$

$$=\int_0^{2\pi}[(r^2-\frac{1}{4}r^4-\frac{1}{3}r^3)\Big|_0^1]\mathrm{d}\theta$$

$$=\int_0^{2\pi}\frac{5}{12}\mathrm{d}\theta=\frac{5}{12}\theta\Big|_0^{2\pi}=\frac{5}{6}\pi.$$

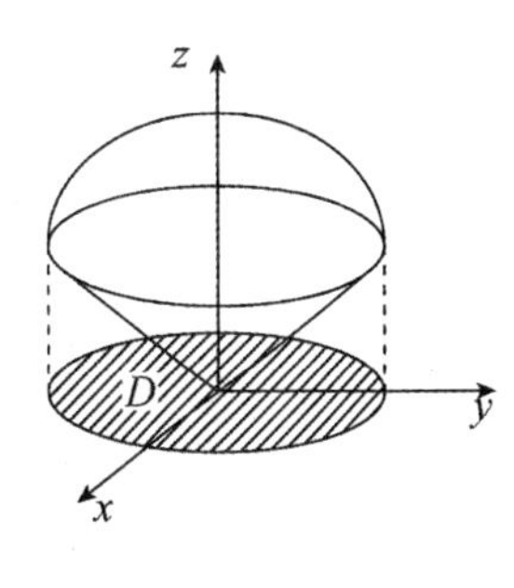

图 7-25

例 12　计算以xOy平面上的圆周$x^2+y^2=ax$所围成的闭区域为底,以曲面$z=x^2+y^2$为顶的曲顶柱体的体积.

解　如图 7-26,投影区域D用极坐标表示为:$-\frac{\pi}{2}\leqslant\theta\leqslant\frac{\pi}{2}$,$0\leqslant r\leqslant a\cos\theta$,

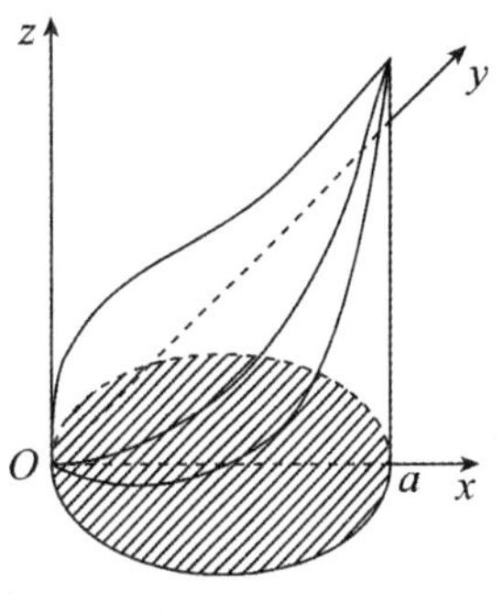

图 7-26

所以

$$V=\iint\limits_d(x^2+y^2)\mathrm{d}x\mathrm{d}y$$

$$=\int_{-\frac{\pi}{2}}^{\frac{\pi}{2}}\mathrm{d}\theta\int_0^{a\cos\theta}r^2\cdot r\mathrm{d}r$$

$$=\int_{-\frac{\pi}{2}}^{\frac{\pi}{2}}(\frac{r^4}{4}\Big|_0^{a\cos\theta})\mathrm{d}\theta=\frac{a^4}{4}\int_{-\frac{\pi}{2}}^{\frac{\pi}{2}}\cos^4\theta\mathrm{d}\theta$$

$$=\frac{a^4}{4}\int_{-\frac{\pi}{2}}^{\frac{\pi}{2}}(\frac{1+\cos 2\theta}{2})^2\mathrm{d}\theta$$

$$=\frac{a^4}{16}\int_{-\frac{\pi}{2}}^{\frac{\pi}{2}}(1+2\cos 2\theta+\cos^2 2\theta)\mathrm{d}\theta$$

$$=\frac{a^4}{16}(\theta+\sin 2\theta)\Big|_{-\frac{\pi}{2}}^{\frac{\pi}{2}}+\frac{a^4}{16}\int_{-\frac{\pi}{2}}^{\frac{\pi}{2}}\frac{1+\cos 4\theta}{2}\mathrm{d}\theta=\frac{a^4\pi}{16}+\frac{a^4}{32}(\theta+\frac{1}{4}\sin 4\theta)\Big|_{-\frac{\pi}{2}}^{\frac{\pi}{2}}$$

$$=\frac{a^4\pi}{16}+\frac{a^4\pi}{32}=\frac{3a^4\pi}{32}.$$

习题 7.8.2

1. 利用极坐标计算下列二重积分.

(1) $\iint\limits_D e^{x^2+y^2}\,dxdy$,其中 D 是由 $x^2+y^2\leqslant 1, x\geqslant 0, y\geqslant 0$ 所围成的区域.

(2) $\iint\limits_D e^{x^2+y^2}\,dxdy$,其中 D 是由圆周 $x^2+y^2=4$ 所围成的区域.

(3) $\iint\limits_D \ln(1+x^2+y^2)\,dxdy$,其中 D 是由圆周 $x^2+y^2=1$ 和坐标轴所围成的在第一象限的区域.

(4) $\iint\limits_D \sqrt{x^2+y^2}\,dxdy$,其中 D 是由圆 $x^2+y^2\leqslant 2x, y\geqslant 0$ 所围成的区域.

(5) $\iint\limits_D \sqrt{1-x^2-y^2}\,dxdy$,其中 D 是圆心在原点的单位圆的上半部分.

2. 求由下列曲面所围立体的体积.

(1) 旋转抛物面 $z=8-x^2-y^2$ 与 $z=x^2+y^2$ 平面所围的立体.

(2) 旋转抛物面 $z=2-x^2-y^2$ 与 xOy 平面所围的立体.

3. 计算 $\iint\limits_D e^{-x^2-y^2}\,dxdy$,其中 D 是由曲线 $x^2+y^2=a^2$ 围成的区域.

复习题七

一、单项选择题

1. 函数 $f(x,y)=\dfrac{\sqrt{6x-y^2}}{\ln[1-(x^2+y^2)]}$ 的定义域为（　　）

A. $D=\{(x,y)\mid y^2\leqslant 6x, 0<x^2+y^2<1\}$　　B. $D=\{(x,y)\mid y^2\leqslant 6x, 0\leqslant x^2+y^2\leqslant 1\}$

C. $D=\{(x,y)\mid y^2<6x, 0<x^2+y^2<1\}$　　D. $D=\{(x,y)\mid y^2<6x, 0\leqslant x^2+y^2\leqslant 1\}$

2. 设 $z=f(x,y)$，则 $\dfrac{\partial z}{\partial x}\Big|_{(x_0,y_0)}=$（　　）

A. $\lim\limits_{\Delta x\to 0}\dfrac{f(x_0+\Delta x,y_0+\Delta y)-f(x_0,y_0)}{\Delta x}$　　B. $\lim\limits_{\Delta x\to 0}\dfrac{f(x_0+\Delta x,y_0)-f(x_0,y_0)}{\Delta x}$

C. $\lim\limits_{\Delta x\to 0}\dfrac{f(x+\Delta x,y+\Delta y)-f(x,y)}{\Delta x}$　　D. $\lim\limits_{\Delta x\to 0}\dfrac{f(x+\Delta x,y)-f(x,y)}{\Delta x}$

3. 函数 $z=f(x,y)$ 在点 $P_0(x_0,y_0)$ 处可微，是它在点 P_0 处的两个偏导数 $\dfrac{\partial z}{\partial x}$ 和 $\dfrac{\partial z}{\partial y}$ 存在的（　　）

A. 充分条件　　B. 必要条件　　C. 充要条件　　D. 无关条件

4. 若 $f_x(x_0,y_0)=0, f_y(x_0,y_0)=0$，则 $f(x,y)$ 在点 (x_0,y_0) 处（　　）

A. 有极小值　　B. 有极大值　　C. 不一定有极值　　D. 无极值

5. 设 D 是圆域：$x^2+y^2\leqslant a^2(a>0)$，且 $\iint\limits_D\sqrt{x^2+y^2}\,\mathrm{d}x\mathrm{d}y=\pi$，则 $a=$（　　）

A. 1　　B. $\sqrt[3]{\dfrac{1}{2}}$　　C. $\sqrt[3]{\dfrac{3}{2}}$　　D. $\sqrt[3]{\dfrac{5}{2}}$

6. 设函数 $z=x\ln(xy)$，则 $\dfrac{\partial^2 z}{\partial x\partial y}$ 等于（　　）

A. $\dfrac{1}{x}$　　B. $\dfrac{1}{y}$　　C. 0　　D. $\ln(xy)+1$

7. 设 D 是由 $|x|=2, |y|=1$ 所围成的闭区域，则 $\iint\limits_D xy^2\,\mathrm{d}x\mathrm{d}y$ 等于（　　）

A. $\dfrac{4}{3}$　　B. $\dfrac{8}{3}$　　C. $\dfrac{16}{3}$　　D. 0

二、填空题

1. $\lim\limits_{(x,y)\to(0,1)}\dfrac{\arctan(x^2+y^2)}{1+\mathrm{e}^{xy}}=$ ________.

2. 设函数 $f(x,y)=xy^2+\mathrm{e}^{xy}$，则 $f_x(1,2)=$ ________.

3. 设 $z=xy^2+\dfrac{x}{y}$，则 $\mathrm{d}z=$ ________.

4. 二元函数 $z=\ln(x+2y)$，则 $\dfrac{\partial^2 z}{\partial x\partial y}=$ ________.

5. 设 $z=(x+y)^x$，则$\dfrac{\partial z}{\partial y}=$ ________.

6. 已知 $x\ln y+y\ln z+z\ln x=1$，则$\dfrac{\partial z}{\partial x}\cdot\dfrac{\partial x}{\partial y}\cdot\dfrac{\partial y}{\partial z}=$ ________.

7. 二元函数 $f(x,y)=x^3-y^3+3x^2+3y^2-9x$ 的极小值为________.

8. 积分$\int_0^2 dx\int_x^2 e^{-y^2}dy$ 的值为________.

9. 设闭区域 $D=\{(x,y)\,|\,x^2+y^2\leqslant R^2\}$，则$\iint\limits_D(\dfrac{x^2}{a^2}+\dfrac{y^2}{b^2})dxdy=$ ________.

三、讨论函数 $f(x,y)=\dfrac{2x^2y}{x^4+y^2}$ 当$(x,y)\to(0,0)$ 时函数的极限.

四、设 $z=f(x^2+y^2,e^{xy})$，其中 f 具有一阶连续偏导数，求 z_x，z_y.

五、求 $z=\ln(x+y^2)$ 的二阶偏导数.

六、设方程 $e^z-xyz=0$ 确定的函数 $z=f(x,y)$，求$\dfrac{\partial z}{\partial x}$，$\dfrac{\partial z}{\partial y}$.

七、求对角线长度为 $4\sqrt{3}$，面积最大的长方体的体积.

八、计算下列二重积分.

1. $\iint\limits_D(x^2-y^2)dxdy$，其中 $D=\{(x,y)\,|\,0\leqslant y\leqslant\sin x,0\leqslant x\leqslant\pi\}$.

2. $\iint\limits_D(x^2y^3+e^{x^2})dxdy$，其中 D 是由直线 $y=x$，$y=-x$，$x=1$ 所围成的区域.

3. $\iint\limits_D(x+y)dxdy$，其中 D 是由 $y=x^2$ 和 $x=y^2$ 所围成的区域.

4. $\iint\limits_D ye^{xy}dxdy$，其中 D 是由 $xy=1$，$x=2$ 和 $y=1$ 所围成的区域.

附表1 常用的基本初等函数的图像及主要性质

函数类型	函数表达式	定义域与值域	图形	特性
幂函数	$y=x$	$x\in(-\infty,+\infty)$ $y\in(-\infty,+\infty)$	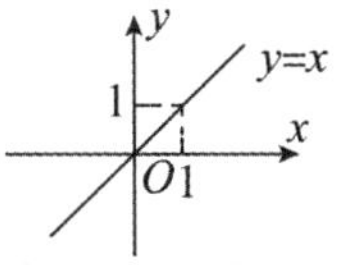	奇函数 单调增加
	$y=x^2$	$x\in(-\infty,+\infty)$ $y\in[0,+\infty)$	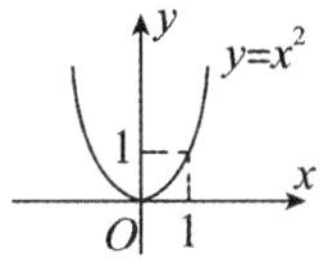	偶函数，在$(-\infty,0)$内单调减少，在$(0,+\infty)$内单调增加
	$y=x^3$	$x\in(-\infty,+\infty)$ $y\in(-\infty,+\infty)$	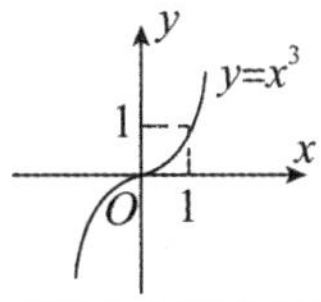	奇函数 单调增加
	$y=x^{-1}$	$x\in(-\infty,0)\cup(0,+\infty)$ $y\in(-\infty,0)\cup(0,+\infty)$	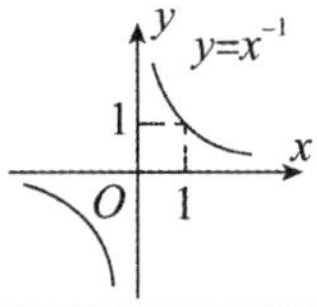	奇函数 单调减少
	$y=x^{-\frac{1}{2}}$	$x\in(0,+\infty)$ $y\in(0,+\infty)$	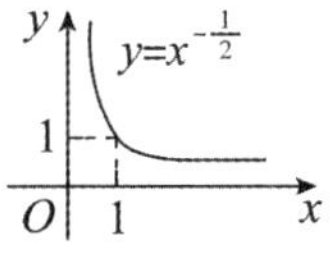	单调减少
指数函数	$y=a^x$ $(0<a<1)$	$x\in(-\infty,+\infty)$ $y\in(0,+\infty)$	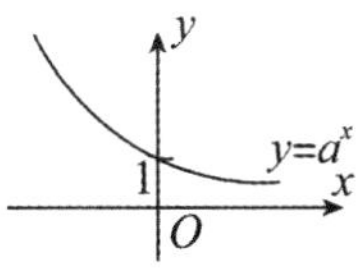	单调减少
	$y=a^x$ $(a>1)$	$x\in(-\infty,+\infty)$ $y\in(0,+\infty)$	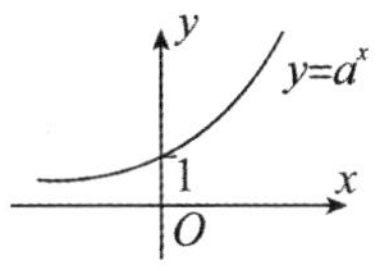	单调增加

续表

函数类型	函数表达式	定义域与值域	图形	特性
对数函数	$y=\log_a x$ $(0<a<1)$	$x\in(0,+\infty)$ $y\in(-\infty,+\infty)$	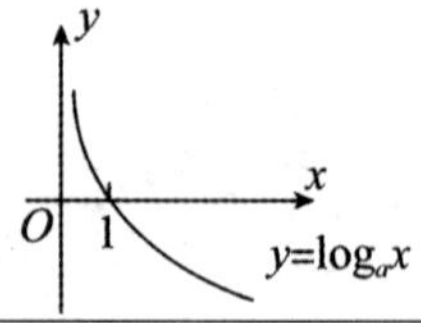 $y=\log_a x$	单调减少
	$y=\log_a x$ $(a>1)$	$x\in(0,+\infty)$ $y\in(-\infty,+\infty)$	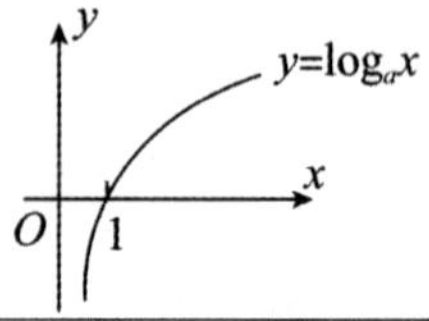 $y=\log_a x$	单调增加
三角函数	$y=\sin x$	$x\in(-\infty,+\infty)$ $y\in[-1,1]$	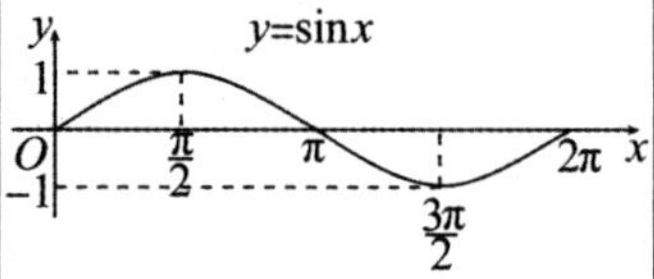 $y=\sin x$	奇函数，周期 2π，有界，在$\left(2k\pi-\frac{\pi}{2},2k\pi+\frac{\pi}{2}\right)$内单调增加，在$\left(2k\pi+\frac{\pi}{2},2k\pi+\frac{3\pi}{2}\right)$内单调减少$(k\in\mathbf{Z})$
	$y=\cos x$	$x\in(-\infty,+\infty)$ $y\in[-1,1]$	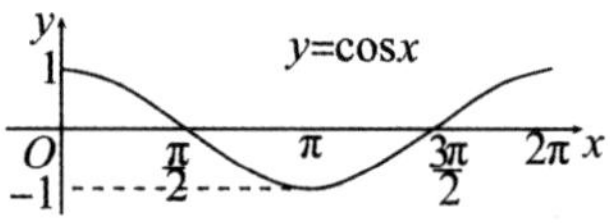 $y=\cos x$	偶函数，周期 2π，有界，在$(2k\pi,2k\pi+\pi)$内单调减少，在$(2k\pi+\pi,2k\pi+2\pi)$内单调增加$(k\in\mathbf{Z})$
	$y=\tan x$	$x\neq k\pi+\frac{\pi}{2}$ $y\in(-\infty,+\infty)$	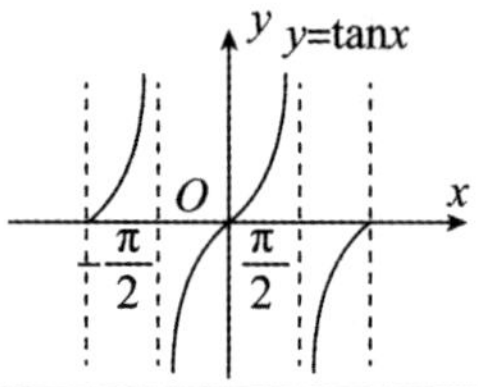 $y=\tan x$	奇函数，周期 π，在$\left(k\pi-\frac{\pi}{2},k\pi+\frac{\pi}{2}\right)$内单调增加$(k\in\mathbf{Z})$
	$y=\cot x$	$y\neq k\pi$ $y\in(-\infty,+\infty)$	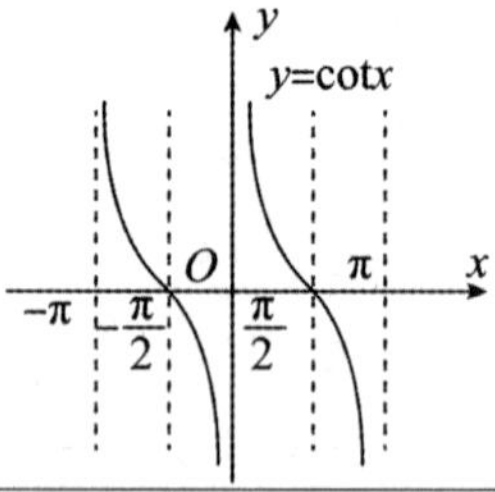 $y=\cot x$	奇函数，周期 π，在$(k\pi,k\pi+\pi)$内单调减少$(k\in\mathbf{Z})$
反三角函数	$y=\arcsin x$	$x\in[-1,1]$ $y\in\left[-\frac{\pi}{2},\frac{\pi}{2}\right]$	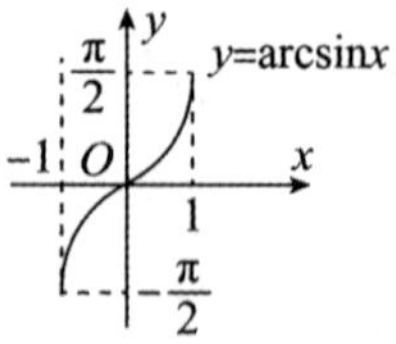 $y=\arcsin x$	奇函数，单调增加，有界
	$y=\arccos x$	$x\in[-1,1]$ $y\in[0,\pi]$	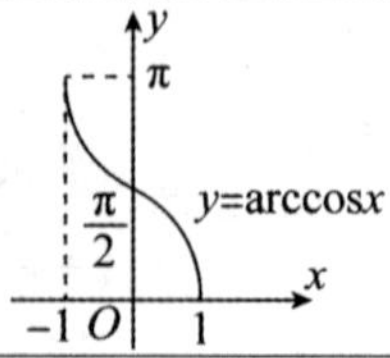 $y=\arccos x$	单调减少，有界

续表

函数类型	函数表达式	定义域与值域	图形	特性
反三角函数	$y=\arctan x$	$x\in(-\infty,+\infty)$ $y\in(-\frac{\pi}{2},\frac{\pi}{2})$	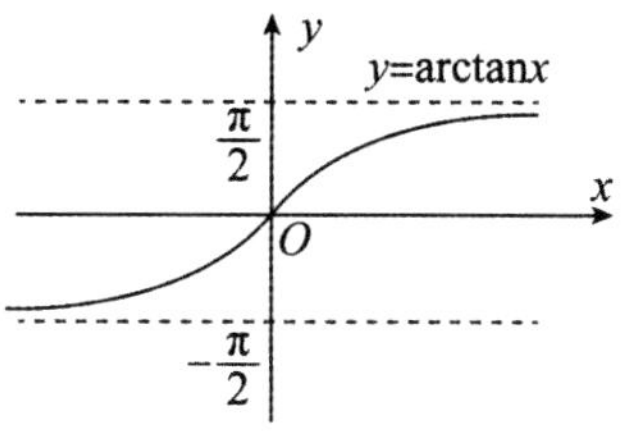	奇函数,单调增加,有界
	$y=\text{arccot}\,x$	$x\in(-\infty,+\infty)$ $y\in(0,\pi)$	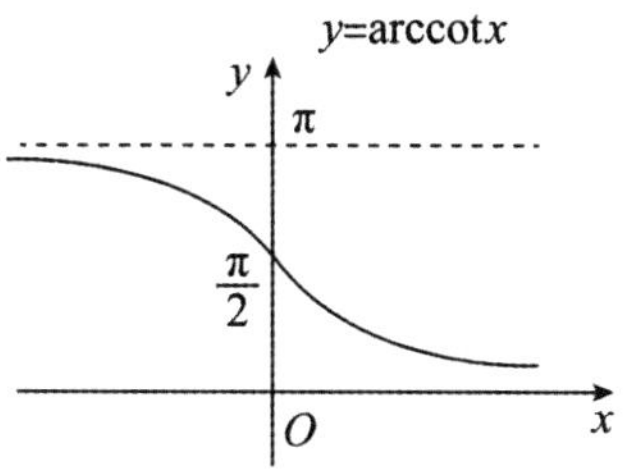	单调减少,有界

附表2 三角函数公式

一、平方关系

1. $\sin^2 x+\cos^2 x=1$
2. $1+\tan^2 x=\sec^2 x$
3. $1+\cot^2 x=\csc^2 x$

二、和差公式

4. $\sin(x\pm y)=\sin x\cos y\pm\cos x\sin y$
5. $\cos(x\pm y)=\cos x\cos y\mp\sin x\sin y$
6. $\tan(x+y)=\dfrac{\tan x+\tan y}{1-\tan x\tan y}$
7. $\tan(x-y)=\dfrac{\tan x-\tan y}{1+\tan x\tan y}$

三、倍角公式和半角公式

8. $\sin 2x=2\sin x\cos x$
9. $\cos 2x=\cos^2 x-\sin^2 x=2\cos^2 x-1=1-2\sin^2 x$
10. $\cos^2\dfrac{x}{2}=\dfrac{1+\cos x}{2}$
11. $\sin^2\dfrac{x}{2}=\dfrac{1-\cos x}{2}$
12. $\tan 2x=\dfrac{2\tan x}{1-\tan^2 x}$
13. $\tan\dfrac{x}{2}=\dfrac{1-\cos x}{\sin x}=\dfrac{\sin x}{1+\cos x}$

四、和差化积公式

14. $\sin x+\sin y=2\sin\dfrac{x+y}{2}\cos\dfrac{x-y}{2}$

15. $\sin x-\sin y=2\sin\frac{x-y}{2}\cos\frac{x+y}{2}$

16. $\cos x+\cos y=2\cos\frac{x+y}{2}\cos\frac{x-y}{2}$

17. $\cos x-\cos y=-2\sin\frac{x+y}{2}\sin\frac{x-y}{2}$

五、积化和差公式

18. $\sin x\cos y=\frac{1}{2}[\sin(x+y)+\sin(x-y)]$

19. $\cos x\sin y=\frac{1}{2}[\sin(x+y)-\sin(x-y)]$

20. $\cos x\cos y=\frac{1}{2}[\cos(x+y)+\cos(x-y)]$

21. $\sin x\sin y=-\frac{1}{2}[\cos(x+y)-\cos(x-y)]$

六、万能公式

22. $\sin x=\dfrac{2\tan\frac{x}{2}}{1+\tan^2\frac{x}{2}}$

23. $\cos x=\dfrac{1-\tan^2\frac{x}{2}}{1+\tan^2\frac{x}{2}}$

24. $\tan x=\dfrac{2\tan\frac{x}{2}}{1-\tan^2\frac{x}{2}}$

七、三角形边角关系

25. 正弦定理$\frac{a}{\sin A}=\frac{b}{\sin B}=\frac{c}{\sin C}$

26. 余弦定理$a^2=b^2+c^2-2bc\cos A$

$b^2=a^2+c^2-2ac\cos B$

$c^2=a^2+b^2-2ab\cos C$

附表3 积分表

(一) 含有 $ax+b$ 的积分

1. $\int \frac{dx}{ax+b} = \frac{1}{a}\ln|ax+b|+C$

2. $\int (ax+b)^n dx = \frac{(ax+b)^{n+1}}{a(n+1)}+C \quad (n \neq -1)$

3. $\int \frac{xdx}{ax+b} = \frac{1}{a^2}(ax+b-b\ln|ax+b|)+C$

4. $\int \frac{x^2dx}{ax+b} = \frac{1}{a^3}[\frac{1}{2}(ax+b)^2-2b(ax+b)+b^2\ln|ax+b|]+C$

5. $\int \frac{xdx}{(ax+b)^2} = \frac{1}{a^2}(\ln|ax+b|+\frac{b}{ax+b})+C$

6. $\int \frac{x^2dx}{(ax+b)^2} = \frac{1}{a^3}(ax+b-2b\ln|ax+b|-\frac{b^2}{ax+b})+C$

7. $\int \frac{dx}{x(ax+b)} = -\frac{1}{b}\ln\left|\frac{ax+b}{x}\right|+C$

8. $\int \frac{dx}{x^2(ax+b)} = -\frac{1}{bx}+\frac{a}{b^2}\ln\left|\frac{ax+b}{x}\right|+C$

9. $\int \frac{dx}{x(ax+b)^2} = \frac{1}{b(ax+b)}-\frac{1}{b^2}\ln\left|\frac{ax+b}{x}\right|+C$

(二) 含有 $\sqrt{ax+b}$ 的积分

10. $\int \sqrt{ax+b}\,dx = \frac{2}{3a}\sqrt{(ax+b)^3}+C$

11. $\int x\sqrt{ax+b}\,dx = \frac{2(3ax-2b)\sqrt{(ax+b)^3}}{15a^2}+C$

12. $\int x^2\sqrt{ax+b}\,dx = \frac{2}{105a^3}(15a^2x^2-12abx+8b^2)\sqrt{(ax+b)^3}+C$

13. $\int \frac{xdx}{\sqrt{ax+b}} = \frac{2}{3a^2}(ax-2b)\sqrt{ax+b}+C$

14. $\int \frac{x^2 \mathrm{d}x}{\sqrt{ax+b}} = \frac{2}{15a^3}(3a^2x^2 - 4abx + 8b^2)\sqrt{ax+b} + C$

15. $\int \frac{\mathrm{d}x}{x\sqrt{ax+b}} = \begin{cases} \frac{1}{\sqrt{b}} \ln \frac{|\sqrt{ax+b} - \sqrt{b}|}{\sqrt{ax+b} + \sqrt{b}} + C & (b > 0) \\ \frac{2}{\sqrt{-b}} \arctan \sqrt{\frac{ax+b}{-b}} + C & (b < 0) \end{cases}$

16. $\int \frac{\mathrm{d}x}{x^2\sqrt{ax+b}} = -\frac{\sqrt{ax+b}}{bx} - \frac{a}{2b}\int \frac{\mathrm{d}x}{x\sqrt{ax+b}}$

17. $\int \frac{\sqrt{ax+b}}{x}\mathrm{d}x = 2\sqrt{ax+b} + b\int \frac{\mathrm{d}x}{x\sqrt{ax+b}}$

18. $\int \frac{\sqrt{ax+b}}{x^2}\mathrm{d}x = -\frac{\sqrt{ax+b}}{x} + \frac{a}{2}\int \frac{\mathrm{d}x}{x\sqrt{ax+b}}$

(三) 含有 $x^2 \pm a^2$ 的积分

19. $\int \frac{\mathrm{d}x}{x^2+a^2} = \frac{1}{a}\arctan\frac{x}{a} + C$

20. $\int \frac{\mathrm{d}x}{x^2-a^2} = \frac{1}{2a}\ln\left|\frac{x-a}{x+a}\right| + C$

(四) 含有 $a \pm bx^2$ 的积分

21. $\int \frac{\mathrm{d}x}{a+bx^2} = \frac{1}{\sqrt{ab}}\arctan\sqrt{\frac{b}{a}}x + C \quad (a > 0, b > 0)$

22. $\int \frac{\mathrm{d}x}{a-bx^2} = \frac{1}{2\sqrt{ab}}\ln\left|\frac{\sqrt{a}+\sqrt{b}x}{\sqrt{a}-\sqrt{b}x}\right| + C$

23. $\int \frac{x\mathrm{d}x}{a+bx^2} = \frac{1}{2b}\ln|a+bx^2| + C$

24. $\int \frac{x^2\mathrm{d}x}{a+bx^2} = \frac{x}{b} - \frac{a}{b}\int \frac{\mathrm{d}x}{a+bx^2}$

25. $\int \frac{\mathrm{d}x}{x(a+bx^2)} = \frac{1}{2a}\ln\left|\frac{x^2}{a+bx^2}\right| + C$

(五) 含有 $\sqrt{x^2+a^2}\ (a > 0)$ 的积分

26. $\int \sqrt{x^2+a^2}\,\mathrm{d}x = \frac{x}{2}\sqrt{x^2+a^2} + \frac{a^2}{2}\ln(x+\sqrt{x^2+a^2}) + C$

27. $\int x\sqrt{x^2+a^2}\,\mathrm{d}x = \frac{1}{3}\sqrt{(x^2+a^2)^3} + C$

28. $\int \frac{1}{\sqrt{x^2+a^2}}\mathrm{d}x = \ln(x+\sqrt{x^2+a^2}) + C$

29. $\int \frac{1}{\sqrt{(x^2+a^2)^3}}\mathrm{d}x = \frac{x}{a^2\sqrt{x^2+a^2}} + C$

30. $\int \frac{x}{\sqrt{x^2+a^2}}\mathrm{d}x = \sqrt{x^2+a^2} + C$

31. $\int \frac{x^2}{\sqrt{x^2+a^2}}\mathrm{d}x = \frac{x}{2}\sqrt{x^2+a^2} - \frac{a^2}{2}\ln(x+\sqrt{x^2+a^2}) + C$

32. $\int \frac{x^2}{\sqrt{(x^2+a^2)^3}}\mathrm{d}x = -\frac{x}{\sqrt{x^2+a^2}} + \ln(x+\sqrt{x^2+a^2}) + C$

33. $\int \frac{1}{x\sqrt{x^2+a^2}}\mathrm{d}x = \frac{1}{a}\ln\frac{\sqrt{x^2+a^2}-a}{|x|} + C$

34. $\int \frac{1}{x^2\sqrt{x^2+a^2}}\mathrm{d}x = -\frac{\sqrt{x^2+a^2}}{a^2x} + C$

35. $\int \frac{\sqrt{x^2+a^2}}{x}\mathrm{d}x = \sqrt{x^2+a^2} + a\ln\frac{\sqrt{x^2+a^2}-a}{|x|} + C$

36. $\int \frac{\sqrt{x^2+a^2}}{x^2}\mathrm{d}x = -\frac{\sqrt{x^2+a^2}}{x} + \ln(x+\sqrt{x^2+a^2}) + C$

(六) 含有 $\sqrt{x^2-a^2}$ $(a>0)$ 的积分

37. $\int \frac{1}{\sqrt{x^2-a^2}}\mathrm{d}x = \ln\left|x+\sqrt{x^2-a^2}\right| + C$

38. $\int \frac{1}{\sqrt{(x^2-a^2)^3}}\mathrm{d}x = -\frac{x}{a^2\sqrt{x^2-a^2}} + C$

39. $\int \frac{x}{\sqrt{x^2-a^2}}\mathrm{d}x = \sqrt{x^2-a^2} + C$

40. $\int \sqrt{x^2-a^2}\,\mathrm{d}x = \frac{x}{2}\sqrt{x^2+a^2} - \frac{a^2}{2}\ln\left|x+\sqrt{x^2-a^2}\right| + C$

41. $\int x\sqrt{x^2-a^2}\,\mathrm{d}x = \frac{1}{3}\sqrt{(x^2-a^2)^3} + C$

42. $\int x^2\sqrt{x^2-a^2}\,\mathrm{d}x = \frac{x}{8}(2x^2-a^2)\sqrt{x^2-a^2} - \frac{a^4}{8}\ln\left|x+\sqrt{x^2-a^2}\right| + C$

43. $\int \frac{x^2}{\sqrt{x^2-a^2}}\mathrm{d}x = \frac{x}{2}\sqrt{x^2-a^2} + \frac{a^2}{2}\ln\left|x+\sqrt{x^2-a^2}\right| + C$

44. $\int \frac{x^2}{\sqrt{(x^2-a^2)^3}}\mathrm{d}x = -\frac{x}{\sqrt{x^2-a^2}} + \ln\left|x+\sqrt{x^2-a^2}\right| + C$

45. $\int \frac{1}{x\sqrt{x^2-a^2}}\mathrm{d}x = \frac{1}{a}\arccos\frac{a}{|x|} + C$

46. $\int \frac{1}{x^2\sqrt{x^2-a^2}}\mathrm{d}x = \frac{\sqrt{x^2-a^2}}{a^2x} + C$

47. $\int \frac{\sqrt{x^2-a^2}}{x}dx = \sqrt{x^2-a^2} - a\arccos\frac{a}{|x|} + C$

48. $\int \frac{\sqrt{x^2-a^2}}{x^2}dx = -\frac{\sqrt{x^2-a^2}}{x} + \ln\left|x + \sqrt{x^2-a^2}\right| + C$

(七) 含有$\sqrt{a^2-x^2}$ $(a>0)$ 的积分

49. $\int \frac{dx}{\sqrt{a^2-x^2}} = \arcsin\frac{x}{a} + C$

50. $\int \frac{dx}{\sqrt{(a^2-x^2)^3}} = \frac{x}{a^2\sqrt{a^2-x^2}} + C$

51. $\int \frac{xdx}{\sqrt{a^2-x^2}} = -\sqrt{a^2-x^2} + C$

52. $\int \frac{xdx}{\sqrt{(a^2-x^2)^3}} = \frac{1}{\sqrt{a^2-x^2}} + C$

53. $\int \frac{x^2dx}{\sqrt{a^2-x^2}} = -\frac{x}{2}\sqrt{a^2-x^2} + \frac{a^2}{2}\arcsin\frac{x}{a} + C$

54. $\int \frac{x^2}{\sqrt{(a^2-x^2)^3}}dx = \frac{x}{\sqrt{a^2-x^2}} - \arcsin\frac{x}{a} + C$

55. $\int \frac{dx}{x\sqrt{a^2-x^2}} = \frac{1}{a}\ln\frac{a-\sqrt{a^2-x^2}}{|x|} + C$

56. $\int \frac{dx}{x^2\sqrt{a^2-x^2}} = -\frac{\sqrt{a^2-x^2}}{a^2x} + C$

57. $\int \sqrt{a^2-x^2}dx = \frac{x}{2}\sqrt{a^2-x^2} + \frac{a^2}{2}\arcsin\frac{x}{a} + C$

58. $\int x\sqrt{a^2-x^2}dx = -\frac{1}{3}\sqrt{(a^2-x^2)^3} + C$

59. $\int \frac{\sqrt{a^2-x^2}}{x}dx = \sqrt{a^2-x^2} + a\ln\frac{a-\sqrt{a^2-x^2}}{|x|} + C$

60. $\int \frac{\sqrt{a^2-x^2}}{x^2}dx = -\frac{\sqrt{a^2-x^2}}{x} - \arcsin\frac{x}{a} + C$

(八) 含有 ax^2+bx+c 的积分

61. $$\int \frac{dx}{ax^2+bx+c} = \begin{cases} \frac{2}{\sqrt{4ac-b^2}}\arctan\frac{2ax+b}{\sqrt{4ac-b^2}} + C & (b^2<4ac) \\ \frac{1}{\sqrt{b^2-4ac}}\ln\left|\frac{2ax+b-\sqrt{b^2-4ac}}{2ax+b+\sqrt{b^2-4ac}}\right| + C & (b^2>4ac) \end{cases}$$

62. $\int \frac{x}{ax^2+bx+c}dx = \frac{1}{2a}\ln|ax^2+bx+c| - \frac{b}{2a}\int\frac{dx}{ax^2+bx+c}$

（九）含有$\sqrt{\pm\frac{x-a}{x-b}}$或$\sqrt{(x-a)(b-x)}$的积分

63. $\int\sqrt{\frac{x-a}{x-b}}\mathrm{d}x=(x-b)\sqrt{\frac{x-a}{x-b}}+(b-a)\ln(\sqrt{|x-a|}+\sqrt{|x-b|})+C$

64. $\int\sqrt{\frac{x-a}{b-x}}\mathrm{d}x=(x-b)\sqrt{\frac{x-a}{b-x}}+(b-a)\arcsin\sqrt{\frac{x-a}{b-a}}+C$

65. $\int\frac{\mathrm{d}x}{\sqrt{(x-a)(b-x)}}=2\arcsin\sqrt{\frac{x-a}{b-a}}+C\quad(a<b)$

66. $\int\sqrt{(x-a)(b-x)}\mathrm{d}x=\frac{2x-a-b}{4}\sqrt{(x-a)(b-x)}+\frac{(b-a)^2}{4}\arcsin\sqrt{\frac{x-a}{b-a}}+C\quad(a<b)$

（十）含有三角函数的积分

67. $\int\sin x\mathrm{d}x=-\cos x+C$

68. $\int\cos x\mathrm{d}x=\sin x+C$

69. $\int\tan x\mathrm{d}x=-\ln|\cos x|+C$

70. $\int\cot x\mathrm{d}x=\ln|\sin x|+C$

71. $\int\sec x\mathrm{d}x=\ln|\sec x+\tan x|+C$

72. $\int\csc x\mathrm{d}x=\ln|\csc x-\cot x|+C$

73. $\int\sec^2 x\mathrm{d}x=\tan x+C$

74. $\int\csc^2 x\mathrm{d}x=-\cot x+C$

75. $\int\sec x\tan x\mathrm{d}x=\sec x+C$

76. $\int\csc x\cot x\mathrm{d}x=-\csc x+C$

77. $\int\sin^2 x\mathrm{d}x=\frac{x}{2}-\frac{1}{4}\sin 2x+C$

78. $\int\cos^2 x\mathrm{d}x=\frac{x}{2}+\frac{1}{4}\sin 2x+C$

79. $\int\sin^n x\mathrm{d}x=-\frac{1}{n}\sin^{n-1}x\cos x+\frac{n-1}{n}\int\sin^{n-2}x\mathrm{d}x$

80. $\int\cos^n x\mathrm{d}x=\frac{1}{n}\cos^{n-1}x\sin x+\frac{n-1}{n}\int\cos^{n-2}x\mathrm{d}x$

81. $\int \frac{dx}{\sin^n x} = -\frac{1}{n-1} \cdot \frac{\cos x}{\sin^{n-1} x} + \frac{n-2}{n-1}\int \frac{dx}{\sin^{n-2} x}$

82. $\int \frac{dx}{\cos^n x} = \frac{1}{n-1} \cdot \frac{\sin x}{\cos^{n-1} x} + \frac{n-2}{n-1}\int \frac{dx}{\cos^{n-2} x}$

83. $\int \cos^m x \ \sin^n x\, dx = \frac{1}{m+n} \cos^{m-1} x \ \sin^{n+1} x + \frac{m-1}{m+n}\int \cos^{m-2} x \ \sin^n x\, dx$

84. $\int x\sin ax\, dx = \frac{1}{a^2}\sin ax - \frac{1}{a}x\cos ax + C$

85. $\int x^2 \sin ax\, dx = -\frac{1}{a}x^2\cos ax + \frac{2}{a^2}x\sin ax + \frac{2}{a^3}\cos ax + C$

86. $\int x\cos ax\, dx = \frac{1}{a^2}\cos ax + \frac{1}{a}x\sin ax + C$

87. $\int x^2\cos ax\, dx = \frac{1}{a}x^2\sin ax + \frac{2}{a^2}x\cos ax - \frac{2}{a^3}\sin ax + C$

(十一) 含有反三角函数的积分(其中 $a > 0$)

88. $\int \arcsin \frac{x}{a} dx = x\arcsin \frac{x}{a} + \sqrt{a^2 - x^2} + C$

89. $\int x\arcsin \frac{x}{a} dx = (\frac{x^2}{2} - \frac{a^2}{4})\arcsin \frac{x}{a} + \frac{x}{4} \sqrt{a^2 - x^2} + C$

90. $\int x^2\arcsin \frac{x}{a} dx = \frac{x^3}{3}\arcsin \frac{x}{a} + \frac{1}{9}(x^2 + 2a^2) \sqrt{a^2 - x^2} + C$

91. $\int \arccos \frac{x}{a} dx = x\arccos \frac{x}{a} - \sqrt{a^2 - x^2} + C$

92. $\int x\arccos \frac{x}{a} dx = (\frac{x^2}{2} - \frac{a^2}{4})\arccos \frac{x}{a} - \frac{x}{4} \sqrt{a^2 - x^2} + C$

93. $\int x^2\arccos \frac{x}{a} dx = \frac{x^3}{3}\arccos \frac{x}{a} - \frac{1}{9}(x^2 + 2a^2) \sqrt{a^2 - x^2} + C$

94. $\int \arctan \frac{x}{a} dx = x\arctan \frac{x}{a} - \frac{a}{2}\ln(a^2 + x^2) + C$

95. $\int x\arctan \frac{x}{a} dx = \frac{1}{2}(a^2 + x^2)\arctan \frac{x}{a} - \frac{a}{2}x + C$

96. $\int x^2\arctan \frac{x}{a} dx = \frac{x^3}{3}\arctan \frac{x}{a} - \frac{a}{6}x^2 + \frac{a^3}{6}\ln(a^2 + x^2) + C$

(十二) 含有指数函数的积分

97. $\int a^x dx = \frac{1}{\ln a}a^x + C$

98. $\int e^{ax} dx = \frac{1}{a}e^{ax} + C$

99. $\int xe^{ax} dx = \frac{1}{a^2}(ax - 1)e^{ax} + C$

100. $\int x^n e^{ax} dx = \frac{1}{a} x^n e^{ax} - \frac{n}{a} \int x^{n-1} e^{ax} dx$

101. $\int x a^x dx = \frac{x}{\ln a} a^x - \frac{1}{(\ln a)^2} a^x + C$

102. $\int x^n a^x dx = \frac{1}{\ln a} x^n a^x - \frac{n}{\ln a} \int x^{n-1} a^x dx$

103. $\int e^{ax} \sin bx dx = \frac{1}{a^2+b^2} e^{ax} (a\sin bx - b\cos bx) + C$

104. $\int e^{ax} \cos bx dx = \frac{1}{a^2+b^2} e^{ax} (b\sin bx + a\cos bx) + C$

(十三) 含有对数的积分

105. $\int \ln x dx = x\ln x - x + C$

106. $\int \frac{dx}{x\ln x} = \ln|\ln x| + C$

107. $\int x^n \ln x dx = \frac{1}{n+1} x^{n+1} (\ln x - \frac{1}{n+1}) + C$

108. $\int (\ln x)^n dx = x (\ln x)^n - n\int (\ln x)^{n-1} dx$

109. $\int x^m (\ln x)^n dx = \frac{1}{m+1} x^{m+1} (\ln x)^n - \frac{n}{m+1} \int x^m (\ln x)^{n-1} dx$

(十四) 定积分

110. $\int_{-\pi}^{\pi} \cos nx dx = \int_{-\pi}^{\pi} \sin nx dx = 0$

111. $\int_{-\pi}^{\pi} \cos mx \sin nx dx = 0$

112. $\int_{-\pi}^{\pi} \cos mx \cos nx dx = \begin{cases} 0, & m \neq n \\ \pi, & m = n \end{cases}$

113. $\int_{-\pi}^{\pi} \sin mx \sin nx dx = \begin{cases} 0, & m \neq n \\ \pi, & m = n \end{cases}$

114. $\int_{0}^{\pi} \sin mx \sin nx dx = \int_{0}^{\pi} \cos mx \cos nx dx = \begin{cases} 0, & m \neq n \\ \frac{\pi}{2}, & m = n \end{cases}$

115. $I_n = \int_{0}^{\frac{\pi}{2}} \sin^n x dx = \int_{0}^{\frac{\pi}{2}} \cos^n x dx$,

$$I_n = \frac{n-1}{n} I_{n-2}$$

$$= \begin{cases} \frac{n-1}{n} \cdot \frac{n-3}{n-2} \cdot \cdots \cdot \frac{4}{5} \cdot \frac{2}{3} & (n \text{ 为大于 1 的正奇数}), I_1 = 1, \\ \frac{n-1}{n} \cdot \frac{n-3}{n-2} \cdot \cdots \cdot \frac{3}{4} \cdot \frac{1}{2} \cdot \frac{\pi}{2} & (n \text{ 为正偶数}), I_0 = \frac{\pi}{2}. \end{cases}$$

参考答案

第一章　函数、极限与连续

习题 1.1

1. (1)× (2)× (3)×
2. (1)$[0,4]$ (2)$[-4,4]$ (3)$[2k\pi,(2k+1)\pi]$ (4)$[-1,+\infty)$
3. (1)$\pi,\frac{\pi}{2},0$ (2)7,3,16 (3)$2a^2-1,4a-3,(2a-1)^2$
4. (1)偶函数 (2)奇函数 (3)奇函数 (4)奇函数
5. (1)$y=\sqrt{3x^2+3}$ (2)$y=\lg 2^{\cos x}$
6. (1)$y=u^3,u=1+\ln x$ (2)$y=\sqrt{u},u=x^2-1$ (3)$y=\sqrt{u},u=\cos v,v=\sqrt{x}$
   (4)$y=e^u,u=\tan v,v=x^3$ (5)$y=u^3,u=\ln v,v=\arcsin x$
   (6)$y=\operatorname{arccot}u,u=v^3,v=x^3+1$

习题 1.2

1. (1)D (2)B (3)D
2. 略
3. $a=4$
4. 存在

习题 1.3

1. (1)1 (2)$-\frac{7}{3}$ (3)-2 (4)$-\frac{1}{4}$ (5)$\frac{2}{3}$ (6)∞ (7)0 (8)1 (9)2
2. $k=-3,h=2$
3. $x^3+\frac{2x^2+1}{x+1}-5$
4. $a=2$

习题 1.4

1. (1)√ (2)√ (3)√ (4)√

2. (1)$\frac{5}{3}$　(2)$\frac{3}{2}$　(3)$\frac{2}{5}$　(4)x　(5)0　(6)$\frac{1}{3}$

3. (1)e^3　(2)$e^{\frac{1}{2}}$　(3)e^{-1}　(4)e^{-10}　(5)e^2　(6)$e^{\frac{5}{3}}$　(7)$e^{\frac{1}{2}}$　(8)1

4. 略

5. 略

习题 1.5

1. (1)C　(2)D　(3)B　(4)C　(5)D

2. (1)∞　(2)∞　(3)0　(4)16　(5)0　(6)0

3. (1)$\begin{cases} 0, & n>m \\ 1, & n=m \\ \infty, & n<m \end{cases}$　(2)$\frac{3}{4}$　(3)$\frac{1}{2}$　(4)2　(5)0　(6)$\frac{1}{2}$

习题 1.6

1. (1)B　(2)B　(3)D　(4)A

2. $a=1$

3. $(3,+\infty)$

4. $x=1$,$x=2$.

　$x=1$ 是可去间断点,补充定义 $f(1)=-2$,使之连续;$x=2$ 是第二类间断点.

习题 1.7

1. (1)$(-\infty,-1)\cup(-1,2)\cup(2,+\infty)$,$\lim\limits_{x\to 0}f(x)=-\frac{1}{\sqrt[3]{2}}$

　(2)$(-\infty,3)$,$\lim\limits_{x\to -8}f(x)=\ln 11$

　(3)$[2,6]$,$\lim\limits_{x\to 5}f(x)=1+\sqrt{3}$

　(4)$(0,1]$,$\lim\limits_{x\to \frac{1}{2}}f(x)=\ln\frac{\pi}{6}$

2. (1)1　(2)1　(3)0　(4)1

3. (1)0　(2)-1　(3)e^3　(4)e^{-2}

4. 略

5. 略

复习题一

一、1. 4　2. $(\frac{3}{2})^{20}$　3. e^{-3}　4. ∞　5. $y=\ln u$,$u=v^2$,$v=\cos x$　6. -3 ,1,不存在,10

7. 0,1,1,0　8. $[-1,4)\cup(4,+\infty)$　9. $x=0,x=-1,x=2$

二、1. A　2. B　3. C　4. B　5. B　6. D　7. B

三、1. $\frac{9}{2}$　2. $\frac{1}{3}$　3. $\begin{cases}0,k<2\\1,k=2\\\infty,k>2\end{cases}$　4. -1　5. $-\frac{1}{2}$　6. e^{-3}　7. -1　8. 0

四、$\lim\limits_{x\to1}f(x)=e+4$，$\lim\limits_{x\to2}f(x)$不存在.

五、$f(x)$在$(-\infty,0)\cup(0,+\infty)$内连续，$x=0$ 是第一类间断点的跳跃间断点.

六、$a=-2,b=\ln 2$.

七、略

八、$x=0,x=-1,x=1$；$x=0,x=1$ 是第一类间断点，$x=-1$ 是第二类间断点.

第二章　导数与微分

习题 2.1

1. (1)A　(2)A　(3)D

2. $\frac{1}{2}x-y+\ln 2-1=0$　3. 8　4. $3x-12y\pm1=0$　5. $(\sqrt{2},\frac{1}{\sqrt{2}})$和$(-\sqrt{2},-\frac{1}{\sqrt{2}})$

6. 连续但不可导　7. 不可导

8. (1)$f'(a)$　(2)$f'(a)$　(3)$2f'(a)$　(4)$\frac{1}{2}f'(a)$　(5)$(\alpha-\beta)f'(a)$.

习题 2.2

1. (1)$-18(1-2x)^2$　(2)$2x+2^x\ln 2-3e^x$　(3)$e^x2^x(\ln 2+1)$　(4)$\frac{1}{2\sqrt{x}}+e^x(\tan x+\sec^2 x)$

2. (1)$\frac{1-x^2}{(1+x^2)^2}$　(2)$-\frac{6}{(3+2x)^2}+\frac{1}{2\sqrt{x}}$　(3)$2x\tan x+x^2\sec^2 x$　(4)$\frac{1-\ln x}{x^2}$

　(5)$\frac{xe^x(1+\ln x)(\sin x+\cos x)-e^x\sin x}{x(1+\ln x)^2}$　(6)$\frac{1}{x}\sin x+\cos x\ln x$

3. (1)$300(3x+4)^{99}$　(2)$4\cos(4x-7)$　(3)$\frac{3}{4}(\sin x)^{-\frac{1}{4}}\cos x$

　(4)$6(2x+1)^2(3x+4)^4+12(2x+1)^3(3x+4)^3$　(5)$\frac{1}{\sqrt{1+x^2}}$

　(6)$y=2x\tan 2x\ln x+2x^2\sec^2 2x\ln x+x\tan 2x$.

4. (1)$\frac{y-3x^2-1}{3y^2-x}$　(2)$\frac{2+\sin x+x\cos x-e^{x+y}}{e^{x+y}}$　(3)$\frac{y}{xy-x}$　(4)$x^x(1+\ln x)$

　(5)$x^3\sqrt{\frac{2x-1}{5x+4}}(\frac{3}{x}+\frac{1}{2x-1}-\frac{5}{10x+8})$　(6)$(\sin x)^x(\ln\sin x+x\cot x)$

5. (1) $\frac{2x}{(1+x^2)^2}$ (2) $120x-2\cos x-2e^x$; $2\cos x-2e^x$

(3) $-\frac{1}{4}x^{-\frac{3}{2}}-\cos x-\frac{1}{(1+x)^2}$ (4) $(x+n)e^x$ (5) $2^n\sin(2x+\frac{n\pi}{2})$

6. (1) $-\frac{b}{a}\cot t$ (2) $\frac{2}{t}$

7. $f'(0)=n!$; $f^{(n+1)}(x)=(n+1)!$

8. $\frac{\sin t}{1-\cos t}(t\neq 2k\pi, k\in \mathbf{Z})$.

9. $2xf'(x^2+1)$.

10. $y''=4x^2f''(x^2)+2f'(x^2)$.

习题 2.3

1. 0.0201, 0.02.

2. (1) $2xe^{2x}(1+x)dx$ (2) $(2x-\frac{1}{x^2})dx$ (3) $e^x(\sin x+\cos x)dx$

(4) $(\frac{2}{3}x^{-\frac{1}{3}}-2\sin 2x)dx$ (5) $\frac{2\ln(1-x)}{x-1}dx$ (6) $(1+x^2)^{-\frac{3}{2}}dx$

(7) $\frac{1}{x(1+\ln^2 x)}dx$ (8) $e^{-x}[\sin(3-x)-\cos(3-x)]dx$

3. (1) 0.0037 (2) $-\frac{1}{9}dx$

4. (1) $3x+C$ (2) $\ln x+C$ (3) $\frac{2}{x}\ln x$

(4) $2\sqrt{x}+C$ (5) $3\arcsin x+C$ (6) $\frac{2^x}{\ln 2}+C$.

5. (1) $\frac{3}{2}\sqrt{x}f'_u dx$ (2) $\frac{2f(x)\cdot f'(x)}{1+f^2(x)}dx$

6. (1) 9.9867 (2) 2.773 (3) 2.9997 (4) 0.7904

7. 8799 克.

8. 305 万元.

复习题二

一、1. C 2. A 3. C 4. A 5. C

二、1. $\frac{x}{\sqrt{x^2+1}}\ln(x+\sqrt{x^2+1})+1$ 2. 6 3. 1 4. 0 5. dx 6. $3e$, 0 7. 100!

8. $x-y+2=0$ 9. $2^x\ln 2\cdot f'(2^x)dx$ 10. $-\sin(\sin x)\cdot\cos x dx$

三、1. $y'=\frac{1}{\sqrt{a^2+x^2}}$ 2. $y'=2x\sin\frac{1}{x}-\cos\frac{1}{x}+\frac{2(1+x^2)}{(1-x^2)^2}$

3. $y'=e^{\sin x}\cos x+\dfrac{1}{2(x+\sqrt{x})}$　4. $-\dfrac{1}{2\pi}$

5. $(3-\dfrac{9x\arcsin 3x}{\sqrt{1-9x^2}})\mathrm{d}x$　6. $\left\{\dfrac{1}{\sqrt{x}+e^x\cos x}\left[\dfrac{1}{2\sqrt{x}}+e^x(\cos x-\sin x)\right]\right\}\mathrm{d}x$　7. 8

四、1. $\dfrac{\mathrm{d}y}{\mathrm{d}x}=\dfrac{1-\cos x}{2e^{2y}-1}$　2. $\dfrac{\mathrm{d}y}{\mathrm{d}x}=\dfrac{1-x-y}{x-y}$

五、2.002

第三章　导数的应用

习题 3.1

1. (1)满足，$\xi=1$　(2)满足，$\xi=\dfrac{\sqrt{3}}{3}$　(3)满足，$\dfrac{1}{\ln 2}-1$

2. (1)$\dfrac{3\pi}{2}$　(2)$\dfrac{1}{2}$　(3)$\dfrac{9}{4}$

3. 3 个根，分别在区间(2,3)，(3,4)，(4,5)上.

4. 略

习题 3.2

1. (1)1　(2)2　(3)$\dfrac{\sqrt{3}}{6}$　(4)$\dfrac{1}{2}$　(5)2　(6)$\dfrac{3}{5}$　(7)0　(8)$-\dfrac{1}{8}$

2. (1)$+\infty$　(2)0　(3)3　(4)1

3. (1)$-\dfrac{1}{2}$　(2)1　(3)0　(4)1　(5)1　(6)1

4. 略

习题 3.3

1. (1)在$(-\infty,-1)$和$(3,+\infty)$单调增加，$(-1,3)$单调减少；
   (2)在$(-\infty,-2)$和$(0,+\infty)$单调增加，$(-2,-1)$和$(-1,0)$单调减少；
   (3)在$(\dfrac{1}{2},+\infty)$单调增加，$(-\infty,\dfrac{1}{2})$单调减少；
   (4)在$(2,+\infty)$单调增加，$(0,2)$单调减少；
   (5)在$(\dfrac{1}{2},+\infty)$单调增加，$(0,\dfrac{1}{2})$单调减少；
   (6)在$[0,+\infty)$单调增加.

2. 略

3.(1)极大值 17,极小值 -47　(2)极小值 0

(3)极大值 -4,极小值 4　(4)极大值$\frac{5}{4}$

(5)极大值$\frac{1}{10}\sqrt{205}$　(6)极大值 1

4.(1)最大值 11,最小值 -14　(2)最大值$\frac{5}{4}$,最小值$-5+\sqrt{6}$

(3)最大值 ln26,最小值 ln2　(4)最大值$\frac{3}{2}$,最小值 0

5. $p=10$ 时有最大利润,为 100 万元.

6. $p=8$ 时有最大利润,为 42.

7. $x=300$(吨),最低成本为 10800 元.

8. $r=\sqrt[3]{\frac{V}{2\pi}}$,$h=2\sqrt[3]{\frac{V}{2\pi}}$,$d:h=1:1$.

习题 3.4

1.(1)在$(-\infty,-1)$和$(1,+\infty)$凹的,在$(-1,1)$凸的,拐点为$(1,3)$和$(-1,3)$.

(2)在$(-\infty,-\frac{1}{2})$凸的,在$(-\frac{1}{2},+\infty)$凹的,拐点为$(-\frac{1}{2},\frac{41}{2})$.

(3)在$(-\infty,0)$凹的,在$(0,+\infty)$凸的,拐点为$(0,0)$.

(4)在$(-\infty,-1)$和$(0,1)$凹的,在$(-1,0)$和$(1,+\infty)$凸的,拐点为$(0,0)$.

(5)在$(-\infty,+\infty)$凹的,无拐点.

(6)在$(-\infty,-1)$和$(1,+\infty)$凸的,在$(-1,1)$凹的,拐点为$(-1,\ln 2)$和$(1,\ln 2)$.

2.(1)水平渐近线为 $y=0$,垂直渐近线为 $x=-1$,$x=5$.

(2)水平渐近线为 $y=\frac{2}{3}$,垂直渐近线为 $x=-\frac{2}{3}$.

(3)水平渐近线为 $y=0$,无垂直渐近线.

(4)无水平渐近线,垂直渐近线 $x=-\frac{1}{2}$.

3. 无拐点,理由略.

4. $a=3$,$b=-9$,$c=8$.

5. $a=1$,$b=3$,$c=0$,$d=5$.

6. 略

复习题三

一、1. C　2. C　3. B　4. C　5. D　6. D　7. C　8. A　9. C　10. D

二、1. $(-\infty,-4)$和$(\frac{2}{3},+\infty)$　$(-4,\frac{2}{3})$

2. a　3. 1　4. 1　1　5. $y=-3$　6. $y=3$　$x=4$　7. -3　0　1

8. 12　3　9. $x=\frac{3}{2}$

三、1. $\frac{1}{2\sqrt{x}}$　2. -1　3. 0　4. -2　5. 0　6. 1　7. $\frac{1}{2}$　8. $\frac{3}{2}$　9. 2　10. $\frac{1}{3}$

四、略

五、当小正方形边长为 16cm 时，容积最大.

六、$(\frac{9}{5},\frac{8}{5})$或$(\frac{9}{5},-\frac{8}{5})$.

七、$x=14$，$L_{\max}=39$ 万元

第四章　不定积分

习题 4.1

1. (1) $\frac{1}{3}x^3+\ln|x|+C$　(2) $-\frac{2}{3}x^{-\frac{3}{2}}+C$　(3) $3\arctan x+C$

(4) $\frac{a}{2}x^6+C$　(5) $-\frac{1}{x}-\frac{1}{2x^2}+C$　(6) $\frac{n}{m+n}x^{\frac{m+n}{n}}+C$

(7) $\frac{1}{2}x^2+2x+\ln|x|+C$　(8) $\frac{1}{2}x^2-x+C$

2. (1) $y=x^2-3$　(2) $y=\sin x$　(3) $s=\frac{3}{2}t^2-2t+5$

3. (1) $\frac{(5e)^x}{1+\ln 5}+C$　(2) $\frac{1}{2}x+\frac{1}{2}\sin x+C$　(3) $\frac{1}{2}x^2-x+\ln|1+x|+C$

(4) $-\cot x-x+C$　(5) $\ln|x|+\arctan x+C$

(6) $\frac{1}{2}x^2-3x+3\ln|x|+\frac{1}{x}+C$　(7) $-2\cot 2x+C$　(8) $\tan x-\sec x+C$

习题 4.2

1. (1) $\frac{1}{3}\ln|3x+4|+C$　(2) $\frac{1}{3}(1+2x)^{\frac{3}{2}}+C$　(3) $\frac{1}{5}e^{5t}+C$

(4) $\sin x-\frac{1}{3}\sin^3 x+C$ (5) $-\frac{1}{2}e^{-x^2}+C$　(6) $-\frac{1}{3}\sqrt{2-3x^2}+C$

(7) $\frac{1}{2}\sin x^2+C$　(8) $-\frac{3}{4}\ln|1-x^4|+C$ (9) $-\frac{1}{9}\sqrt{4-9x^2}+C$

(10) $\frac{1}{3}\sqrt{(x^2+1)^3}+C$　(11) $\cos\frac{1}{x}+C$　(12) $\frac{1}{2}(\ln x)^2+C$

(13) $-\frac{1}{3}\cos^3 x+C$　(14) $-2\cos\sqrt{x}+C$

(15)$\frac{1}{2}(\arctan x)^2+C$　(16)$\frac{1}{2}(\tan x)^2+C$

2. (1)$\ln(1+\sin x)+C$　(2)$\frac{1}{2}\ln(1+2e^x)+C$

(3)$-\frac{1}{2}\ln|1-x^2|+C$　(4)$\frac{1}{2}\ln\left|\frac{1+x}{1-x}\right|+C$

(5)$\frac{1}{2a}\ln\left|\frac{a+x}{a-x}\right|+C$　(6)$\frac{1}{2}\ln(1+x^2)-3\arctan x+C$

(7)$\frac{1}{a}\arctan\frac{x}{a}+C$　(8)$\frac{1}{2}\ln(x^2+2x+5)+C$

(9)$\ln\ln(\ln x)+C$　(10)$\ln|x|-\frac{1}{2}\ln(1+x^2)+C$

(11)$\frac{1}{15}(3\ln x+2)^5+C$　(12)$\frac{1}{3}\sec^3 x-\sec x+C$

3. (1)$2\sqrt{f(x)}+C$　(2)$\ln|\csc x-\cot x|+C$

(3)$\tan\frac{x}{2}+C$　(4)$\frac{1}{2}(\ln\tan x)^2+C$

(5)$4\sqrt{1+\sqrt{x}}+C$　(6)$\tan x+\frac{2}{3}\tan^3 x+\frac{1}{5}\tan^5 x+C$

习题 4.3

1. (1)$\frac{1}{2}(\arcsin x-x\sqrt{1-x^2})+C$　(2)$\ln\left|\frac{1-\sqrt{1-x^2}}{x}\right|+\sqrt{1-x^2}+C$

(3)$\frac{x}{\sqrt{1-x^2}}+C$　(4)$\ln\left|\frac{\sqrt{x^2+1}-1}{x}\right|+C$

(5)$\arccos\frac{1}{x}+C$　(6)$\sqrt{x^2-9}-3\arccos\frac{3}{|x|}+C$

2. (1)$\sqrt{2x}-\ln(1+\sqrt{2x})+C$　(2)$2\sqrt{x-1}-2\arctan\sqrt{x-1}+C$

(3)$\frac{1}{5}(x-3)^{-5}+\frac{1}{2}(x-3)^{-6}+C$　(4)$\frac{x}{\sqrt{1+x^2}}+C$

(5)$\frac{1}{2}\left[\frac{x+1}{x^2+1}+\ln(x^2+1)+\arctan x\right]+C$　(6)$\frac{1}{2}\arcsin\frac{2x}{3}+\frac{1}{4}\sqrt{9-4x^2}+C$

习题 4.4

1. (1)$-x\cos x+\sin x+C$　(2)$-e^{-x}(x+1)+C$

(3)$x(\ln x-1)+C$　(4)$\frac{1}{3}x^3\ln x-\frac{1}{9}x^3+C$

(5)$x\arcsin x+\sqrt{1-x^2}+C$　(6)$x\arctan x-\frac{1}{2}\ln(1+x^2)+C$

(7)$2\sqrt{x}\ln x-4\sqrt{x}+C$　(8)$\frac{1}{3}x\sin 3x+\frac{1}{9}\cos 3x+C$

2.(1)$2x\sin\frac{x}{2}+4\cos\frac{x}{2}+C$　(2)$\frac{1}{2}x^2\arctan x-\frac{1}{2}x+\frac{1}{2}\arctan x+C$

(3)$x\ln^2 x-2x\ln x+2x+C$　(4)$\frac{1}{8}\sin 2x-\frac{1}{4}x\cos 2x+C$

(5)$\frac{e^{-x}}{2}(\sin x-\cos x)+C$　(6)$\frac{1}{2}e^x-\frac{1}{5}e^x\sin 2x-\frac{1}{10}e^x\cos 2x+C$

3.(1)$\frac{x}{2}(\sin\ln x-\cos\ln x)+C$　(2)$-\cos x\ln\tan x+\ln|\csc x-\cot x|+C$

(3)$x\ln(x+\sqrt{a+x^2})-\sqrt{a+x^2}+C$　(4)$\frac{2x^2-1}{4}\arcsin x+\frac{x}{4}\sqrt{1-x^2}+C$

(5)$\sqrt{1+x^2}\ln(x+\sqrt{1+x^2})-x+C$　(6)$2\sqrt{x}\ln(1+x)-4\sqrt{x}+4\arctan\sqrt{x}+C$

复习题四

一、1. A　2. C　3. D　4. D　5. B

二、1. $\sin x-\frac{1}{3}\sin^3 x+C$　2. $2e^{\sqrt{x}}+C$

3. $\frac{1}{2}(1+x^2)\ln(1+x^2)-\frac{1}{2}x^2+C$　4. $\frac{1}{2}(x^2-1)e^{x^2}+C$

5. $\frac{1}{x}+C$　6. $\ln(2+e^x)+C$　7. $\frac{1}{4}f^2(x^2)+C$

8. $-\frac{\ln x}{x}+C$　9. $2xe^{2x}(1+x)$　10. $-\frac{1}{3}\sqrt{1-x^3}+C$

三、1. $\ln x(\ln\ln x-1)+C$　2. $\ln|x+\sin x|+C$

3. $\frac{1}{4}x^2+\frac{x}{4}\sin 2x+\frac{1}{8}\cos 2x+C$　4. $\frac{1}{2}\ln(1+x^2)+\frac{1}{3}(\arctan x)^3+C$

5. $x\ln|x+1|-x+\ln|x+1|+C$　6. $-\frac{1}{\ln x}-\frac{\ln x}{x}-\frac{1}{x}+C$

7. $(x+1)\arctan\sqrt{x}-\sqrt{x}+C$　8. $\frac{1}{3}\tan^3 x-\tan x+x+C$

9. $-\frac{1}{3}\sqrt{2-3x^2}+C$　10. $x(\arcsin x)^2+2\sqrt{1-x^2}\arcsin x-2x+C$

四、略

第五章　定积分及其应用

习题 5.1

1.(1)0　(2)2π

2. (1) $2 \leqslant \int_0^1 2e^x \mathrm{d}x \leqslant 2e$ (2) $4 \leqslant \int_1^3 (x^3+1)\mathrm{d}x \leqslant 56$

(3) $\frac{1}{5} \leqslant \int_1^2 \frac{1}{1+x^2}\mathrm{d}x \leqslant \frac{1}{2}$ (4) $\frac{\pi}{2} \leqslant \int_0^{\frac{\pi}{2}} (1+\cos^4 x)\mathrm{d}x \leqslant \pi$

3. (1) $>$ (2) $>$

4. 4

5. 略

习题 5.2

1. (1) $3+\ln 2$ (2) $\frac{\pi}{6}$ (3) e^2-1 (4) 2 (5) $\frac{1}{2}$ (6) π

2. (1) $\sqrt{1+x^2}$ (2) $-\cos x^2$ (3) xe^x (4) $2x\arctan x$

3. (1) $\frac{1}{24}$ (2) 0 4. $f(8)=24$ 5. $f'(0)=\frac{\pi}{2}$

6. $f(x)=x-\frac{1}{4}$ 7. 0

习题 5.3

1. (1) $\frac{7}{3}$ (2) $\frac{1}{3}$ (3) $\frac{1}{2}(e^2-1)$ (4) $\frac{5}{2}$

2. (1) $2(\sqrt{2}-1)$ (2) $\arctan e-\frac{\pi}{4}$ (3) $\frac{7}{3}$ (4) $\frac{\pi}{12}+\frac{\sqrt{3}}{2}-1$ (5) -2 (6) $1-\frac{2}{e}$

3. (1) 0 (2) $\frac{\pi}{2}$

4. 略 5. 略 6. 略

习题 5.4

1. (1) $\frac{1}{2}$ (2) $\frac{1}{3}$ (3) 发散 (4) 发散 (5) $\frac{\pi}{2}$ (6) 发散

2. $\frac{3\pi^2}{32}$

习题 5.5

1. (1) $\frac{4}{3}$ (2) $\frac{32}{3}$ (3) $\frac{3}{2}-\ln 2$ (4) $\frac{1}{6}$

2. $\frac{7}{6}$

3. $2(\sqrt{2}-1)$

4. $\frac{1}{2}\pi^2$

5. $\frac{28}{15}\pi$

6. $\frac{2}{15}\pi$

复习题五

一、1. D　2. B　3. C　4. A　5. C　6. D　7. D　8. C　9. A　10. D　11. B　12. C　13. C　14. A

二、1. $2x+\frac{1}{x}$　2. $b-a$　3. 12　4. 2　5. 4　6. 24　7. $\frac{1}{1-p}$　8. $0<p<1$　$p\geqslant 1$

三、(1) $2-\frac{\pi}{2}$　(2) 2　(3) $\frac{\pi}{4}$　(4) $\frac{22}{3}$　(5) $\frac{\sqrt{3}\pi}{3}-\ln 2$　(6) π　(7) $\frac{1}{4}$　(8) $\frac{\pi}{8}$

四、当 $x=0$ 时，y 有极小值 0.

五、略　六、略　七、略　八、略

九、$\frac{1}{2}(\cos 1-1)$　十、$2e^2$　十一、e^2

十二、(1) $\frac{7}{6}$　(2) $\frac{62}{15}\pi$

第六章　常微分方程

习题 6.1

1. (1) 一阶　(2) 二阶　(3) 二阶　(4) 一阶
2. (1) 是，特解　(2) 不是　(3) 是，通解
3. (1) $y^2=x^2+C$　(2) $\ln y=Ce^x$　(3) $y=e^{Cx}$　(4) $e^y=e^x+C$
4. (1) $y=\frac{e^x}{2-e^x}$　(2) $y=2x^2$　(3) $y=e^{\tan\frac{x}{2}}$　(4) $y=\frac{1}{5}x^3+\frac{1}{2}x^2-\frac{8}{5}$

习题 6.2

1. (1) $y=2+Ce^{-x^2}$　(2) $y=\frac{1}{3}x^2+\frac{3}{2}x+\frac{C}{x}$
   (3) $y^2=2\ln x-x^2+C$　(4) $y=(x+C)\cos x$
   (5) $y=\frac{1}{x}(e^x+C)$　(6) $y=\frac{2}{3}(x+1)^{\frac{5}{2}}+C(x+1)$
2. (1) $y=e^{-x^2}(\frac{x^2}{2}+1)$　(2) $y=\frac{x+1}{\cos x}$　(3) $y=e^{-2x}-e^{-3x}$　(4) $y=2x$

习题 6.3

1. (1) $y=-\sin x+C_1x+C_2$ (2) $y=-\sin x+\frac{C_1}{2}x^2+C_2x+C_3$

   (3) $y=\frac{C_1}{2}x^2+C_2$ (4) $y=\frac{1}{9}x^3+x+C_1\ln x+C_2$

   (5) $y=C_2e^{C_1x}$ (6) $(x-C_1)^2+y^2=C_2$

2. (1) $y=-\frac{1}{2}(\ln x)^2-\ln x+2x-2$ (2) $y=x^3+3x+1$

   (3) $y=\frac{1}{12}(x+2)^3-\frac{2}{3}$

习题 6.4

1. (1) $y=C_1e^{-4x}+C_2e^{-5x}$ (2) $y=C_1e^{-2x}+C_2e^{3x}$

   (3) $y=(C_1+C_2x)e^{x}$ (4) $y=(C_1+C_2x)e^{3x}$

   (5) $y=e^{-\frac{1}{2}x}(C_1\cos\frac{\sqrt{3}}{2}x+C_2\sin\frac{\sqrt{3}}{2}x)$

   (6) $y=e^{\frac{1}{2}x}(C_1\cos\frac{\sqrt{7}}{2}x+C_2\sin\frac{\sqrt{7}}{2}x)$

2. (1) $y=7e^{x}-5e^{2x}$ (2) $y=(1+2x)e^{-2x}$ (3) $y=2\cos x+5\sin x$

习题 6.5

1. (1) $y=C_1e^{-2x}+C_2e^{x}+\frac{3}{10}e^{3x}$ (2) $y=C_1e^{7x}+C_2e^{x}+\frac{3}{7}x^2+\frac{97}{49}x+\frac{1\,126}{343}$

   (3) $y=C_1+C_2e^{3x}+\frac{1}{3}xe^{3x}$ (4) $y=C_1e^{-2x}+C_2e^{4x}-(\frac{1}{8}x+\frac{13}{32})e^{2x}$

   (5) $y=C_1e^{-2x}+C_2e^{3x}-e^{x}(\frac{4}{25}\cos x+\frac{3}{25}\sin x)$

   (6) $y=C_1\cos x+C_2\sin x-\frac{5}{3}\sin 2x$

2. (1) $y=e^{x}$ (2) $y=\sin 3x$ (3) $y=xe^{x}$

复习题六

一、1. C 2. D 3. B 4. C 5. A 6. B 7. A 8. D 9. B 10. D

二、1. 4 2. $y=Ce^{\sin x}$ 3. $x^2+y^2=C$ 4. $y=e^{Cx}$ 5. $y=Ce^{x^2}$ 6. $y=e^{-x}(\frac{x^2}{2}+2)$

   7. $y=-\sin x+\frac{1}{6}x^3+C_1x+C_2$ 8. $y=C_1e^{3x}+C_2e^{-x}$ 9. $y_1=x(ax+b)$

   10. $y_1=C_1+x(A\cos\sqrt{2}x+B\sin\sqrt{2}x)$

三、1. $y=\sec x(x+C)$　2. $y=\frac{1}{x}\arctan x$　3. $y=\frac{1}{2}(\ln x+\frac{1}{\ln x})$

4. $y=\frac{x}{12}+\frac{7}{144}+C_1e^{3x}+C_2e^{4x}$　5. $y=(C_1+C_2x)e^{-2x}+\frac{x^2}{2}e^{-2x}$

6. $y=C_1e^{-\frac{x}{2}}+C_2e^{2x}-1+\frac{3}{7}e^{3x}$　7. $y=C_1\cos x+(C_2+\frac{1}{2}x)\sin x+C$

8. $y=7e^x-5e^{2x}$　9. $y_1=-\frac{1}{3}x\cos 2x+\frac{4}{9}\sin 2x$

第七章　多元函数微积分

习题 7.1

1. (1)6　(2)$2x+2y$
2. (1)$\{(x,y)\mid y^2-2x+1>0\}$　(2)$\{(x,y)\mid x^2+y^2\leqslant 1\}$
   (3)$\{(x,y)\mid x+y>0,x-y>0\}$　(4)$\{(x,y)\mid x^2\leqslant 4,y^2\leqslant 4\}$
   (5)$\{(x,y)\mid y-x>0,x\geqslant 0,x^2+y^2<1\}$　(6)$\{(x,y)\mid x>0,-1\leqslant y\leqslant 1\}$
3. (1)1　(2)$\frac{10}{3}$　(3)ln2　(4)$-\frac{1}{4}$　(5)2　(6)5
4. 略
5. $\{(x,y)\mid y^2-2x=0\}$

习题 7.2

1. (1)$-4,-10$　(2)$e^{\cos 1}(1-\sin 1),2e$　(3)$1,\frac{1}{2}$
2. (1)$\frac{\partial z}{\partial x}=3x^2y+y^3,\frac{\partial z}{\partial y}=x^3+3y^2x$　(2)$\frac{\partial z}{\partial x}=ye^{xy},\frac{\partial z}{\partial y}=xe^{xy}$
   (3)$\frac{\partial z}{\partial x}=\frac{1}{y}-\frac{y}{x^2},\frac{\partial z}{\partial y}=\frac{1}{x}-\frac{x}{y^2}$　(4)$\frac{\partial z}{\partial x}=\frac{1}{2x\sqrt{\ln xy}},\frac{\partial z}{\partial y}=\frac{1}{2y\sqrt{\ln xy}}$
   (5)$\frac{\partial z}{\partial x}=\frac{2x^2-y}{x(2x^2+y)},\frac{\partial z}{\partial y}=\frac{1}{2x^2+y}$
   (6)$\frac{\partial z}{\partial x}=y[\cos(xy)-\sin(2xy)],\frac{\partial z}{\partial y}=x[\cos(xy)-\sin(2xy)]$
   (7)$\frac{\partial z}{\partial x}=\frac{y}{1+x^2y^2},\frac{\partial z}{\partial y}=\frac{x}{1+x^2y^2}$
   (8)$\frac{\partial z}{\partial x}=2y^2+\frac{x}{\sqrt{x^2+y^2}},\frac{\partial z}{\partial y}=4xy+\frac{y}{\sqrt{x^2+y^2}}$
   (9)$\frac{\partial z}{\partial x}=\frac{2}{y}\csc\frac{2x}{y},\frac{\partial z}{\partial y}=-\frac{2x}{y^2}\csc\frac{2x}{y}$
   (10)$\frac{\partial z}{\partial x}=y^2(1+xy)^{y-1},\frac{\partial z}{\partial y}=(1+xy)^y[\ln(1+xy)+\frac{xy}{1+xy}]$

3. (1) $\frac{\partial^2 z}{\partial x^2}=12x^2-8y^2, \frac{\partial^2 z}{\partial y^2}=6y-8x^2, \frac{\partial^2 z}{\partial x\partial y}=-16xy$;

(2) $\frac{\partial^2 z}{\partial x^2}=\frac{1}{x}, \frac{\partial^2 z}{\partial y^2}=-\frac{x}{y^2}, \frac{\partial^2 z}{\partial x\partial y}=\frac{1}{y}$;

(3) $\frac{\partial^2 z}{\partial x^2}=\frac{2xy}{(x^2+y^2)^2}, \frac{\partial^2 z}{\partial y^2}=-\frac{2xy}{(x^2+y^2)^2}, \frac{\partial^2 z}{\partial x\partial y}=\frac{y^2-x^2}{(x^2+y^2)^2}$;

(4) $\frac{\partial^2 z}{\partial x^2}=y^x \ln^2 y, \frac{\partial^2 z}{\partial y^2}=x(x-1)y^{x-2}, \frac{\partial^2 z}{\partial x\partial y}=y^{x-1}(1+x\ln y)$.

4. 略

5. $f_{xx}(0,0,1)=2, f_{xz}(1,0,2)=2, f_{yz}(0,-1,0)=0$　6. 略

习题 7.3

1. (1) $dz=(\sin y)dx+(x\cos y)dy$; (2) $dz=(y+\frac{1}{y})dx+x(1-\frac{1}{y^2})dy$;

(3) $dz=(2xe^{x^2+y^2}-y)dx+(2ye^{x^2+y^2}-x)dy$;

(4) $dz=\frac{1}{y}e^{\frac{x}{y}}dx-\frac{x}{y^2}e^{\frac{x}{y}}dy$; (5) $dz=\frac{y^2}{(x^2+y^2)^{\frac{3}{2}}}dx-\frac{xy}{(x^2+y^2)^{\frac{3}{2}}}dy$;

(6) $dz=\frac{y}{x^2+y^2}dx-\frac{x}{x^2+y^2}dy$;

(7) $du=\frac{2x}{x^2+y^2+z^2}dx+\frac{2y}{x^2+y^2+z^2}dy+\frac{2z}{x^2+y^2+z^2}dz$;

(8) $du=yzx^{yz-1}dx+zx^{yz}\ln x dy+yx^{yz}\ln x dz$.

2. (1) $dz|_{(1,1)}=-5dx-4dy$　(2) $dz\Big|_{(1,2)}=\frac{\sqrt{5}}{5}dx+\frac{2\sqrt{5}}{5}dy$

(3) $dz\Big|_{(1,2)}=\frac{1}{3}dx+\frac{2}{3}dy$

3. $\Delta z=-0.119, dz=-0.125$　4. $dz=0.25e$　5. 2.039

6. 2.95　7. $200\pi\ \text{cm}^3$

习题 7.4

1. (1) $\frac{dz}{dt}=2e^{2\cos t+t^2}(t-\sin t)$　(2) $\frac{dz}{dt}=\frac{2(1+6t^2)}{\sqrt{1-(2t+4t^3)^2}}$

(3) $\frac{dz}{dx}=\frac{e^x(1+x)}{1+x^2e^{2x}}$　(4) $\frac{du}{dx}=e^{ax}\sin x$

2. (1) $\frac{\partial z}{\partial x}=4x, \frac{\partial z}{\partial y}=4y$

(2) $\frac{\partial z}{\partial x}=\frac{2x}{y^2}\ln(x+2y)+\frac{x^2}{(x+2y)y^2}, \frac{\partial z}{\partial y}=-\frac{2x^2}{y^3}\ln(x+2y)+\frac{2x^2}{(x+2y)y^2}$

(3) $\frac{\partial z}{\partial x}=\frac{2x\sin(2x+y)}{x^2-y^2}+2\cos(2x+y)\ln(x^2-y^2)$

$$\frac{\partial z}{\partial y}=-\frac{2y\sin(2x+y)}{x^2-y^2}+\cos(2x+y)\ln(x^2-y^2)$$

(4) $\frac{\partial z}{\partial x}=\frac{y}{x^2+y^2}$, $\frac{\partial z}{\partial y}=-\frac{x}{x^2+y^2}$

3. (1)令 $u=x^2y-xy^2+xy$，则 $\frac{\partial z}{\partial x}=f'(u)(2xy-y^2+y)$，

$\frac{\partial z}{\partial y}=f'(u)(x^2-2xy+x)$；

(2)令 $u=x+y,v=xy$，则 $\frac{\partial z}{\partial x}=f_u+yf_v$, $\frac{\partial z}{\partial y}=f_u+xf_v$；

(3)令 $u=x^2-y^2,v=e^{xy}$，则

$\frac{\partial z}{\partial x}=2xf_u+ye^{xy}f_v$, $\frac{\partial z}{\partial y}=-2yf_u+xe^{xy}f_v$；

(4)令 $u=xy,v=xyz$，则

$\frac{\partial F}{\partial x}=f_x+yf_u+yzf_v$, $\frac{\partial F}{\partial y}=xf_u+xzf_v$, $\frac{\partial F}{\partial z}=xyf_v$.

4. 略　5. 略　6. 略

习题 7.5

1. (1) $\frac{dy}{dx}=-\frac{ye^{xy}+2xy}{xe^{xy}+x^2+\sin y}$　(2) $\frac{dy}{dx}=\frac{x+y}{x-y}$

(3) $\frac{dy}{dx}=\frac{e^{x+y}-y}{x-e^{x+y}}$　(4) $\frac{dy}{dx}=-\frac{e^y}{1+xe^y}$

(5) $\frac{dy}{dx}=\frac{x^2-ay}{ax-y^2}$　(6) $\frac{dy}{dx}=-\csc^2(x+y)$

2. (1) $\frac{\partial z}{\partial x}=-\frac{yz+\sin(x+y+z)}{xy+\sin(x+y+z)}$, $\frac{\partial z}{\partial y}=-\frac{xz+\sin(x+y+z)}{xy+\sin(x+y+z)}$

(2) $\frac{\partial z}{\partial x}=\frac{z^2}{x(z+y)}$, $\frac{\partial z}{\partial y}=\frac{z}{z+y}$

(3) $\frac{\partial z}{\partial x}=\frac{yz}{e^z-xy}$, $\frac{\partial z}{\partial y}=\frac{xz}{e^z-xy}$

(4) $\frac{\partial z}{\partial x}=\frac{yz}{z^2-xy}$, $\frac{\partial z}{\partial y}=\frac{xz}{z^2-xy}$

3. 略

习题 7.6

1. (1)极大值 $f(1,1)=1$　(2)极小值 $f(\frac{1}{2},-1)=-\frac{e}{2}$

(3)极大值 $f(0,0)=0$，极小值 $f(2,2)=-8$

2. 极大值 $f(2,-2)=8$.

3. 极大值 $f(3,2)=36$.

4. 当长、宽都是$\sqrt[3]{2V}$，高是$\frac{1}{2}\sqrt[3]{2V}$时，表面积最小.

5. 当长、宽、高都是$\frac{2R}{\sqrt{3}}$时，可得最大体积.

习题 7.7

1. $V=\iint\limits_D \sqrt{4-x^2-y^2}\,d\sigma, D=\{(x,y)\mid x^2+y^2\leqslant 4\}$.

2. (1)$\iint\limits_D \ln(x+y)^2 d\sigma \geqslant \iint\limits_D \ln(x+y)^3 d\sigma$;

   (2)$\iint\limits_D e^{xy} d\sigma \leqslant \iint\limits_D e^{3xy} d\sigma$;

   (3)$\iint\limits_D \ln(x+y) d\sigma \leqslant \iint\limits_D [\ln(x+y)]^2 d\sigma$.

3. (1)$2\leqslant I\leqslant 8$ (2)$36\pi\leqslant I\leqslant 100\pi$ (3)$0\leqslant I\leqslant 2$

习题 7.8.1

1. (1)$\iint\limits_D f(x,y)dxdy=\int_1^2 dx\int_3^4 f(x,y)dy$;

   (2)$\iint\limits_D f(x,y)dxdy=\int_0^4 dy\int_{\frac{y^2}{4}}^{\frac{y}{2}} f(x,y)dx$;

   (3)$\iint\limits_D f(x,y)dxdy=\int_{-\sqrt{2}}^{\sqrt{2}} dx\int_{x^2}^{4-x^2} f(x,y)dy$.

2. (1)$\frac{20}{3}$ (2)$\frac{6}{55}$ (3)$\frac{8}{3}$ (4)$\frac{9}{4}$ (5)2

3. (1)$\frac{64}{15}$ (2)$e-e^{-1}$ (3)$\frac{13}{6}$ (4)$-\frac{3\pi}{2}$

4. (1)$\int_0^1 dx\int_x^1 f(x,y)dy$ (2)$\int_0^4 dx\int_{\frac{x}{2}}^{\sqrt{x}} f(x,y)dy$

   (3)$\int_{-1}^1 dx\int_0^{\sqrt{1-x^2}} f(x,y)dy$ (4)$\int_0^1 dy\int_{e^y}^{e} f(x,y)dx$

习题 7.8.2

1. (1)$\frac{\pi(e-1)}{4}$ (2)$\pi(e^4-1)$ (3)$\frac{\pi}{4}(2\ln 2-1)$ (4)$\frac{16}{9}$ (5)$\frac{\pi}{3}$

2. (1)16π (2)2π

3. $\pi(1-e^{-a^2})$

复习题七

一、1. A 2. B 3. C 4. C 5. C 6. B 7. B

二、1. $\frac{\pi}{8}$ 2. $4+2e^2$ 3. $(y^2+\frac{1}{y})dx+(2xy-\frac{x}{y^2})dy$ 4. $-\frac{2}{(x+2y)^2}$

5. $x(x+y)^{x-1}$　6. -1　7. -5　8. $\frac{1}{2}(1-e^{-4})$　9. $\frac{\pi}{4}R^4(\frac{1}{a^2}+\frac{1}{b^2})$

三、不存在.

四、令 $u=x^2+y^2, v=e^{xy}, z_x=2xf_u+ye^{xy}f_v, z_y=2yf_u+xe^{xy}f_v$.

五、$\frac{\partial^2 z}{\partial x^2}=-\frac{1}{(x+y^2)^2}$；$\frac{\partial^2 z}{\partial y^2}=\frac{2(x-y^2)}{(x+y^2)^2}$；$\frac{\partial^2 z}{\partial x\partial y}=-\frac{2y}{(x+y^2)^2}$.

六、$\frac{\partial z}{\partial x}=\frac{yz}{e^z-xy}, \frac{\partial z}{\partial y}=\frac{xz}{e^z-xy}$.

七、64

八、1. $\pi^2-\frac{40}{9}$　2. $e-1$　3. $\frac{3}{10}$　4. $\frac{1}{2}e^2-e$